Vermessungskunde

II

Winkel- und Streckenmeßgeräte, Polygonierung, Triangulation und Trilateration

von

Walter Großmann

Zwölfte, erweiterte Auflage

mit 129 Figuren

1975

Walter de Gruyter · Berlin · New York

SAMMLUNG GÖSCHEN 7469

Dr.-Ing., Dr. E. h. *Walter Großmann*
em. Professor an der Technischen Universität Hannover

Die Gesamtdarstellung umfaßt noch folgende Bände:

Band I: Stückvermessung und Nivellieren (Sammlung Göschen Band 4468). Inhalt: Grundlagen; Abstecken und Messen gerader Linien; Aufnehmen und Auftragen kleiner Lagerpläne; Flächenberechnung; Bestandteile geodätischer Meßinstrumente; Instrumente und Geräte zum Nivellieren; Nivellierverfahren. 14. Aufl. 1972.

Band III: Trigonometrische und barometrische Höhenmessung, Tachymetrie und Abstecken von Geraden und Kurven; Ingenieurgeodäsie 10. Auflage 1973. (Sammlung Göschen Band 6062). Inhalt: Trigonometrische Höhenmessung; Barometrische Höhenmessung; Tachymetrische Instrumente; Tachymetrische und topographische Aufnahmeverfahren.

Für die 1. bis 7. Auflage (1910 bis 1949) dieses Bandes II zeichnete als Verfasser Professor Dr. Paul Werkmeister. 1959 erschien eine vollständige Neubearbeitung (8. Aufl.) von Professor Dr. Walter Großmann, die im Zuge der Neuauflagen von 1963, 1967, 1971 und der nunmehr vorgelegten 12. Auflage um alle wichtigen Neuerungen erweitert worden ist.

ISBN 3 11004996 1

Inhaltsverzeichnis

1 Der Theodolit und das Messen von Horizontalwinkeln

11 Horizontal-, Vertikal- und Positionswinkel

Es seien drei Punkte A, B und C mit unterschiedlichen Meereshöhen gegeben, und es sei im Punkt B der Winkel ABC zu bestimmen. Dabei kommen verschiedene Winkel in Frage. Der Winkel ABC, der in der durch die drei Punkte A, B und C

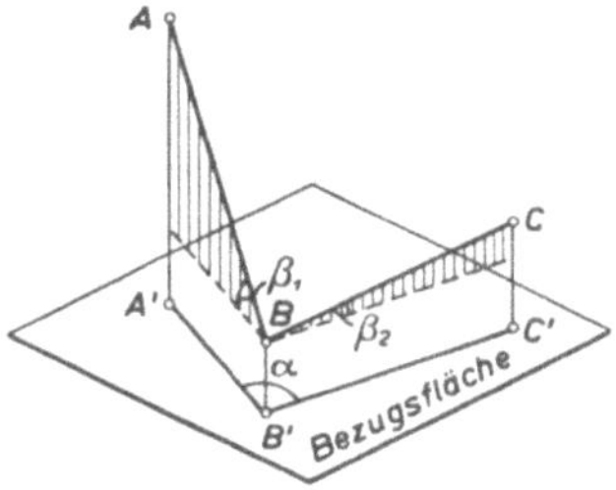

Bild 11. 1 Positionswinkel

gegebenen — schiefen — Ebene liegt, heißt Positionswinkel; er kann mit einem Sextanten gemessen werden. In der Geodäsie wird dieser Winkel nicht benutzt; man versteht hier vielmehr unter dem Winkel ABC zunächst den Horizontal- oder Lagewinkel α, der im Punkt B von den Projektionen der Seiten BA und BC auf die Horizontale gebildet wird. Sollen darüber hinaus die Punkte A und C gegenüber B im Raum festgelegt werden, so müssen in B die Vertikal- oder Höhenwinkel β_1 und β_2 beobachtet werden, die die Geraden BA und BC mit der Horizontalen durch B bilden. Das Instrument, mit dem sowohl Horizontal- wie Vertikalwinkel gemessen werden können, ist der Theodolit.

12 Der Theodolit

12.1 Der äußere Aufbau. Der Theodolit besteht aus dem Unterbau und dem Oberbau. Der Unterbau steht bei der Horizontalwinkelmessung fest; der Oberbau kann um die in die Achsbuchse des Unterbaus hineinfassende Vertikalachse gedreht werden.

Zum Unterbau des Theodolits gehören der Dreifuß mit seinen drei Fußschrauben und der mit einer Grad- oder Gonteilung ausgestattete Horizontal- oder Teilkreis.

Der tragende Teil des Oberbaues ist der Zeigerkreis, der seinen Namen von den an seinem Rande angeordneten Ablesestellen oder Zeigern herleitet und mit einem Fremdwort arabischen Ursprungs auch als *Alhidade* bezeichnet wird. Auf der Alhidade stehen die beiden Fernrohrstützen, die die Horizontal- oder Kippachse und das Fernrohr tragen. Neben dem Fernrohr ist bei den meisten Theodoliten noch ein Höhenkreis angebracht. Ferner befinden sich am Oberbau eine oder mehrere Libellen.

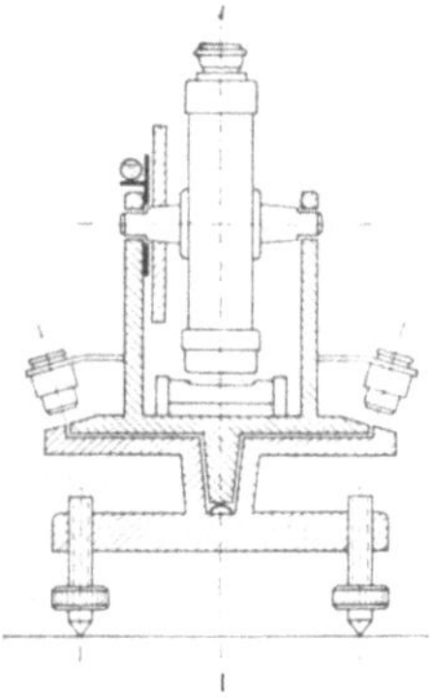

Bild 12.1. Einfacher Feldmeßtheodolit.

Beim Feldgebrauch wird der Theodolit auf ein Stativ gesetzt, das im Prinzip dem Nivellierstativ [Band I*, 53] entspricht, im ganzen aber etwas kräftiger gebaut ist. Der Stativteller hat in der Mitte einen etwas größeren Ausschnitt, damit das Instrument zum Zentrieren über einem Bodenpunkt nach allen Richtungen um einige Zentimeter verschoben werden kann. Auf dem Stativ wird der Theodolit — wie das Nivellierinstrument — bei älteren Instrumenten mit Schraubstange und Spiralfeder, bei neueren mit Grundplatte, Federplatte und Anzugschraube befestigt.

12.2 Die Achsen.

12.21 *Die Vertikal- oder Stehachsen* der Theodolite sind verschiedenartig ausgebildet. Man unterscheidet im Hinblick auf ihre Form konische und zylindrische Achsen und im Hinblick auf ihre Anordnung einfache Theodolite und Repetitionstheodolite.

* W. Großmann, Vermessungskunde I, Stückvermessung und Nivellieren; Slg. Göschen Bd. 4468. 14. Aufl. Berlin · New York 1972.

Im Unterbau des einfachen Theodolits oder Einachsers (Bild 12.1) sind Dreifuß und Teilkreis durch einen Rohrstutzen fest miteinander verbunden. Im Innern des Stutzens befindet sich die Dreifußbuchse, in der der Achszapfen der Alhidade auf einer Entlastungsfeder ruht.

Beim Repetitionstheodolit [17.4] ist die feste Verbindung von Dreifuß und Teilkreis aufgegeben und statt dessen ein drehbarer Teilkreis eingebaut, der *Limbus* heißt. Der Repetitionstheodolit hat also zwei Vertikalachsen, die Alhidadenachse und die Limbusachse, deren jede eigene Klemmen und Feinbewegungsschrauben besitzt [12.4]. Je nach Anordnung der Achsen, die bei älteren Instrumenten durchweg konisch sind, unterscheidet man die Reichenbachsche und die Bordasche Bauart.

Bei Reichenbach (Bild 12.2) sitzt in der Dreifußbuchse der Achszapfen des Limbus und in einer Ausbohrung des Limbus-

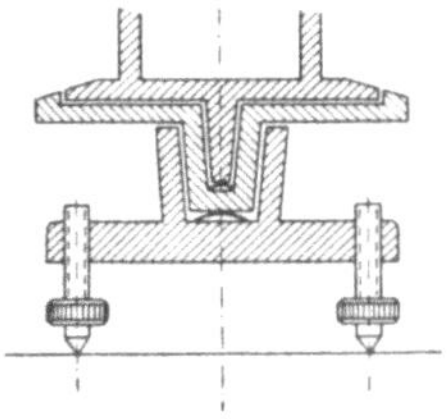

Bild 12.2
Reichenbachsches Achssystem.

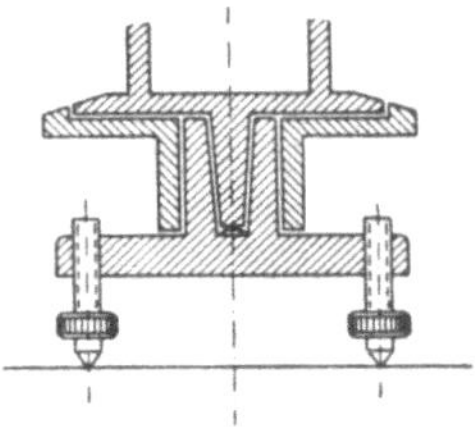

Bild 12.3
Bordasches Achssystem.

zapfens der Achszapfen der Alhidade. Beide Achszapfen ruhen auf Entlastungsfedern.

Bei Borda (Bild 12.3) nimmt die Dreifußbuchse nur den Achszapfen der Alhidade auf. Die hohle Limbusachse umfaßt den Dreifußstutzen von außen, so daß Limbus- und Alhidadenachse einander nicht berühren.

Die neueren Theodolite sind überwiegend mit Zylinderachsen ausgestattet und, soweit sie Repetitionseinrichtungen besitzen, mit Achsgefügen versehen, die etwa der Bordaschen Anordnung entsprechen. Die Alhidadenachse ruht entweder mit einer am unteren Ende des Achszapfens angebrachten Kugel auf der

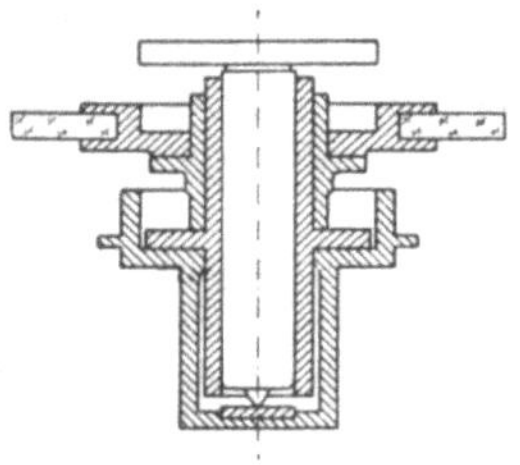

Bild 12.4. Zeiss'sches Achssystem.

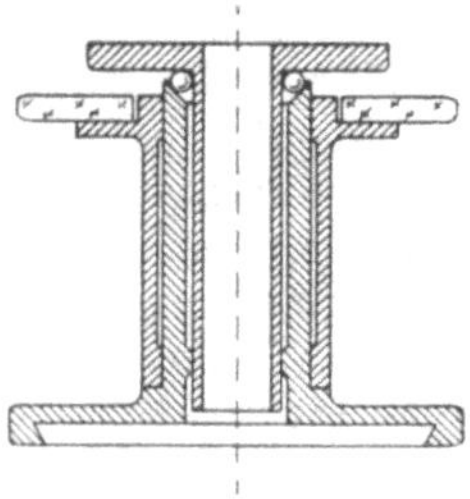

Bild 12.5. Wildsches Achssystem.

Grundfläche der Buchse (System Zeiss), oder sie wird am oberen Ende durch ein Kugellager und am unteren Ende durch einen Führungsring gehalten (System Wild). Bei den Theodoliten der Firma Kern ist das Kugellager bis an den Rand der Alhidade nach außen gerückt. Ein kurzer Achszapfen dient lediglich der Führung.

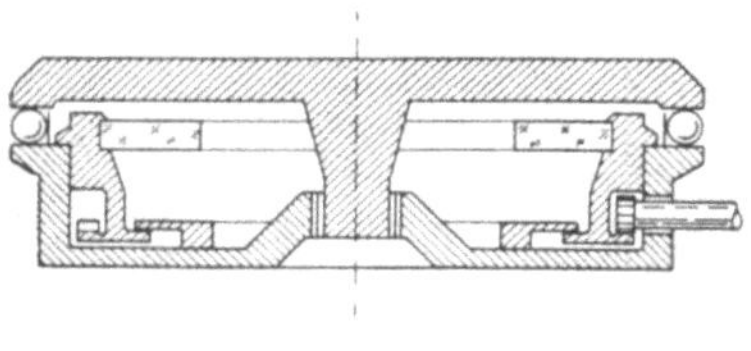

Bild 12.6. Kernsches Achssystem.

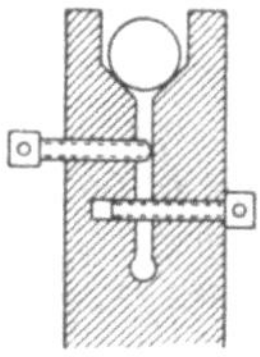

Bild 12.7. Kippachsenlager.

Zwischen dem einfachen und dem Repetitionstheodolit stehen Instrumente, die wegen ihrer hohen Ablesegenauigkeit keine Repetitionseinrichtung haben, aber einfache Vorrichtungen zum Verstellen des Limbus besitzen. Bei älteren Typen dieser Art wird der Limbus mit der Hand gedreht und in der gewünschten Stellung durch Reibung festgehalten. Bei neuen Instrumenten kann er meistens durch einen auf ein Zahnrad wirkenden Knopf verstellt werden.

Bei Instrumenten für die Zwangszentrierung [15.2] bilden Oberbau, Kreise und Achsensystem ein in sich zusammenhängendes Oberteil, das mittels einer Klemmvorrichtung im

Dreifuß festgehalten wird und nach Lösen der Klemme herausgehoben werden kann (Bild 15.1).

12.22 *Die Horizontal- oder Kippachse* ermöglicht das Auf- und Abwärtskippen des Fernrohrs in der Vertikalen. Die Lager, in denen die zylindrischen Achszapfen der Kippachse ruhen, sind bei älteren Instrumenten aufgeschnitten, damit ein Kippachsenende durch Betätigung zweier Schrauben um kleine Beträge gehoben oder gesenkt werden kann (Bild 12.7). Bei neueren Instrumenten fehlt dieser Schlitz, weil bei ihnen die Kippachse ausreichend sicher rechtwinklig zur Stehachse gelagert ist.

In der Mitte der Kippachse ist das Meßfernrohr angebracht. Die Fernrohrstützen sollen so hoch sein, daß man das Fernrohr durchschlagen kann. Reicht der Raum zum Durchschlagen nicht aus, so müssen die Achslager so ausgebildet sein, daß die Kippachse nebst dem Fernrohr umgelegt, d. h. aus den Achslagern herausgehoben und mit vertauschten Achszapfen wieder eingelegt werden kann.

Bei den hauptsächlich für Höhenwinkelmessungen eingerichteten Instrumenten ist das Fernrohr gelegentlich am Ende der Kippachse außerhalb der Lager angebracht [16.22].

12.23 *Die Kollimations- oder Zielachse* des Fernrohrs ist (genau genug) die Gerade durch Fadenschnittpunkt und Mittelpunkt des Objektivs bei Einstellung auf ∞ [Band I 52.3]. Ihre Lage kann durch Justierung in beschränktem Umfang verändert werden [16.11].

12.24 *Die Libellenachsen.* Auf der Alhidade sind eine oder mehrere Libellen angebracht, die vor allem zum Lotrechtstellen der Stehachse gebraucht werden [Band I 51.3]. Älteren Instrumenten ist oftmals eine Reitlibelle beigegeben, die auf die Kippachse aufgesetzt werden kann. Sie dient — indem man sie die Drehungen um die Stehachse mitmachen läßt — zum besonders genauen Lotrechtstellen der Stehachse; man benutzt sie ferner zum Beseitigen des Kippachsenfehlers [16.12].

12.3 Die Kreise.

12.31 *Der Horizontalkreis* besteht entweder aus Metall (Messing) oder aus Glas. Die Teilung ist rechtsläufig; bei Messingkreisen ist sie in einen am Rande des Kreises eingelassenen schmalen Silberstreifen* eingeschnitten; in Glaskreise wird die Teilung geritzt oder sie wird photographisch aufgebracht und eingeätzt. Je größer der Kreisdurchmesser ist, um so weniger wirken sich etwaige Teilungsfehler aus; der Limbusdurchmesser wird daher vielfach als Gütemerkmal für einen Theodoliten angesehen. Feldmeßtheodolite haben Limbusdurchmesser von 6—10 cm, wobei die Kreise meistens in 20′ oder 30′ oder in 0,5 *gon* unterteilt sind.

12.32 *Der Vertikal- oder Höhenkreis* wird aus demselben Material gefertigt wie der Horizontalkreis und ist auch ähnlich geteilt wie dieser; nur ist er manchmal etwas kleiner. Während aber bei der Horizontalwinkelmessung der Teilkreis feststeht und die Alhidade sich bewegt, sitzt der Höhenkreis auf der Kippachse und macht alle Bewegungen des Fernrohres mit. Die Höhenzeiger dagegen sind in Höhe der Kippachse befestigt und müssen jedesmal in die für die Ablesung erforderliche Ausgangslage gebracht werden. Dazu sind die älteren Instrumente mit einer Höhenzeigerlibelle versehen, die der Beobachter mit einer Feinbewegungsschraube einspielen läßt. Bei den meisten neuen Instrumenten dagegen stellt der Höhenzeiger sich mit Hilfe eines der Schwerkraft gehorchenden Kompensators automatisch in die Ausgangslage ein. Der Höhenkreis ist meistens, wie das Bild 12.8 zeigt, so geteilt, daß nicht Höhenwinkel (α), sondern Zenitwinkel ($z = 100\,gon - \alpha$) abgelesen werden**.

12.4 Die Klemmen und die Feinstellschrauben sind erforderlich, um die Kreise oder das Fernrohr in einer bestimmten Lage festhalten und scharf einstellen zu können. Beim Einachser muß die Alhidade gegenüber dem Limbus, beim Zweiachser außerdem der Limbus gegenüber dem Dreifuß festgelegt werden können. Die dafür erforderlichen Klemmen sind gleichzeitig ein besonders wichtiger Teil der Repetitionseinrichtung [17.4].

* Der Ausdruck Limbus (= lat. Saum) bezieht sich ursprünglich nur auf diesen Silberstreifen; heute versteht man darunter allgemein einen drehbaren Teilkreis.

** W. Großmann, Vermessungskunde III, Trigonometrische und barometrische Höhenmessung, Tachymetrie und Ingenieurgeodäsie, S. 8ff. Slg. Göschen Bd. 6062. 10. Aufl. Berlin · New York 1972.

Das Bild 12.9 zeigt eine *Zentralklemme*, wie sie bei Repetitionstheodoliten Reichenbachscher Bauart angewandt wird. Mit Hilfe einer Schraube und eines Klemmstückes wird ein mit einem Ausleger versehener Ring fest an die Buchse des Limbus angepreßt. An dem Ausleger befindet sich ein Zapfen, an den eine an der Alhidade angebrachte Feinbewegungsschraube und

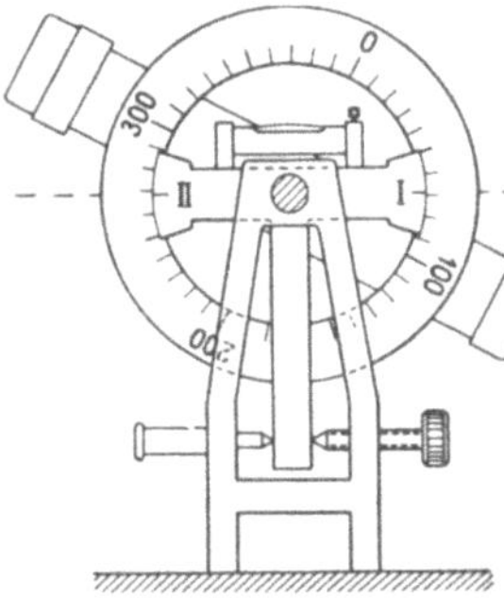

Bild 12.8. Höhenkreis mit Zeigerlibelle.

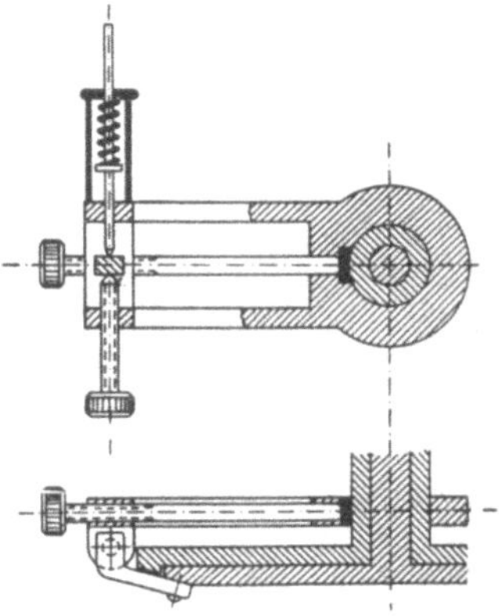

Bild 12.9 Zentralklemme und Feinbewegungsschraube.

ihre Gegenfeder angreifen, um so der Alhidade eine beschränkte Feinbewegung zu ermöglichen. Eine ähnliche Einrichtung erlaubt die Festlegung und Feinbewegung des Limbus gegenüber dem Dreifuß. Auch die in Bild 12.10 dargestellte Kippachsenklemme beruht auf diesem Prinzip.

Bei der zuerst von der Firma Carl Zeiss-Jena gebauten *Mahlerklemme* sind Klemme und Feinbewegungsschraube nur an der Alhidade angebracht. Mit dem Limbus aber, der in der Ruhelage (Bild 12.11 oben) durch Reibung auf der Achse festsitzt, ist eine Scheibenmembrane verbunden, die sich mit Hilfe eines am Alhidadenrande angebrachten Hebels gegen die Alhidade pressen läßt, so daß der Limbus an den Bewegungen der Alhidade teilnehmen kann (Bild 12.11 unten).

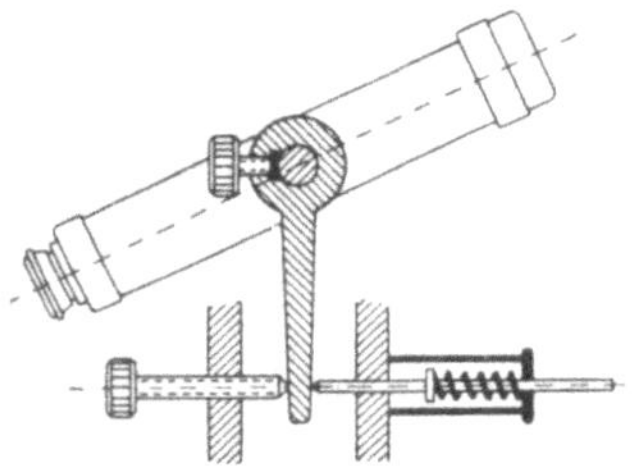

Bild 12.10 Kippachsenklemmung.

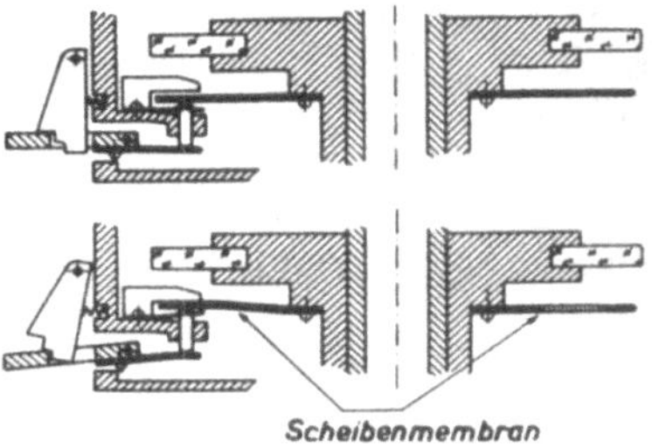

Bild 12.11 Mahlerklemme.

12.5 Die Ablesevorrichtungen, kurz Zeiger genannt, sind überwiegend entweder als Nonius oder als Ablesemikroskop ausgebildet. Die Art der Ablesevorrichtung ist für den Benutzer von so entscheidender Bedeutung, daß die Theodolite meistens allein nach ihrer Ablesevorrichtung als Noniustheodolite, Mikroskoptheodolite usw. bezeichnet werden. Da insbesondere bei neueren Instrumenten die Art der Ablesevorrichtung den Gesamtaufbau des Theodolits sehr weitgehend bestimmt, werdern unter 13 und 14 die Ablesevorrichtungen in ihrer Verbindung mit den entsprechenden Theodolitkonstruktionen besprochen.

13 Nonius und Nonientheodolite

13.1 Der Nonius ist eine kurze Hilfsteilung, die auf der Alhidade angebracht ist und mit dem Limbus in einer Ebene liegt. Der Grundgedanke der Konstruktion ist folgender: Es liegen $(n-1)$ Einheiten T der Kreisteilung und n Einheiten N der Noniusteilung einander gegenüber, so daß

$$(n-1)\,T = n\,N$$

ist. Der Unterschied

$$T - N = \frac{T}{n} = a$$

wird als Angabe des Nonius bezeichnet. Fällt demnach der x^{te} Noniusstrich mit einem Strich der Kreisteilung zusammen, so ist der Abstand der Nullmarke des Nonius von dem vorangehenden Strich der Kreisteilung $x \cdot a$.

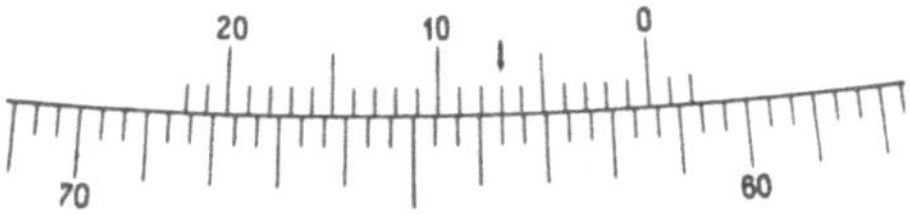

Bild 13.1 Nonius.

Der in Bild 13.1 dargestellte Kreis ist in $^1/_3{}^\circ = 20'$ geteilt, d. h. $T = 20'$. Der Nonius hat 20 Teile; mithin ist $a = 20'/20 = 1'$. Zur Ablesung sucht man zunächst den der Nullmarke des Nonius vorangehenden Strich der Kreisteilung auf und notiert diesen Wert, also in dem abgebildeten Beispiel die Zahl 61° 20'; dann geht man am Nonius so weit nach links, bis ein Noniusstrich und ein Strich der Kreisteilung „koinzidieren", d. h. so gegeneinanderstoßen, daß sie als eine Gerade erscheinen. Das ist der Fall bei dem 7. Noniusstrich. Also lautet die Gesamtablesung: 61° 27'.

Über den Ablesestellen sind Lupen angebracht, die zur Scharfstellung in ihren Fassungen ein wenig verschoben werden können. Zweckmäßig beachtet man außer den koinzidierenden Strichen noch die Stellung der beiden benachbarten Strichpaare. Damit das auch dann möglich ist, wenn der erste oder der letzte Strich der Noniusteilung mit einem Strich der Kreisteilung koinzidiert, sind meistens außerhalb der Endstriche des Nonius je ein oder zwei zusätzliche Striche als „Überteilung" angebracht. Liefert kein Strichpaar eine genaue Koinzidenz, so hält man das Mittel aus den beiden am besten passenden Strichpaaren an.

13.2 Die Nonientheodolite werden heute in Deutschland kaum noch gebaut. Die noch vorhandenen Instrumente sind entweder Einachser oder Repetitionstheodolite. Meistens sind sie mit zwei Nonien versehen; Höhenkreise sind nicht immer vorhanden. Hinsichtlich der Genauigkeit unterscheidet man Bautheodolite, Ingenieurtheodolite und Feinmeßtheodolite.

Die Bautheodolite sind einfache Theodolite, deren Kreise in ganze oder halbe Grade geteilt sind und an ihren Nonien 1 bis 2 Alt- oder Neuminuten hergeben (Bild 12.1).

Die Ingenieurtheodolite besitzen in der Regel eine Reichenbachsche Repetitionseinrichtung und einen Höhenkreis. Beide Kreise sind vorwiegend in $\frac{1}{2}°$ oder $\frac{1}{3}°$ bzw. 1 *gon* oder 0,5 *gon* geteilt. Die Nonien liefern 30″ oder 20″ bzw. 1 *cgon* oder 0,5 *cgon*.

An Feinmeßtheodoliten finden sich Nonien nur in Verbindung mit Mikroskopen [14.22].

14 Ablesemikroskope und Mikroskoptheodolite

14.1 Einrichtung der Ablesemikroskope. Die Ablesemikroskope sollen die Ablesungen an den Teilkreisen erleichtern, beschleunigen und verfeinern. Sie wurden bei älteren Instrumenten von einem am Oberbau befestigten Mikroskop-

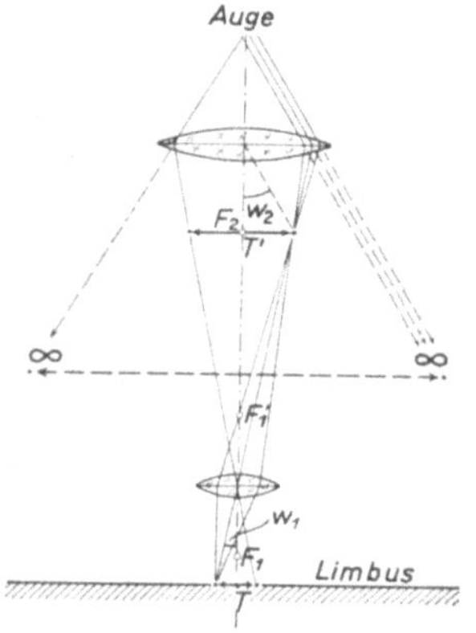

Bild 14.1.
Strahlengang im Ablesemikroskop

träger gehalten. Bei neueren Instrumenten sind sie meistens — mehrfach geknickt — in einem Fernrohrträger untergebracht und mit einem Ableseokular versehen, das sich neben dem Fernrohrokular befindet (Bild 14.9).

In optischer Hinsicht kann das Mikroskop als ein Fernrohr mit kurzbrennweitigem Objektiv angesehen werden, bei dem der Gegenstand sich zwischen einfacher und doppelter Brennweite befindet. Der Gegenstand ist ein Ausschnitt aus der Limbusteilung. In der Bildebene des Mikroskops ist an Stelle eines Fadenkreuzes eine Ablesemarke eingebaut, deren Abstand von dem vorhergehenden Teilstrich der Limbusteilung bestimmt werden muß. Je nach den Mitteln, mit denen diese Bestimmung vorgenommen wird, unterscheidet man Strichmikroskope, Skalenmikroskope und Koinzidenzmikroskope.

Damit die Mikroskope einwandfreie Ablesungen liefern, haben sie mehrere optische Bedingungen zu erfüllen, was zumal nach längerem Gebrauch nicht mehr gewährleistet ist. Es müssen infolgedessen entsprechende Justiermöglichkeiten vorhanden sein.

a) Damit ein scharfes Bild des Kreisausschnittes in der Ebene der Ablesemarke entsteht, muß der Abstand der Bildebene vom Objektiv — d. h. die Bildweite — geändert werden können.

b) Befindet sich in der Bildebene außer dem Nullstrich eine Skala od. dgl., so muß, damit die Skala genau mit dem Bilde eines entsprechenden Teilungsintervalls zusammenpaßt, der Abstand des Mikroskops vom Teilkreis — d. h. die Gegenstandsweite — geändert werden können. Ein etwaiger Unterschied zwischen der Skalenausdehnung und dem Bilde des zugehörigen Teilungsintervalls wird als Run bezeichnet. Die Erfüllung der Bedingung b) heißt daher auch Runbeseitigung.

Mängel zu a) und b) können bei dem heutigen Kompaktinstrumenten nur in den Werkstätten beseitigt werden.

Neben diese beiden für die Justierung erforderlichen — objektiven — Einstellungsmöglichkeiten tritt noch eine subjektive Forderung: Der jeweilige Beobachter muß, um die Ablesemarke in die für sein Auge günstigste Sehweite zu bringen, das Okular in der Okularfassung verschieben können.

14.2 Die Haupttypen der Ablesemikroskope. Die Ablesemikroskope treten in so unterschiedlichen Formen auf, daß es vor allem für den Anfänger sehr schwer ist, eine Übersicht zu gewinnen. Die nachstehende Unterteilung soll das erleichtern. Man unterscheidet 3 Grundtypen: das Strichmikroskop, das Skalenmikroskop (mit der Nebenform Nonienmikroskop) und das Koinzidenzmikroskop. Jede dieser Typen kann sowohl ohne wie mit (mechanischem oder optischem) Mikrometer gebaut werden.

14.21 *Das Strichmikroskop.* Das einfache Strichmikroskop Bild 14.2 hat als Ablesemarke einen Strich, der durch einen Spinnfaden gebildet oder auf einer Strichplatte eingeätzt ist. Bei der Justierung braucht nur die erste der in 14.1 genannten Bedingungen erfüllt zu werden. Der Teilkreis eines Strichmikroskoptheodolits ist in der Regel in 10′ oder 10 *cgon* eingeteilt. Zur Ablesung hat man lediglich den Abstand des Ablese-

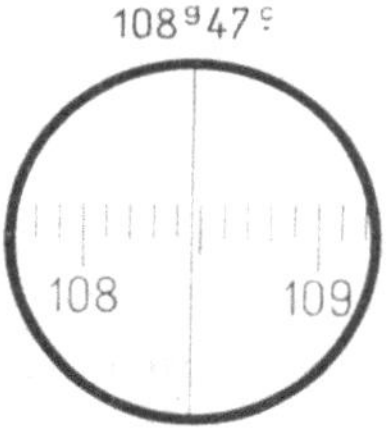

Bild 14.2.*
Einfaches Strichmikroskop

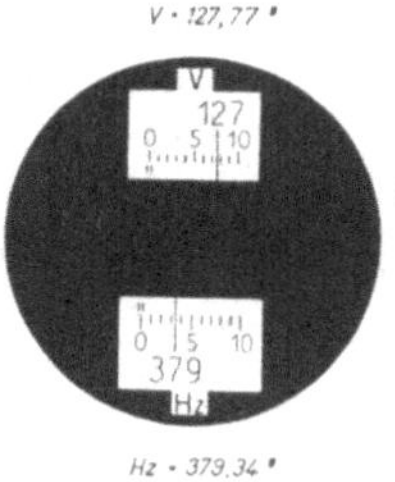

Bild 14.3.*
Strichmikroskop neuer Art

striches von den nächsten Teilstrichen auf $^1/_{10}$ des Teilkreisintervalls zu schätzen. Die Ablesegenauigkeit ist nicht sehr hoch; doch kann man sehr schnell und sicher ablesen. Bild 14.3 zeigt das Gesichtsfeld eines neueren Theodolits, in dem sowohl die Ablesung am Vertikalkreis wie die am Horizontalkreis erscheinen.

Wird eine höhere Ablesungsgenauigkeit erstrebt, so muß der Abstand des Ablesestrichs von dem vorangehenden Strich der Kreisteilung mit einem Schraubenmikrometer oder mit einem optischen Mikrometer gemessen werden.

* In den aus der vorigen Auflage übernommenen Bildern sind die früheren Zeichen g, c und cc belassen worden.

Das *Schraubenmikrometer*, eine ältere Ausführung, besteht aus einem Schlitten, der einen Doppelfaden trägt und mit Hilfe einer Schraube seitlich bewegt werden kann. Als Nullstellung gilt dabei die Lage des Doppelfadens, bei der an einer am Schraubenkopf angebrachten Trommel Null abgelesen wird. Soll nun der Abstand des vorhergehenden Strichs der Kreisteilung von der Nullstelle gemessen werden, stellt man den Doppelfaden mit Hilfe der Schraube auf den betreffenden Teilstrich ein und kann dann den Weg des Doppelfadens von der Nullstelle bis zum Teilstrich an der Schraubentrommel bis auf etwa eine Sekunde ablesen. Bis in die 20er Jahre dieses Jahrhunderts wurden alle Feinmeßtheodolite mit Schraubenmikrometern ausgestattet.

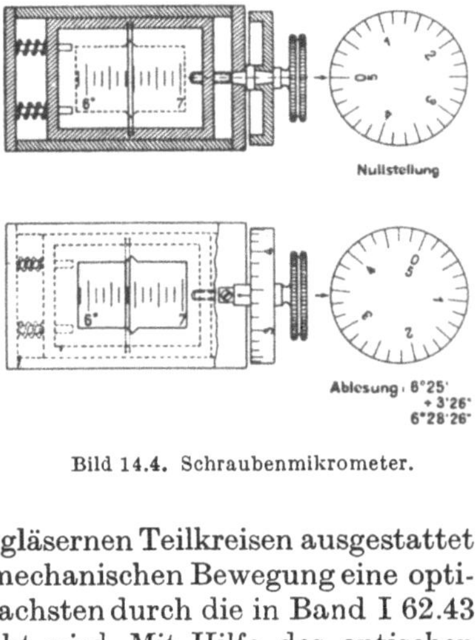

Bild 14.4. Schraubenmikrometer.

Das *optische Mikrometer* findet sich vor allem in den neueren Instrumenten, die mit gläsernen Teilkreisen ausgestattet sind; es setzt an die Stelle der mechanischen Bewegung eine optische Verschiebung, die am einfachsten durch die in Band I 62.43 beschriebene Planplatte bewirkt wird. Mit Hilfe des optischen Mikrometers wird jedoch meistens nicht das Bild des Ablesestrichs, sondern das des Kreisausschnitts so weit verschoben, bis der vorangehende Teilstrich mit dem Ablesestrich zusammenfällt. Das Maß der Verschiebung wird im Winkelmaß an einer im Mikroskopgesichtsfeld meistens über oder unter der Kreisablesung erscheinenden Hilfsskala abgelesen.

Die optischen Mikrometer können bei den meisten Konstruktionen nach einfacher Umschaltung auch zur Feinablesung des Höhenkreises verwendet werden. Infolgedessen erscheinen im Gesichtsfeld der Ablesemikroskope sowohl der Horizontal- wie der Höhenkreis. Das Bild 14.5 gibt zwei Einblicke in den Wild

T 1. Im linken Bild dient das Mikrometer zur Feinablesung am Horizontalkreis, im rechten am Vertikalkreis.

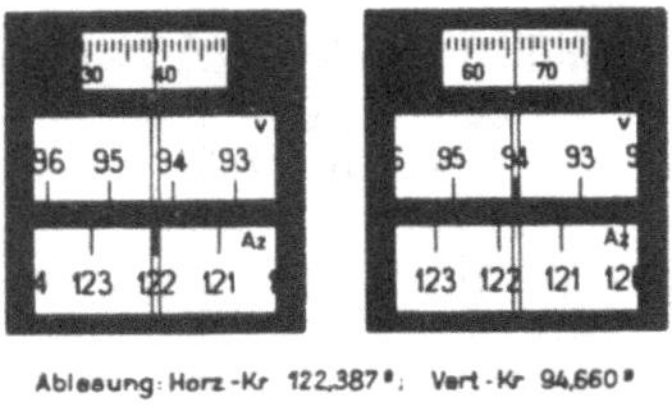

Bild 14.5. Strichmikroskop des Wild T 1 mit optischem Mikrometer.*

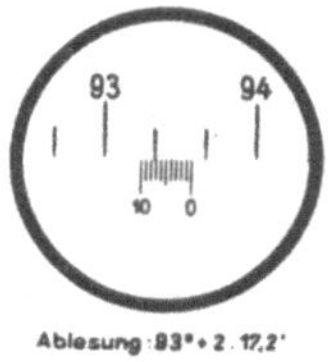

Bild 14.6. Skalenmikroskop älterer Art.

14.22 *Das Skalenmikroskop* wird ebenfalls als einfaches Skalenmikroskop oder als Skalenmikroskop mit Mikrometer gefertigt.

Das einfache Skalenmikroskop zeigt in seinem Gesichtsfeld bei älteren Instrumenten mit Sexagesimalteilung, deren Teilkreis in 20'-Intervalle geteilt ist, eine Skala, die ebenfalls 20' lang und 10fach unterteilt ist. Ein Skalastrich bedeutet daher 2', so daß 0,2' oder 12'' geschätzt werden können. Sind zwei Zeiger vorhanden, so bewertet man das 20'-Intervall gewöhnlich mit 10' und erhält dann das Zeigermittel durch Addition der beiden Ablesungen (Bild 14.6).

Einfache Skalenmikroskope finden sich vor allem im Gesichtsfeld der neueren Ingenieurtheodolite [14.32]; sie zeigen meistens gleichzeitig Ausschnitte aus Horizontal- und Vertikalkreis (Bild 14.7). Beide Kreise sind aus Glas gefertigt und in volle Sexagesimal- oder Zentesimalgrade geteilt. An den Skalen werden ganze Centigon abgelesen und Zehntel geschätzt. Damit man beim Ablesen nicht um das Instrument herumzutreten braucht, ist der Einblick in das Ablesemikroskop unter mehrfacher Knickung des Strahlengangs neben das Fernrohrokular gelegt; vgl. das schematische Bild 14.9. In der Regel ist nur ein Mikroskop und zwar in einem Arm des Fernrohrträgers einge-

* Siehe Fußnote S. 18.

baut. Die Kreisteilungsexzentrizität [16.21] fällt daher erst bei Beobachtung in beiden Lagen heraus.

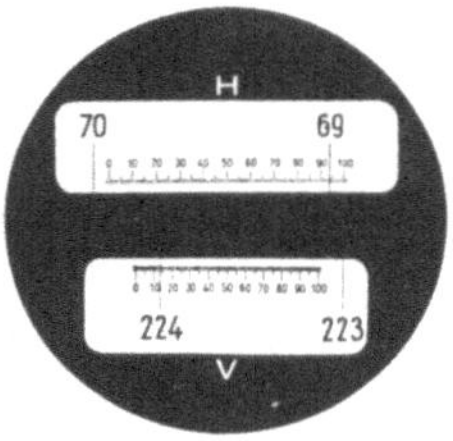

Bild 14.7. Skalenmikroskop des Theo 020 A der Jenoptik.

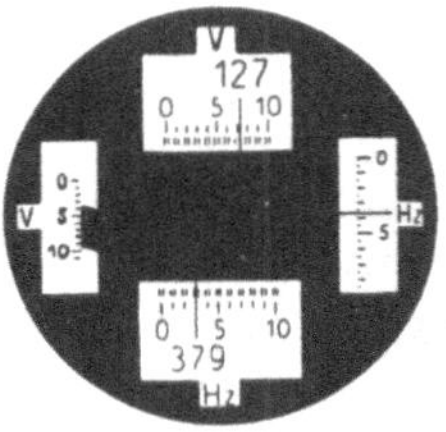

Bild 14.8. Skalenmikroskop des Th 3 von Zeiss-Oberkochen.

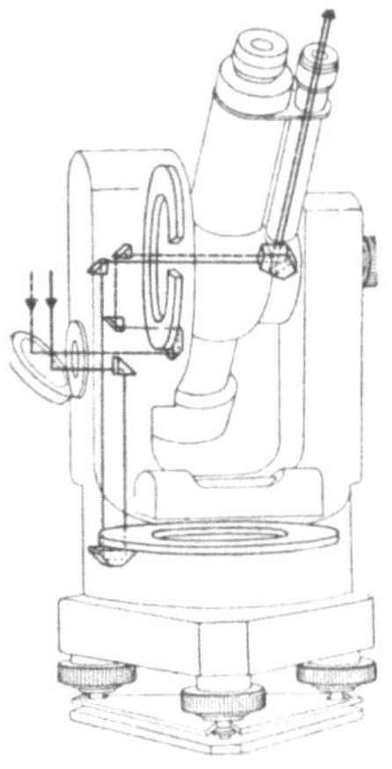

Bild 14.9. Strahlengang im Ablesemikroskop bei Theodoliten mit einer Ablesestelle.

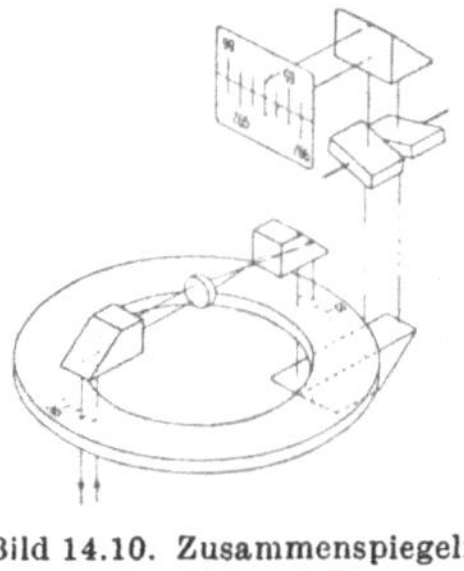

Bild 14.10. Zusammenspiegeln zweier Ablesestellen.

Ein Skalenmikroskop mit je einem optischen Mikrometer für den Horizontal- und den Vertikalkreis (Bild 14.8) besitzt der Th 3 von Zeiss-Oberkochen. In beiden Ablesestellen bringt man mit Hilfe des Mikrometers einen Gradstrich der Kreis-

* Siehe Fußnote S. 18.

teilung mit einem 10-Minutenstrich der Skala zur Deckung, liest die Einerminuten am Mikrometer ab und kann, da das Schätzintervall gegenüber einem Skalenmikroskop ohne Mikrometer vergrößert ist, recht genau die Zehntelminuten oder gar halbe Zehntel schätzen. Der Ableseindex für das Vertikalkreismikrometer ist das obere Ende der in das Gesichtsfeld gespiegelten Höhenzeigerlibelle. Das Instrument wird heute nicht mehr gebaut.

14.23 *Das Koinzidenzmikroskop* ist nach Angaben von H. Wild zuerst von der Firma Carl Zeiss in Jena gebaut worden. Es bedeutet eine völlige Abkehr von den älteren Konstruktionsprinzipien. Grundgedanke der Konstruktion ist, eine Beschleunigung der Ablesung dadurch zu erzielen, daß zwei um 200 *gon* voneinander abstehende Kreisstellen zusammengespiegelt und dadurch mit einem Blick abgelesen werden können. Von den optischen Mitteln, mit denen das Zusammenspiegeln der beiden Ablesestellen erreicht werden kann, möge das schematische Bild 14.10 eine Vorstellung geben. Durch die Spiegelung entsteht im Gesichtsfeld des Mikroskops das Bild 14.11a, das die eine Kreisstelle aufrecht, die andere auf dem Kopf stehend erscheinen läßt. Die Ablesung gestaltet sich dann folgendermaßen:

Man gehe aus von der in der linken Hälfte des Ablesefensters erscheinenden aufrecht stehenden Gonzahl und nehme für den Augenblick an, es sei im Gesichtsfeld die gestrichelt angedeutete Ablesemarke vorhanden. Dann hätte man abzulesen:

an der aufrechten Kreisstelle $265\,gon + a_1$,
an der umgekehrten Kreisstelle $65\,gon + a_2$,
woraus sich als Mittel ergibt $265\,gon + \frac{a_1 + a_2}{2}$.

Man erhält also die Dezimalbeträge des Gon, indem man den scheinbaren Abstand der Kreisstriche 265 und 65 halbiert. Um automatisch auf den halbierten Betrag zu kommen, lese man folgendermaßen ab: Man nehme als Ableseindex den Strich der um 200 *gon* abweichenden Gonzahl und bewerte jeden 20 *cgon*-Abschnitt der Kreisteilung mit 10 *cgon*. Dann lautet, wenn man die letzte Dezimale zunächst schätzt, die Ablesung 265,44 *gon*. Die gestrichelte Nullmarke wird also zur Ablesung nicht gebraucht; sie fehlt deshalb meistens. Damit hat man gewissermaßen ein Koinzidenzmikroskop ohne Mikrometer mit einer für topographische Zwecke voll ausreichenden Ablesegenauigkeit. Ein Koinzidenzmikroskop ohne Mikrometer findet sich z. B. in dem Bautheodolit DK 1 der Firma Kern.

Die meisten Koinzidenztheodolite sind jedoch mit optischen Mikrometern versehen. In solchen Instrumenten werden die

Bild 14.11. Koinzidenzmikroskop vor und nach Betätigung des Mikrometers.

beiden letzten Stellen nicht geschätzt, sondern es wird der Abstand zwischen den direkt gesehenen und den gespiegelten Teilstrichen mikrometrisch gemessen. Das Mikrometer besteht in der einfachsten Form aus zwei sich gegenläufig drehenden Planplatten, die mittels einer Schraubentrommel so lange bewegt werden, bis die Teilstriche beider Kreisstellen koinzidieren (Bild 14.11 b). Dann entnimmt man nach dem oben geschilderten Verfahren die Gonzahl und die 1. Dezimale der Hauptteilung; den die vollen 10 *cgon* Einheiten überschießenden Betrag findet man, und zwar sogleich halbiert, in der Hilfsteilung. Die genaue Ablesung ist also 265,4412 *gon*.

Das Koinzidieren der Teilstriche gelingt bei den gängigen Typen nach einiger Übung auf etwa 1″ oder 0,2 bis 0,3 *mgon*. Das Ergebnis ist, da bei der Ablesung zwei um 200 *gon* voneinander abstehende Kreisstellen benutzt werden, frei von den Auswirkungen einer Exzentrizität der Kreisteilung [16.21].

Bei einigen Typen weist die Kreisteilung an Stelle der einfachen Striche Doppelstriche auf. Bei den Koinzidenzmikroskopen des DKM 2 von Kern (Bild 14.12) und des FT 2 N von

Fennel entstehen die Doppelstriche durch Nebeneinanderspiegeln zweier um 200 *gon* voneinander abstehenden Striche; diese werden durch das optische Mikrometer gemeinsam verschoben, bis sie symmetrisch zum Indexstrich stehen. Bei den Feinmeßtheodoliten Th 2 von Zeiss-Oberkochen (Bild 14.13) und DKM

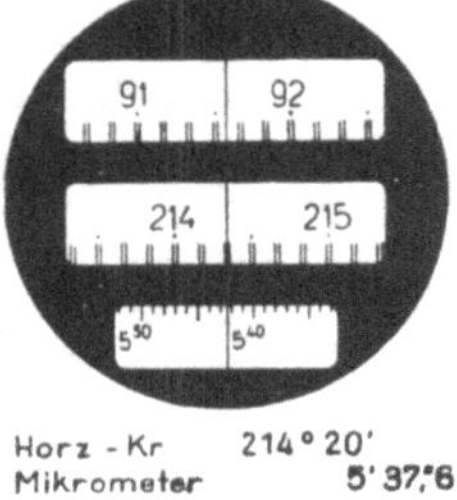

Bild 14.12. Koinzidenzmikroskop des Kern DKM 2.

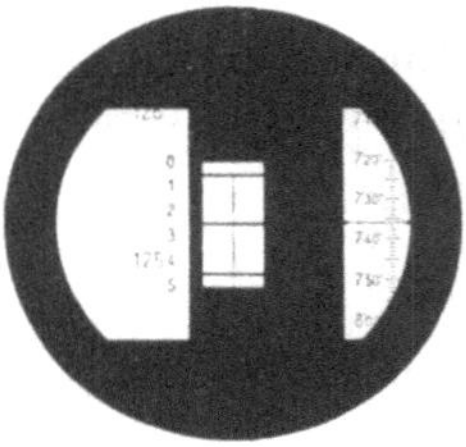

Bild 14.13. Koinzidenzmikroskop des Th 2 von Zeiss-Oberkochen

2-A von Kern ist die Ablesung weitgehend digitalisiert; d. h. die Kreisablesung wird im Gesichtsfeld des Mikroskops bis auf die letzte Stelle in Ziffern dargestellt. Der DKM2-A wird jetzt auch mit einem Gaslaser kombiniert, dessen Licht über eine Glasfaseroptik direkt in die optische Achse des Theodolits gelangt und zusammen mit einer Kreuzmarke auf das angezielte Objekt projiziert wird. Dadurch stimmt das Zentrum der Marke mit der Ziellinie des Theodolits überein, was für Feinstabsteckungen von großer Bedeutung ist.

14.3 Die Mikroskoptheodolite. Obwohl der Nonientheodolit eine für die meisten Fälle ausreichende Genauigkeit hergibt, werden in jüngster Zeit überwiegend Mikroskoptheodolite gebaut, weil die Ablesung an ihnen entweder bequemer oder genauer ist. Die in 14.2 eingeführte Unterteilung der Mikroskoptheodolite in solche mit Strichmikroskopen, mit Skalenmikroskopen und mit Koinzidenzmikroskopen — jeweils mit und ohne Mikrometer — bezieht sich indessen nur auf die Ablesevorrichtung. Im Hinblick auf den Verwendungszweck und damit auf die Meßgenauigkeit unterscheidet man wie in 13.2 Bautheodolite, Ingenieurtheodolite und Feinmeßtheodolite.

14.31 Als *Bautheodolite, Kleintheodolite* oder *Minutentheodolite* bezeichnen die Firmen gewöhnlich die einfachsten für Baumessungen und einfache Geländeaufnahmen bestimmten Theodolite ihrer Serie. Soweit diese Theodolite Mikroskopablesung haben, handelt es sich um einfache Strich- und Skalenmikroskope ohne Mikrometer. Die Durchmesser der Kreise liegen zwischen 50 und 80 mm; die Fernrohre haben 15- bis 20fache Vergrößerung. Ein Höhenkreis ist nicht immer vorhanden. Siehe Tafel I (1) S. 28.

Bild 14.14. Strichmikroskoptheodolit Breithaupt TEAUT.

Bild 14.15. Skalenmikroskoptheodolit Wild T 16.

14.32 *Die Ingenieurtheodolite* oder *Tachymetertheodolite*, für die gelegentlich auch die Bezeichnung *Zehn-Sekunden-Theodolit* gebraucht wird, sind Instrumente mittlerer Ablesegenauigkeit, die in erster Linie für die Polygonierung, die Kleintriangulierung und für Absteckungsaufgaben bestimmt sind. Siehe Tafel I (2)

S. 28. Sie besitzen ein Repetitionssystem und eine Einrichtung zur optischen Streckenmessung mit Reichenbachschen Distanzfäden [Bd. III 32]. Die Horizontalkreise haben Durchmesser von 70—100 mm. Die Höhenkreise sind manchmal etwas kleiner; bei den neueren Typen werden sie überwiegend an automatisch sich einstellenden Höhenzeigern abgelesen; vgl. Bd. III 12. Man unterscheidet hinsichtlich der Ablesung:

a) *Strichmikroskoptheodolite mit optischem Mikrometer.* Dieses in 14.21 beschriebene Prinzip gestattet Ablesungen auf 0,1′ oder 1 *mgon* (Bild 14.5 und 14.14).

b) *Skalenmikroskoptheodolite* ohne und mit optischem Mikrometer. Bei den meisten neueren Instrumenten dieser Art ist auf ein Mikrometer verzichtet worden. An den Skalen können durchweg volle Minuten (1′ bzw. 1 *cgon*) abgelesen und 0,1′ bzw. 1 *mgon* geschätzt werden (Bild 14.7 und 14.15). Dieses sehr bequeme und sichere Ableseverfahren liefert bei den ausgereiften Typen eine einmal in beiden Lagen gemessene Richtung auf ± 1 *mgon*.

c) *Koinzidenzmikroskoptheodolite* mit einfachem Mikrometer. Nach diesem Prinzip hat Kern, Aarau den sehr kleinen und leichten Doppelkreistheodolit DKM 1 gebaut, an dem sich 0,1′ bzw. 1 *mgon* ablesen und Bruchteile schätzen lassen.

14.33 *Die Feinmeßtheodolite,* vielfach auch *Sekundentheodolite* genannt, sind vor allem für die Triangulierungen der II. und III. Ordnung und für Feinabsteckungen bestimmt. Sie haben keine Repetitionseinrichtung. Der Limbusdurchmesser beträgt etwa 80—100 mm, der des Höhenkreises 70—90 mm. Siehe Tafel I (3) S. 29.

Feinmeßtheodolite älterer Bauart sind meistens mit Schraubenmikroskopen [14.21], solche aus den 20er und 30er Jahren auch mit Nonienmikroskopen, einer Nebenform des Skalenmikroskops, nebst optischen Mikrometern ausgestattet. Die neueren Feinmeßtheodolite (vgl. Bild 14.16 und 14.17) weisen fast ausnahmslos Koinzidenzmikroskope mit optischen Mikrometern auf. In diesen sieht man entweder gegenläufige Teilungen ohne Indexstrich, die koinzidiert werden müssen, oder gleichlaufende Teilungen, bei denen ein Indexstrich zwischen die Doppelstriche der Teilung zu bringen ist (Bild 14.12). In einigen Neukonstruktionen aus jüngster Zeit ist die Ablesung weitgehend digitalisiert (Bild 14.13); für die Höhenkreise gilt 14.32.

Der mittlere Ablesefehler, der durch den mittleren Einstellfehler am Mikrometer gegeben ist, liegt bei den gängigen Ausführungen bei $\pm 1''$ oder 0,2 bis 0,3 *mgon* für die einzelne Ablesung; bei älteren Instrumenten ist er etwas größer.

Mit hochgezüchteten Spezialausführungen für Triangulierungen der I. Ordnung, Tunnelabsteckungen und dgl. (z. B. Wild T 4, Kern DKM 3, Jenoptik Theo 002) läßt sich der mittlere Ablesefehler auf $\pm$ 0,05 bis 0,02 *mgon* für die einzelne Ablesung herabdrücken.

Bild 14.16. Sekundentheodolit Tu von Askania-Franke.

Bild 14. 17. Sekundentheolit Th 2 von Zeiss-Oberkochen

Damit reicht die Ablesegenauigkeit bereits in die Größenordnung der Refraktionseinflüsse hinein. Sie noch weiter zu steigern, wäre wenig sinnvoll.

Tafel I Theodolite* (Auswahl)

Hersteller	Typ	Fernrohr		Kreisdurchmesser		Ableseeinrichtungen in *gon*					AH = autom. Höhenzeiger DK = Doppelkreis KF = Kugelfuß teil = teildigitalisiert
		Vergrößerung	Obj.-Öffnung mm	horiz. mm	vert. mm	Art	Horiz.-Kreis Abl.	Horiz.-Kreis Schätz.	Vert.-Kreis Abl.	Vert.-Kreis Schätz.	
1	2	3	4	5	6	7	8	9	10	11	12
(1) Bautheodolite							*gon* · 10^{-2}				
Breithaupt, Kassel	Tekat	18	30	65	47	Skalenmikr.	5	0,5	5	1	
Ertel, München	BTU	24	30	80	60	Strichmikr.	10	1	10	1	
Fennel, Kassel	FTS	19	25	80	60	Skalenmikr.	2	0,5	5	1	
Jenoptik, Jena	Theo 080	16	32	61	61	Strichmikr.	10	1	10	1	
Kern, Aarau	DK 1	20	30	50	50	opt. Mikrom.	10	1	10	1	DK
Salmoiraghi, Mailand	4138	22	27	80	57	Strichmikr.	5	1	10	1	
Zeiss, Oberkochen	Th 51	20	32	70	70	Strichmikr.	10	1	10	1	
(2) Ingenieurtheodolite							*gon* · 10^{-2}				
Franke, Gießen	Tts	30	45	90	70	Skalenmikr.	1	0,2	1	0,2	AH
Breithaupt, Kassel	TEAUT	28	40	78	50	opt. Mikrom.	1	0,1	1	0,1	AH
Fennel, Kassel	FT 1 A	30	40	90	70	Skalenmikr.	1	0,1	1	0,1	AH
Galileo, Florenz	TG 2 b	29	40	80	80	Koinzm. m. Mikr.		0,2		0,2	
Hilger-Watts, London	Mikropt. 1	25	38	89	64	opt. Mikrom.	1		1		
Jenoptik, Jena	020 A	25	35	86	86	Skalenmikr.	1	0,2	1	0,25	AH

* Zahlenangaben nach Firmenprospekten

1	2	3	4	5	6	7	8	9	10	11	12
noch (2) Ingenieurtheodolite								gon 10^{-2}			
Kern, Aarau	K 1 S	30	45	89	70	Skalenmikr.	1	0,2	1	0,2	AH, opt. Lot.
Kern, Aarau	K 1 A	28	45	89	70	opt. Mikrom.	1	0,1	1	0,1	AH, KF
Kern, Aarau	DKM 1	20	30	50	50	Koinzm. m. Mikr.	0,1	0,05	0,1	0,05	
Salmoiraghi, Mailand	4150 NE	30	40	90	70	Skalenmikr.	1	0,2	1	0,2	AH
Wild, Heerbrugg	T 1 A	28	40	73	65	Strichmikr. mit Mikrom.	1	0,1	1	0,1	AH
Wild, Heerbrugg	T 16	28	40	79	79	Skalenmikr.	1	0,2	1	0,2	
Zeiss, Oberkochen	Th 4	25	35	98	85	Skalenmikr.	1	0,2	1	0,2	AH, KF
Zeiss, Oberkochen	Th 42	30	40	98	85	Skalenmikr.	1	0,2	1	0,2	AH; KF
(3) Feinmeßtheodolite								gon · 10^{-4}			
Franke, Gießen	Tu	30	45	90	70	Koinz. Mikr. mit Mikrom.	2	0,2	2	0,2	AH
Galileo, Florenz	TG 1 b	29	40	80	80	,,	2		2		
Hilger-Watts, London	Mikropt. 2	28	41	98	76	,,	5		5		
Jenoptik, Jena	010	31	53	84	60	,,	2	0,2	2	0,2	Spiegellinse; AH;
Kern, Aarau	DKM 2-A	30	45	75	85	,,	2	0,5	2	0,5	DK; AH; KF; teil.
Kern, Aarau	DKM 3	27,45	72	100	100	,,	0,5	0,1	0,5	0,1	Spiegell. DK; KF
Salmoiraghi, Mailand	4200	30	40	90	90	,,	2	0,2	2	0,2	AH
Wild, Heerbrugg	T 2	28	40	90	70	,,	2	1	2	1	
Wild, Heerbrugg	T 3	24-40	60	135	90	,,	1	0,5	1	0,5	AH; KF
Zeiss, Oberkochen	Th 2	30	40	100	85	,,	1		1		AH; KF; teil.
Hilger-Watts, London	Mikropt. 3	40	50	98	76	opt. Mikrom.	0,2″		0,2″		
Jenoptik, Jena	Theo 002	38-75	65	250	200	Koinz. Mikr.	0,2″		0,2″		gebr. Fernrohr
MOM, Budapest	Te-B 23	30	45	93	60	mit Mikrom.	1″		1″		
Wild, Heerbrugg	T 4	60-80	70	240	135	,,	0,1″		0,2″		gebr. Fernrohr
Kern, Aarau	DKM 3 A	27,75	72	100	100	Reg. Mikrom.	0,5″	0,1″	0,5″	0,1″	Astron-Variante des DKM 3

14.4 Die Registriertheodolite. Bereits seit Anfang der 40er Jahre laufen Bemühungen mit dem Ziel, das sich oft wiederholende und vom Beobachter als lästige, mehr mechanische Tätigkeit empfundene Ablesen der Teilkreise und Aufschreiben der Winkelwerte durch einen automatischen Vorgang zu ersetzen. Damals bauten die Askaniawerke nach Vorversuchen mit einem damaligen Spitzentheodoliten* den Registriertheodoliten TPR**, in dem das in einem Koinzidenzmikroskop Wildscher Art (Bild 14.11) erscheinende Ablesebild photographisch aufgenommen und nach Abschluß der Messung mit einem Spezialgerät ausgemessen wurde. Auch der Wild-Theodolit T 3 konnte mit photographischer Registrierung bezogen werden**. Das Ausmessen des Films aber war und blieb unbefriedigend.

Anfang der 60er Jahre entwickelten die Firmen Fennel (Kassel) und Kern (Aarau) je einen „Codetheodolit". Bei diesen war der Teilkreis „codiert", d. h. er trug anstelle der Kreisbezifferung ein System von Schwarz-weiß-Feldern unterschiedlicher Breite, die in mehreren Spuren angeordnet waren. Die für die jeweilige Ablesung bedeutsamen Kombinationen wurden über einem Film einem Film-Umsatzgerät zugeführt. Trotz einzelner Erfolge konnte auch dieses Verfahren nicht befriedigen.

Eine brauchbare Lösung fand erst die Firma Zeiss-Oberkochen für das gegen Ende der 60er Jahre entwickelte RegElta 14. In diesem Gerät werden die Winkel mittels einer Kombination von mechanischen und elektronischen Elementen zweistufig erhalten. Grundlage für die erste Stufe der Richtungsmessung ist eine Hirthsche Zahnkuppelung. Bei dieser sind an den Rändern zweier aneinanderliegender Kreise rechtwinklig zur Kreisebene je 400 keilförmige Zähne so angebracht, daß beim Ineinandergreifen der Zähne die Kreise auf 1 *gon* gegeneinander festgelegt sind. Ein konzentrisch anliegender Codekreis, der anstelle der Randbezifferung ein in mehreren Spuren angeordnetes System von Schwarzweiß-Feldern besitzt, liefert über elektrische Kontakte die Gonzahl. Durch eine mit Meßkeilen bewirkte Feinbewegung des Fernrohrs wird das 1 *gon*-Intervall in 1000 Teile geteilt, so daß als kleinste Einheit ein Schritt von einem Milligon abgetastet wird und das Ergebnis mit entsprechender Genauigkeit in einen Datenspeicher eingegeben werden kann. Zusammen mit der elektronischen Streckenmessung ist damit ein vollständiges elektronisches Tachymeter entstanden.

Das Geodimeter AGA 700 besitzt für die Richtungsmessung anstelle eines Teilkreises einen Kreis mit unbezifferten Rasterspuren, die lichtelektrisch bereits in der ersten Stufe auf volle Centigon abgetastet werden. Eine elektronische Interpolation, über die Einzelheiten noch nicht bekannt sind, verfeinert die Abfrage in der 2. Stufe auf Schritte von einem halben Milligon („Winkelschrittgeber"). Die Richtungen und die elektronisch bestimmten Strecken können abgelesen oder in einen anschließbaren Datenspeicher eingegeben werden, so daß auch das Geodimeter 700 als ein elektronisches Registriertachymeter anzusprechen ist.

* E. Gigas: Ein neuer Theodolit I. O. aus Reichsvermessungsdienst 1943 S. 185.
** Jordan-Eggert-Kneißl Bd. IV, (1958) S. 175 u. 188.

15 Zusatzeinrichtungen

15.1 Schnurlot, starres Lot und optisches Lot dienen zum Zentrieren des Theodolits über einem Bodenpunkt. Das Schnurlot wird bei einfachen Feldmessungen verwandt. Für genauere Messungen empfiehlt sich — vor allem bei Wind — ein starres Lot, d. h. ein ausziehbares, am unteren Ende mit einer Spitze versehenes Stahlrohr, das an den Dreifuß angeschraubt wird und eine Dosenlibelle trägt. Man zentriert dabei

Bild 15.1. Zwangszentrierung der Jenoptik.

den Theodolit zunächst nach Augenmaß, setzt dann die Spitze des Lotes auf den Bodenpunkt, lockert die Anzugsschraube, die das Instrument gegen den Stativteller preßt, und schiebt schließlich das Instrument auf dem Stativteller so lange hin und her, bis die Dosenlibelle einspielt. Ist die Dosenlibelle dejustiert, so muß die Blase auf den Spielpunkt gebracht werden, den man durch Drehen des Lotes um 200 *gon* bestimmt. Eine besonders günstige Form des starren Lotes hat die Schweizer

Firma Kern mit ihrem Zentrierstativ entwickelt (vgl. Band I 53.2).

In neuere Theodolite sind vielfach optische Lote eingebaut. Ein solches besteht aus einem in die Vertikalachse des Theodolits eingelassenen Fernröhrchen, in das der Beobachter über ein Reflexionsprisma von der Seite her einblicken kann. Zum Zentrieren wird der Theodolit bei streng lotrechter Stehachse so lange auf der Stativplatte verschoben, bis der Bodenpunkt im Fadenkreuz erscheint. Bei dejustierter Zielachse muß der Bodenpunkt beim Drehen des Instruments nach allen Seiten gleich weit vom Fadenschnitt abstehen. Optische Abloter werden auch als selbständige Instrumente, d. h. ohne Verbindung mit einem Theodolit gefertigt [15.2].

Die Zentrierung gelingt mit einem Schnurlot, falls der Bodenpunkt scharf bezeichnet ist, bei Windstille auf ± 3 bis 5 mm, mit dem starren Lot auf ± 1—2 mm, mit dem optischen Lot bis auf ± 0,5 mm.

15.2 Die Zwangszentrierung garantiert eine gleichbleibende Zentrierung auch in den Fällen, in denen wie z. B. beim Messen eines Feinpolygonzuges [31.3] Instrument und Zielmarke auf einem Stand ausgetauscht werden müssen. Nach Vorläufern wie der Breithauptschen Steckhülseneinrichtung und der Freiburger Aufstellung hat die Zeiss'sche Anordnung sich weitgehend durchgesetzt. Sie besteht aus einem Theodolit, dessen Oberteil nach Lösen einer Druckschraube aus dem Dreifuß herausgehoben werden kann, und mehreren Zieltafeln, die in Theodolitdreifüßen auf Theodolitstativen stehen und mittels eines optischen Abloters über den Standpunkten zentriert werden können; vgl. Bild 15.1. Beim Standpunktwechsel läßt man die Stative mit den Dreifüßen stehen, hebt das freie Oberteil des Theodolits und die Zieltafel heraus und tauscht beide gegeneinander aus. Nach dem Austausch vergesse man nicht, die Druckschraube anzuziehen! Vgl. 12.21 am Schluß.

15.3 Als sonstige Zusatzeinrichtungen werden den Theodoliten Bussolen für tachymetrische Arbeiten [Bd. III 35] beigegeben, ferner Okularprismen für Steilvisuren und Einrichtungen zur elektrischen Beleuchtung des Fadenkreuzes und der Ablesestellen bei Nachtbeobachtungen.

16 Untersuchung und Berichtigung des Theodolits*

Auch bei sorgfältigster Arbeit gelingt es dem Mechaniker nicht, die mathematische Konstruktionsidee beim Bau des Theodolits voll zu verwirklichen. Die einzelnen Bauteile können ferner durch die Beanspruchung beim Gebrauch, durch Temperatureinwirkungen und dgl. ihre Sollage ein wenig verändern. Beide Tatsachen haben Fehler zur Folge, die entweder durch Justierung beseitigt oder durch die Anordnung der Messung eliminiert werden müssen. Die wichtigsten dieser Fehler sind Achsenfehler, Exzentrizitätsfehler und Teilungsfehler.

16.1 Die Achsenfehler. Man unterscheidet beim Theodolit die Vertikal- oder Stehachse VV, die Horizontal- oder Kippachse HH, die Kollimations- oder Zielachse ZZ; dazu kommen noch die Achsen der Libellen.

Sollen Horizontalwinkel gemessen werden, so muß die Zielachse sich beim Kippen des Fernrohres in einer Vertikalebene bewegen. Das ist der Fall, wenn

a) die Zielachse ZZ normal zur Kippachse HH ist,

b) die Kippachse HH normal zur Stehachse VV liegt,

c) die Stehachse VV streng lotrecht steht.

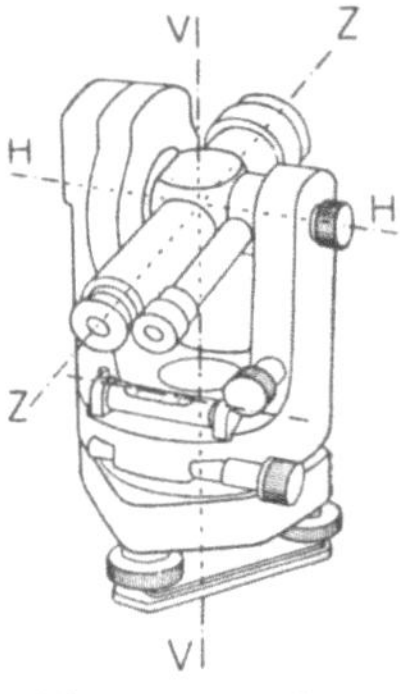

Bild 16.1. Theodolitachsen (schematisch).

Ist eine dieser Bedingungen nicht erfüllt, so spricht man vom Zielachsen-, Kippachsen- bzw. Stehachsenfehler.

16.11 *Der Zielachsenfehler* läßt sich auf mehrfache Art sichtbar machen und beseitigen:

a) Man zielt im Standpunkt S einen etwa in Höhe der Kippachse liegenden Punkt A an, hebt das Fernrohr aus den Lagern und legt es mit vertauschten Achsenenden wieder ein. Erscheint dann im Fadenkreuz an Stelle des Punktes A ein seitlich gelegener Punkt A', so ist

* Eine eingehende Darstellung findet sich in Ziff. 9a des Lit.-Verz. §§ 62 bis 66.

$\sphericalangle\, ASA' = 2c$ der doppelte Zielachsenfehler (Bild 16.2). Man beseitigt den Zielachsenfehler, indem man mit den seitlich wirkenden Justierschrauben des Fadenkreuzes die Hälfte des Winkels ASA' fortschafft.

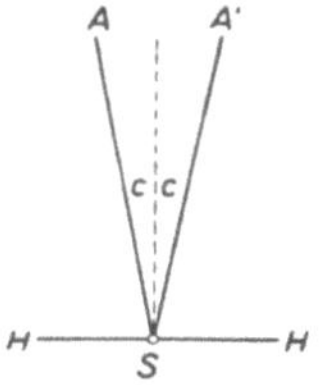

Bild 16.2. Zielachsenfehler.

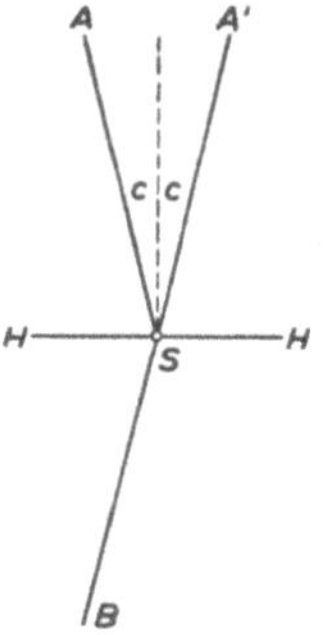

Bild 16.3. Bestimmung des Zielachsenfehlers.

b) Läßt das Fernrohr sich, was bei neueren Instrumenten die Regel ist, nicht aus den Lagern heben, so schlägt man es nach Anzielen des Punktes A und Ablesen der zugehörigen Kreisstelle durch, so daß es in die Richtung nach B weist, und dreht die Alhidade mittels der Kreisteilung um genau 200 *gon* weiter (Bild 16.3). Das Fernrohr wird dann wieder nach A' weisen. Abermals ist ASA' der doppelte Zielachsenfehler, dessen Hälfte wie unter a) beseitigt wird.

c) Statt wie bei b) die Alhidade um 200 *gon* zu drehen, kann man das Fernrohr auf A zurückführen und eine zweite Kreisablesung machen. Die Differenz von Anfangs- und Schlußablesung vermindert um 200 *gon* ist der doppelte Zielachsenfehler im Winkelmaß. Beseitigung wie oben.

Beim Anzielen eines unter dem Höhenwinkel h erscheinenden hochgelegenen Zieles ist der durch einen Zielachsenfehler c hervorgerufene Richtungsfehler $(c) = c : \cos h$. Eine aus beiden Fernrohrlagen gemittelte Ablesung einer Richtung ist, wie aus den Ausführungen unter b) und c) ohne weiteres folgt, frei von den Auswirkungen des Zielachsenfehlers. Im Falle $h = o$ ist $(c) = c$.

16.12 *Ein Kippachsenfehler* liegt vor, wenn die Kippachse, wie in Bild 16.4, bei lotrechter Stehachse den Winkel i mit der Horizontalen bildet. Man erkennt ihn meistens daran, daß das Fadenkreuz, das man auf das oberste Ende einer senkrechten Hauskante gerichtet hat, sich beim Herunterkippen in die Horizontale von der Hauskante entfernt. Zur genaueren Untersuchung gibt es mehrere Wege:

a) Man richtet das Fernrohr, nachdem der Zielachsenfehler beseitigt ist, auf einen hochliegenden Punkt A, kippt es bis in die Horizontale herunter und macht an einem Maßstab, der in einiger Entfernung vom Instrument horizontal und rechtwinklig zur Visur niedergelegt ist, die Ablesung a_1 (Bild 16.5). Darauf schlägt man das Fernrohr durch, richtet es wieder auf A, kippt es abermals herunter und macht am Maßstab die Ablesung a_2. Dann hat man in dem Stück $(a_2 - a_1)$ die verdoppelte Auswirkung des Kippachsenfehlers.

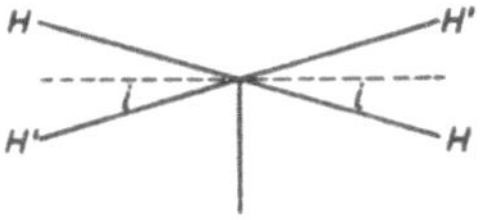

Bild 16. 4. Kippachsenfehler.

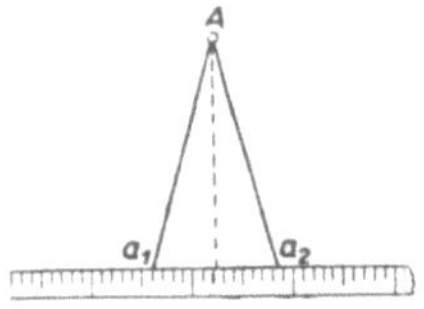

Bild 16.5. Bestimmung des Kippachsenfehlers.

Um den Kippachsenfehler zu beseitigen, richtet man das Fernrohr auf den Punkt $1/2\ (a_1 + a_2)$ des Maßstabs, kippt das Fernrohr nach oben, bis A im Gesichtsfeld erscheint und hebt oder senkt ein Achslager mit Hilfe der im Bild 12.7 erkennbaren Schrauben so lange, bis der Punkt A sich genau im Fadenschnitt befindet. Bei den heute üblichen Instrumenten mit verkapselter Kippachse kann das nur in einer mechanischen Werkstatt geschehen.

b) Man erhält den verdoppelten Einfluß des Kippachsenfehlers im Winkelmaß — wiederum nachdem der Zielachsenfehler beseitigt ist —, wenn man den Punkt A in beiden Fernrohrlagen anzielt und die Differenz der zugehörigen Kreisablesungen vermindert um 200 *gon* bildet. Man berichtigt den Kippachsenfehler, indem man das Mittel der beiden Kreisablesungen einstellt und wie unter a) verfährt.

c) Falls eine Reitlibelle vorhanden ist, ermittelt man nach der in Band I 51.3 gegebenen Regel zuerst durch Drehen der Alhidade um die Stehachse den Spielpunkt der Reitlibelle in bezug auf die Stehachse, dann durch Umsetzen der Libelle auf der Kippachse den Spielpunkt in bezug auf die Kippachse. Die Differenz beider Spielpunkte entspricht dem einfachen Kippachsenfehler. Man beseitigt ihn, indem man durch Heben oder Senken eines Achslagers den auf die Kippachse bezogenen Spielpunkt in den auf die Stehachse bezogenen verlegt.

Der Einfluß (i), den ein Kippachsenfehler i auf eine nur in einer Lage beobachtete Richtung hat, ergibt sich, wenn der Zielpunkt unter dem Höhenwinkel h erscheint, aus $(i) = i \tan h$. Der Kippachsenfehler übt also auf die Richtung nach Zielen, die im Horizont liegen $(h = 0)$, keinen Einfluß aus. Die Formel ermöglicht es ferner, die Größe des Kippachsenfehlers zu berechnen, wenn man mit einer der unter a) und b) genannten Methoden seine Auswirkung auf eine geneigte Visur ermittelt hat. Aus a) und b) folgt schließlich, daß der Kippachsenfehler ebenso wie der Zielachsenfehler durch Mitteln der Ablesungen aus beiden Fernrohrlagen herausfällt.

16.13 *Der Stehachsenfehler* v ist kein Instrumental-, sondern ein Aufstellfehler, der daher rührt, daß die Stehachse schief steht. Man vermeidet ihn, indem man die Stehachse durch Spielpunktbestimmung nach Band I 51.32 streng lotrecht stellt. Um die Auswirkungen (v) eines etwaigen Stehachsenfehlers v auf eine gemessene Richtung angeben zu können, verstehe man unter h den Höhenwinkel, unter dem das Ziel erscheint, und unter α den Winkel, den die Richtung nach dem Ziel mit *der* Vertikalebene bildet, die die schiefe Stehachse enthält. Dann ist

$$(v) = v \sin \alpha \tan h .$$

Im Gegensatz zu den Zielachsen- und Kippachsenfehlern läßt sich (v) nicht durch Beobachtung in zwei Fernrohrlagen tilgen. Da (v) mit dem Tangens des Höhenwinkels zunimmt, hat man die Stehachse um so sorgfältiger lotrecht zu stellen,* je stärker der Zielstrahl geneigt ist.

16.2 Die Exzentrizitätsfehler. Damit an der Kreisteilung der Horizontalwinkel abgelesen wird, um den die Zielachse des Fernrohrs gedreht ist, müssen der Mittelpunkt der Kreisteilung und die Alhidadenachse zusammenfallen, und es muß eine im Mittelpunkt der Kreisteilung errichtete Normale die Zielachse des Fernrohrs treffen. Ist das nicht der Fall, so liegt eine Exzentrizität der Kreisteilung bzw. des Fernrohrs vor.

16.21 *Kreisteilungsexzentrizität* und Zeigerarmknickung.* Wenn der Mittelpunkt L der Kreisteilung nicht identisch ist mit dem Mittelpunkt A der Drehung der Alhidade (in ihrer Buchse), so sind auch die „Kreisablesungen" für die Schenkel von Winkeln nicht identisch mit der Drehung der Alhidade. Es sei in Bild 16.6 φ ein Winkel, dessen linker Schenkel zufällig in die Richtung AL der Exzentrizität e bzs. deren Verlängerung CC' fällt, während sein rechter Schenkel in die Richtung AZ_1 weist. Um φ wird die Alhidade beim Zielen gedreht.

* Siehe S. 37.

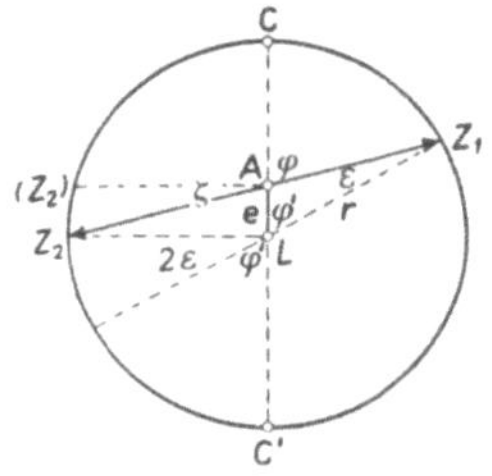

Bild 16.6. Kreisteilungsexzentrizität.

Die Kreisablesungen geben dann für φ an der Ablesestelle Z_1 nicht CAZ_1, sondern

$$CLZ_1 = \varphi' = \varphi - \varepsilon$$

und an der Ablesestelle Z_2 nicht $C'AZ_2$, sondern

$$C'LZ_2 = \varphi'' = \varphi + \varepsilon.$$

Da der Unterschied der beiden ε um eine Größenordnung kleiner ist als ε, ergibt sich durch Mitteln

$$\frac{\varphi' + \varphi''}{2} = \varphi.$$

Man erhält also bei Ablesung an zwei gegenüberliegenden Ablesestellen und Mittelbildung den Drehwinkel φ unverfälscht. Wenn wie bei neueren Ingenieurtheodoliten [14.22] nur **eine** Ablesestelle vorhanden ist, wird die Alhidadenexzentrizität erst durch Mittelung der Ablesungen in beiden Fernrohrlagen eliminiert.

Bei Instrumenten mit zwei Ablesestellen kommt meistens noch eine Zeigerarmknickung ζ hinzu, so daß im Bild 16.6 der zweite Zeiger nicht nach Z_2, sondern nach (Z_2) weist.

* Bei den neueren zylindrischen Achssystemen (Bilder 12.4 bis 12.6) haben abweichend von dem konischen Reichenbach-System (Bild 12.2) Limbus- und Alhidadenachse keinerlei Berührung, und beide haben dank den modernen Fertigungsverfahren praktisch keinerlei Spielraum. Andererseits wird heute der Glaskreis mit der Teilung auf die Kreisbuchse aufgesetzt und dann fest mit ihr verbunden. Dabei ist eine minimale Verschiebung der Kreisteilung denkbar. Man spricht daher statt von der Alhidadenexzentrizität besser von einer Exzentrizität des Mittelpunktes der Kreisteilung oder kurz von einer Kreisteilungsexzentrizität.

Während aber der durch die Exzentrizität hervorgerufene Fehler ε vermöge der Gleichungen

$$\sin \varepsilon = \frac{e}{r} \sin (200^g - \varphi) \quad \text{oder} \quad \varepsilon = \frac{e\varrho}{r} \sin \varphi$$

von der Größe des Winkels φ abhängt und daher alle Werte von Null bis zum Maximalbetrag $\varepsilon_{max} = e \cdot \varrho / r$ annehmen kann, ist ζ konstant. ζ verfälscht also die Ablesung für beide Schenkel eines Winkels stets um den gleichen Betrag; ζ fällt daher beim Bilden der Differenz von rechtem minus linkem Schenkel heraus. Im übrigen wird ζ auch beim Durchschlagen eliminiert. Das gilt im übertragenen Sinne auch für moderne Theodolite mit Koinzidenzablesung.

Selbst eine kleine Exzentrizität hat einen sehr großen Einfluß auf die Ablesung. Es sei bei einem Theodolit mit einem Kreisteilungsdurchmesser von 10 cm $e = 0{,}01$ mm; dann ist nach der Formel $b : r = \alpha : \varrho$

$$\varepsilon_{max} = \frac{0{,}01 \cdot 63662}{50} = 12{,}7 \; mgon.$$

Die Firmen sind daher bemüht, den Exzentrizitätsfehler möglichst unter 1 μm herunterzudrücken.

16.22 *Exzentrizität der Zielachse.* Es sei im Bild 16.7, in dem L den Limbusmittelpunkt darstellt, die Richtung nach dem Zielpunkt P zu bestimmen. Hat nun die Zielachse die Exzentrizität e, so ist sie bei ihren Drehungen stets Tangente an einen Kreis um L mit dem Radius e. Dadurch wird in beiden Fernrohrlagen die gleiche Richtungsabweichung φ, jedoch mit entgegengesetztem Vorzeichen verursacht, so daß das Mittel aus beiden Lagen durch die Exzentrizität der Zielachse nicht beeinflußt ist. Das gilt auch mit aller Strenge, wenn das ganze Fernrohr nicht auf der Mitte der Kippachse, sondern exzentrisch angebracht ist [12.22].

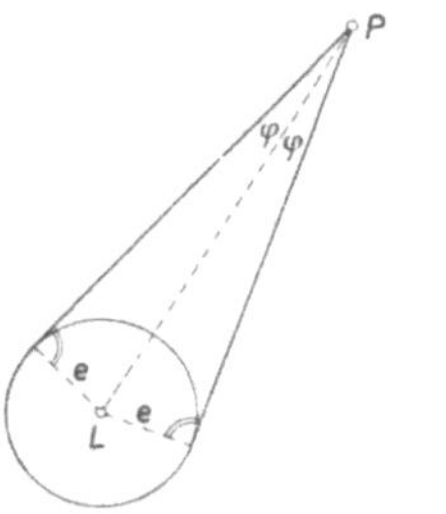

Bild 16.7. Exzentrizität der Zielachse.

16.3 Die Kreisteilungsfehler. Wenn ein Theodolit mit einem Limbusdurchmesser von 10 cm in $^1/_5$ Gon eingeteilt ist, so hat er insgesamt 2000 Teilstriche, die nur 0,16 mm voneinander abstehen. Jeder dieser Striche muß, um eine Ablesegenauigkeit von 0,5 *mgon* zu garantieren, auf 0,4 μm richtig liegen. Diese Genauigkeit wird trotz feinster Teilmaschinen auch bei höchster Sorgfalt des Mechanikers nicht immer erreicht, sondern es treten regelmäßige und unregelmäßige Teilkreisfehler auf. Die genaue Ermittlung dieser Fehler liegt außerhalb des Rahmens dieses Buches*. Man sucht sie zu eliminieren, indem man ein und denselben Winkel — je nach der angestrebten Genauigkeit — an mehreren symmetrisch auf den Kreis verteilten Stellen des Limbus mißt. Dadurch werden erfahrungsgemäß die regelmäßigen Teilungsfehler eliminiert und die Auswirkungen der unregelmäßigen Teilungsfehler so weitgehend gemindert, daß sie bei den gängigen Aufgaben der Praxis vernachlässigt werden können.

16.4 Die mechanischen Fehler in der Praxis. Achsen-, Exzentrizitäts- und Kreisteilungsfehler spielen bei den Arbeiten in der Praxis nicht die Rolle, die ihnen nach dem Umfang ihrer Theorie zukommen müßte. Trotzdem muß der Ingenieur sie genau kennen, damit er die übliche Anordnung der Messungen versteht, etwa auftretende Messungsdifferenzen richtig deuten kann und erforderlichenfalls in der Lage ist, diese Differenzen durch entsprechende Anordnung der Messungen zu eliminieren.

17 Die Horizontalwinkelmessung

17.1 Allgemeine Regeln. Man unterscheidet bei der Horizontalwinkelmessung die einfache Winkelmessung und die Richtungsmessung; für bestimmte Aufgaben werden daneben die Repetitionswinkelmessung, die Winkelmessung mit Horizontschluß, die Winkelmessung in allen Kombinationen und die

* Vgl. Ziff. 4 des Lit.-Verz. S. 295ff.; ferner Wermann, G., Kreisteilungsuntersuchungen. München 1957. Roelofs, R., Optimalisierung der Kreisteilungsuntersuchung. Zeitschr. f. Vermessungsw. 1965. S. 489. Hallermann, L. und Witte B. Ein neuer Teilkreisprüfer der Firma Breithaupt. Ebenda 1967 S. 415.

Sektorenmethode benutzt. Bei jedem dieser Verfahren beobachtet man im Hinblick auf Zielachsen-, Kippachsen- und Exzentrizitätsfehler in beiden Fernrohrlagen.

17.2 Die einfache Winkelmessung ist das einfachste Verfahren zur Beobachtung des Winkels zwischen zwei Richtungen. Zuerst wird das Instrument zentriert und horizontiert. Dann stellt man das linke Ziel ein, liest — falls vorhanden — an beiden Zeigern ab und bildet das Mittel aus Zeiger I und Zeiger II $\pm$ 200 *gon*. Entsprechend verfährt man mit dem rechten Ziel und erhält in der Differenz Mittel rechts minus Mittel links den Winkel in der I. Fernrohrlage. Alsdann wird das Fernrohr durchgeschlagen und die Messung in der II. Fernrohrlage in derselben Weise — jedoch beginnend mit dem rechten Ziel — wiederholt; schließlich wird das Mittel aus beiden Fernrohrlagen gebildet, womit die 1. Messung des Winkels beendet ist. Soll der Winkel zur Erhöhung der Genauigkeit ein 2., 3. oder *n*-tes Mal beobachtet werden, so wird der Limbus vor jeder Wiederholung um 200/*n* *gon* weitergedreht und das Mittel aus allen Beobachtungen als endgültiger Wert angehalten.

Zahlenbeispiel: 20″-Noniustheodolit mit 2 Zeigern

Ziel	I. Fernrohrlage							II. Fernrohrlage							Mittel aus beiden Lagern			Reduz. Mittel		
	Zeiger I			II		Mittel		Zeiger I			II		Mittel							
	°	′	″	′	″	′	″	°	′	″	′	″	′	″	°	′	″	°	′	″
31	24	55	20	55	00	55	10	204	55	40	55	20	55	30	24	55	20	0	00	00
33	112	57	20	57	20	57	20	292	58	00	57	40	57	50	112	57	35	88	02	15
		52	40	52	20	52	30		53	40	53	00	53	20		52	55		2	15
			52	30						53	20				2×	55	20	=	50	40
																			52	55

17.3 Die Richtungs- oder Satzmessung findet Anwendung, wenn von einem Punkt aus mehr als zwei Richtungen oder Strahlen ausgehen. Man zielt bei feststehendem Limbus alle Zielpunkte von links nach rechts der Reihe nach an und

Zahlenbeispiel: Skalenmikroskoptheodolit mit einem Zeiger

Ziel	Fernrohrlage I	Fernrohrlage II	Mittel aus I und II	Red. Mittel	Endg. Richtung	d	v	vv
1	2	3	4	5	6	7	8	9
	gon	*gon*	*gon*	*gon*	*gon*	0,1 *mgon*		
			1. Satz					
71	0,577	200,579	0,5780	0,0000	0,0000	0	+ 2	4
22	55,618	255,623	55,6205	55,0425	55,0420	— 5	— 3	9
2	95,341	295,345	95,3430	94,7650	94,7640	—10	— 8	64
53	266,489	66,491	266,4900	265,9120	265,9127	+ 7	+ 9	81
					187	— 8	0	
			2. Satz		$[d]_1:s=$	— 2		
	67,506	267,513	67,5095	0,0000		0	+ 2	4
	122,548	322,553	122,5505	55,0410		+10	+12	144
	162,270	362,279	162,2745	94,7650		—10	— 8	64
	333,422	133,424	333,4230	265,9135		— 8	— 6	36
						— 8	0	
			3. Satz		$[d]_2:s=$	— 2		
	134,150	334,158	134,1540	0,0000		0	— 4	16
	189,194	389,199	189,1965	55,0425		— 5	— 9	81
	228,913	28,919	228,9160	94,7620		+20	+16	256
	0,064	200,069	0,0665	265,9125		+ 2	— 2	4
	592	652	6220	560	: 3 = 187	+17	+ 1	763
	622 (592 + 652)			4×780=120	$[d]_3:s=$	+ 4		
				4×095=380				
				4×540=160				
				220				

$$m_r = \pm \sqrt{\frac{763}{(3-1)(4-1)}} = \pm 1{,}1 \text{ mgon} \qquad m_R = \pm \frac{11{,}3}{\sqrt{3}} = \pm 0{,}6 \text{ mgon}$$

macht die zugehörigen Ablesungen an den Zeigern; dann wird das Fernrohr durchgeschlagen, und es werden in der II. Fernrohrlage alle Ziele in umgekehrter Reihenfolge angezielt und die Mittel gebildet. Abschließend werden die gemittelten Richtungen auf den Anfangsstrahl bezogen (reduziert), indem man von jeder Richtung den für den Anfangsstrahl erhaltenen Richtungswert abzieht. Eine solche Messungsreihe heißt ein Satz oder auch ein voller Satz, während eine Beobachtung in nur einer Fernrohrlage als Halbsatz bezeichnet wird. Zur Beobachtung weiterer Sätze wird der Limbus wie in 17.2 um $200/n$ *gon* verstellt. Am Schluß werden durch Mitteln der reduzierten Satzmittel die endgültigen Richtungen gebildet. Mittelung und Reduktion sind durch Summenproben zu sichern; siehe Zahlenbeispiel Seite 41.

Die für die II. Fernrohrlage vorgeschriebene Umkehrung der Zielfolge soll eine etwaige Pfeilerdrehung eliminieren. Bei sehr feinen Messungen soll man ferner die Alhidade grundsätzlich nur im Uhrzeigersinne herumdrehen und die letzte Drehung an den Feinstellschrauben stets rechtsläufig, d. h. gegen den Druck der Gegenfeder machen. Längstens nach drei Sätzen soll die Horizontierung des Instruments überprüft werden.

Für die Berechnung mittlerer Fehler* werde angenommen, es sei ein Richtungsbüschel mit s Strahlen in n Sätzen beobachtet worden. Man ermittelt zunächst für jede Richtung die Differenz d zwischen dem Satzmittel und der endgültigen Richtung, bildet in j e d e m S a t z $[d]$ und errechnet damit für jede gemessene Richtung die Verbesserung $v_i = d_i - [d]:s$, wobei die Probe besteht, daß $[v]$ bis auf die Abrundungsfehler Null ergeben muß. Dann ergibt sich als mittlerer Fehler einer in einem Satz beobachteten Richtung

$$m_r = \pm \sqrt{\frac{[vv]}{(n-1)(s-1)}}\,, \tag{1}$$

und als mittlerer Fehler einer aus n Sätzen gemittelten Richtung R

$$m_R = \frac{m_r}{\sqrt{n}} = \pm \sqrt{\frac{[vv]}{n(n-1)(s-1)}}\,. \tag{2}$$

17.4 D i e R e p e t i t i o n s w i n k e l m e s s u n g. Bei Nonientheodoliten und einfacheren Mikroskoptheodoliten gelingt die Ein-

* Vgl. Ziff. 4 des Lit.-Verz. § 25.

stellung des Ziels auf 0,3 bis 0,5 *mgon*, die Ablesung an den Zeigern dagegen nur auf 1 bis 2 *mgon*. Die Schärfe der Zieleinstellung geht also durch die Ungenauigkeit der Ablesung verloren. Um diesem Mangel entgegenzuwirken, werden beim Repetitionsverfahren n aufeinanderfolgende Messungen eines Winkels auf dem Limbus mechanisch addiert (repetiert), so daß

Zahlenbeispiel: Skalenmikroskoptheodolit mit einem Zeiger

Ziel	Fern-rohr-lage	Zahl der Rep.	Ablesung	n-facher Winkel	einfacher Winkel
			gon	*gon*	*gon*
25	I	0	0,5220	0,0000	0,0000
27		1	(187,92)		
27		5	137,5380	937,0160	187,4024
27	II	0	337,5370	0,0000	
25		5	200,5290	937,0080	

die Differenz zwischen Anfangs- und Schlußablesung den n-fachen Winkel ergibt. Bei der dann zum Übergang auf den einfachen Winkel erforderlichen Division durch n gehen auch die Ablesefehler auf den n-ten Teil ihrer ursprünglichen Größe zurück und erhalten damit die Größenordnung des Einstellfehlers. Man wird also, wenn die obigen Genauigkeitsverhältnisse vorliegen, in jeder Lage 4 bis 6mal repetieren.

5-fache Repetition in jeder Lage verlangt folgende Griffe:

a) Fernrohr auf linkes Ziel einstellen und Anfangsablesung A_a notieren,

b) bei feststehendem Limbus Alhidadenklemme lösen und Fernrohr auf rechtes Ziel einstellen (und zweckmäßig Rohablesung an einem Zeiger machen),

c) Alhidade festklemmen, Limbus lösen und Fernrohr auf linkes Ziel stets rechtsdrehend zurückführen,

d) wiederholen des Hin- und Hergangs bis zur fünften Einstellung des rechten Ziels und Endablesung A_e notieren; $(A_e - A_a)$:5 gibt einen einfachen Winkel in I. Lage,

e) durchschlagen, Limbusklemme lösen und beginnend mit rechtem Ziel Schritte a) bis d) wiederholen,

f) n-fachen Winkel aus beiden Lagen addieren und durch $2n$ dividieren (hier $2n = 10$).

Die Repetitionswinkelmessung hat, seitdem die Feinmeßtheodolite [14.33] gebaut werden, an Bedeutung verloren. Sie bleibt aber ein schätzenswertes Hilfsmittel, wenn man — etwa zur Messung eines parallaktischen Winkels [22.3] — mit einfacheren Instrumenten hohe Genauigkeiten erzielen möchte. Unbestritten ist ferner ihr methodischer Wert.

17.5 Besondere Winkelmeßverfahren. Wenn die Ziele sehr weit entfernt sind, sind sie selten alle gleichzeitig sichtbar. Man muß dann anstatt voller Sätze einzelne Winkel messen. Dabei unterscheidet man folgende Verfahren:

17.51 *Die Winkelmessung mit Horizontschluß.* Man beobachtet alle Winkel zwischen je zwei aufeinanderfolgenden Zielen, bis der Horizont geschlossen ist, und verteilt den Widerspruch gegen 400 *gon* gleichmäßig auf alle beobachteten Winkel*. Diese Beobachtungsanordnung ist auch bei kürzeren Zielweiten zu empfehlen, wenn die Beobachtungspfeiler sich unter dem Einfluß der Sonne drehen oder aus anderen Gründen nicht sehr fest stehen.

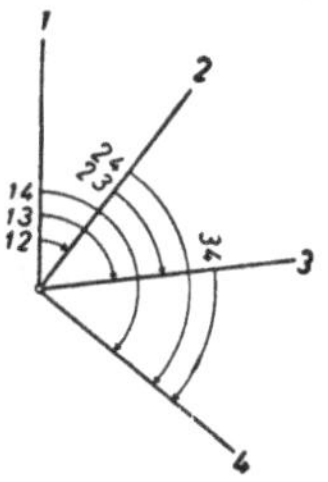

Bild 17.1. Winkelmessung in allen Kombinationen.

17.52 *Die Winkelmessung in allen Kombinationen.* Um eine noch bessere Fehlerverteilung zu erzielen als in 17.51, werden in einem Richtungsbüschel mit s Strahlen die $s(s - 1)/1 \cdot 2$ möglichen Winkel zwischen den Zielpunkten gemessen, im Falle des Bildes 17.1 also die 6 Winkel 12, 13, 14, 23, 24, 34. Zur Beseitigung der Widersprüche berechnet man für die Winkel 12, 13, und 14, die den Anfangsstrahl als linken Schenkel haben, als günstigsten Wert das allgemeine arithmetische Mittel [Band I 14.3] aus der direkten Messung des betreffenden Winkels mit dem Gewicht 2 und den ihn bildenden Summen und Differenzen jeweils mit dem Gewicht 1**.

* Vgl. Ziff. 4 des Lit.-Verz. §§ 12, 13 und 29.

** Vgl. Ziff. 4 des Lit.-Verz. §§ 25 und 36.

Also ist, wenn z. B. (12) einen ausgeglichenen, 12 einen beobachteten Winkel darstellt:

$$(12) = {}^1/_4\,\{2 \cdot 12 + 1 \cdot (13 - 23) + 1 \cdot (14 - 24)\}\,,$$
$$(13) = {}^1/_4\,\{2 \cdot 13 + 1 \cdot (12 + 23) + 1 \cdot (14 - 34)\}\,,$$
$$(14) = {}^1/_4\,\{2 \cdot 14 + 1 \cdot (12 + 24) + 1 \cdot (13 + 34)\}\,.$$

Diese Methode kommt in der Regel nur in Hauptdreiecksnetzen [61] zur Anwendung.

17.53 Die *Sektorenmethode* wird angewandt, wenn von einem Punkt mehrere Strahlen verschiedener Ordnungen ausgehen. Bei der viel benutzten Schweizer Sektorenmethode* wählt man drei bis fünf möglichst gleichmäßig über den Horizont verteilte Hauptrichtungen und bestimmt die von ihnen gebildeten Winkelräume bei Haupttriangulationen etwa mit dem Gewicht 8 — also durch 8-fache Beobachtung jedes einzelnen Winkels — und stimmt die gemittelten Winkel nach dem Verfahren 17.51 auf den Horizont, d. h. auf 400 *gon* ab. Anschließend werden die innerhalb der Sektoren liegenden Winkel der ersten, zweiten und dritten Verdichtungsstufe mit etwa den Gewichten 6, 4 und 2 beobachtet und nach den gleichen Grundsätzen in die Winkelräume zwischen den vorher bestimmten Hauptrichtungen eingeschaltet.

18 Orientierung mit Vermessungskreiseln

18.1 Die Grundlagen. Der Kreisel wird auf Grund der Vorarbeiten von Anschütz-Kiel und Schuler-Göttingen im Markscheidewesen bereits seit den 20er Jahren dieses Jahrhunderts als Kreiselkompaß oder Meridianweiser benutzt und hat in den beiden letzten Jahrzehnten auch in die Vermessungstechnik Eingang gefunden. Dort wird er insbesondere zur Richtungsorientierung langer oder nicht angeschlossener Polygonzüge und zu Richtungsangaben bei Ingenieurmessungen benutzt. Dafür haben einige Firmen zunächst sogenannte „Kreiseltheodolite“ gebaut, d. h. Instrumente, in denen Theodolit und Kreisel eine Einheit bilden. Neuerdings werden, schon

* Vgl. Ziff. 4 des Lit.-Verz. S. 205. Dort § 40.

aus preislichen Gründen, vorwiegend „Aufsatzkreisel" angeboten, die direkt oder mit Hilfe von Adaptern auf marktgängige Theodoliten aufmontiert werden können.

Als Kreisel* kann jeder um eine Achse rotierende starre Körper angesehen werden, der — im Regelfall — durch einen schnell laufenden Motor in Drehung versetzt wird. Physikalisch bedeutsame Merkmale des Kreisels sind sein Beharrungsvermögen (= Trägheit) und die Verschwenkung durch eine auf seine Rotationsachse einwirkende äußere Kraft (= Präzession). Für technische Zwecke erhält der Kreiselkörper meistens eine symmetrische Form. Geodätisch interessant ist von den verschiedenen Kreiselarten in erster Linie:

18.2 Der Pendelkreisel, der an einem dünnen, aber kräftigen und elastischen Metallband hängt und in der Luft frei schwingt.

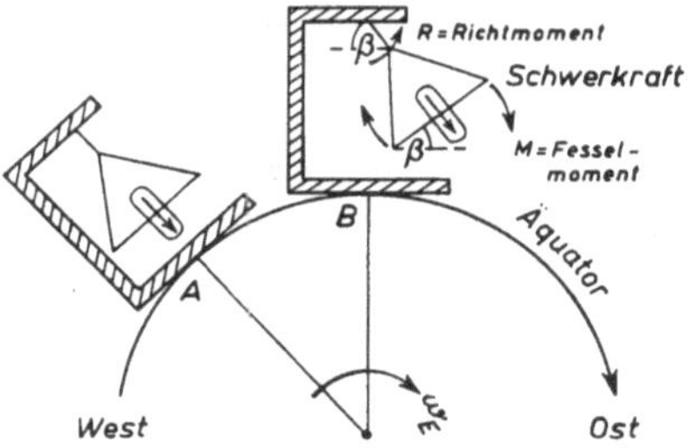

Bild 18.1. Kreisel im Äquator.

Ein Kreisel, der symmetrisch zu seinem Schwerpunkt möglichst reibungsfrei gelagert ist, wird „freier Kreisel" genannt, da die Schwerkraft auf ihn kein Drehmoment ausüben kann. Bei Verdrehung der Lagerung um die drei Raumachsen behält die Kreiselachse ihre Richtung im Raum bei. Wird ein Kreisel jedoch oberhalb seines Schwerpunktes aufgehängt, beeinflußt die Schwerkraft die Stellung der Kreiselachse; man spricht dann von einem „schweregefesselten Kreisel".

* F. Deumlich: Instrumentenkunde der Vermessungstechnik, Abschnitt 2.4. VEB Verlag für Bauwesen, Berlin 1972. — H. Pelzer: Vorlesungsmanuskript Hannover 1973.

Das Verhalten eines solchen Kreisels ist besonders einfach, wenn er im Äquator aufgestellt wird (Bild 18.1). In einer Anfangsstellung A möge die Kreiselachse horizontal und in Ost-West-Richtung verlaufen. Infolge der Erdrotation erreicht der Kreisel kurz darauf die Stellung B. Die Kreiselachse versucht dabei, ihre Richtung im Raum beizubehalten; infolgedessen wird der Kreiselschwerpunkt aus der Lotrichtung des Aufhängepunktes herausgedrückt. Dem daraus resultierenden Fesselmoment M weicht der Kreisel durch Verschwenkung seiner Achse um die Lotrichtung, d. h. durch eine Präzessionsbewegung aus. Diese dem Kreisel aufgezwungene Bewegung währt so lange, bis die Rotationsachse des Kreisels parallel zur Erdachse verläuft und somit in die geographische Nordrichtung weist (Bild 18.2).

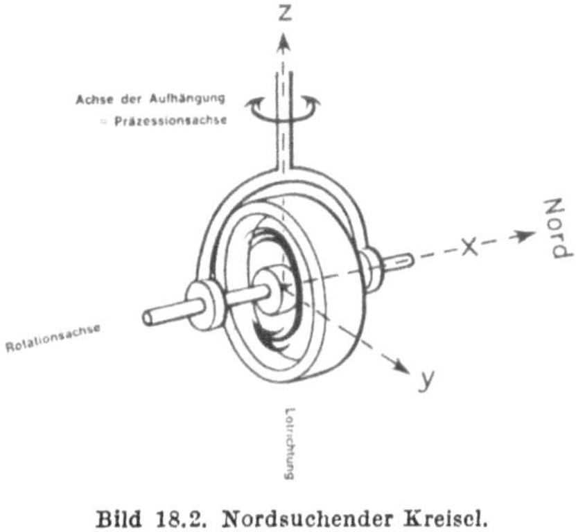

Bild 18.2. Nordsuchender Kreisel.

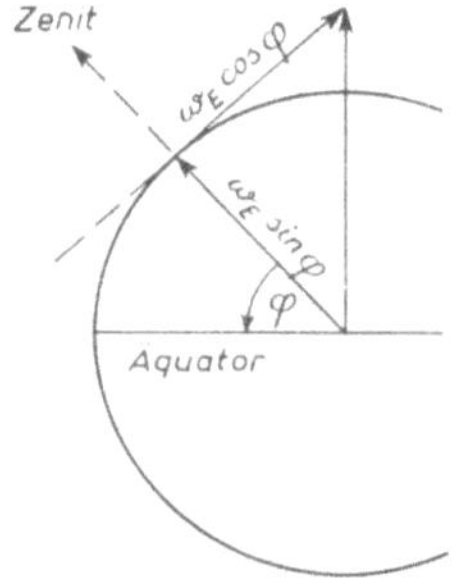

Bild 18.3. Kreisel in der Breite φ.

Versteht man unter

- θ_K das Trägheitsmoment des Kreisels,
- ω_K die Winkelgeschwindigkeit des Kreisels,
- ω_E die Winkelgeschwindigkeit der Erde,
- α den Winkel der Horizontalprojektion der Kreiselachse gegen den Meridian, also schlicht ihr Azimut,

so ist das Richtmoment R des Kreisels

$$R = \theta_K\, \omega_K\, \omega_E \sin\alpha = J_\omega\, \omega_E \sin\alpha, \tag{1}$$

worin $J_\omega = \theta_K \omega_K$ den Drehimpuls des Kreisels bedeutet. Befindet der Kreisel sich in der Breite φ, so wird (Bild 18.3) die Winkelgeschwindigkeit ω_E der Erdrotation aufgespalten in

$$\begin{aligned} \omega_E \sin\varphi &= \text{Rotation um die Lotrichtung} \\ \omega_E \cos\varphi &= \text{Rotation um den Meridian} \end{aligned} \tag{2}$$

Für die Größe des Richtmomentes ist die Rotation um den Meridian bestimmend. Mithin ist das Richtmoment in der Breite φ

$$R_\varphi = \theta_K \omega_K \omega_E \cos\varphi \sin\alpha = J_\omega \omega_E \cos\varphi \sin\alpha \tag{3}$$

Demnach erreicht R das Maximum in der Breite $\varphi = 0$, also am Äquator, und das Minimum in der Breite 90°, mithin am Pol. Im Azimut wirkt das Richtmoment umso stärker, je größer die Auslenkung α gegen den Meridian ist. Im Meridian selbst weist der Kreisel wegen $\sin\alpha = 0$ kein Richtmoment auf; er befindet sich in der Ruhelage.

An sich müßte die Rotationsachse des Kreisels sich bald in die Nord-Süd-Richtung einstellen. Angesichts der geringen auf ihn einwirkenden ablenkenden Kräfte kommt der Kreisel jedoch nicht gleich zur Ruhe, sondern er schwingt, wenn M das durch die Schwerebeschleunigung der Erde hervorgerufene *Fesselmoment* ist, mit der Schwingungszeit

$$T = 2\pi \sqrt{\frac{I_\omega}{M\,(\omega_E \cos\varphi + D_B / I_\omega)}} \approx \frac{T_0}{\sqrt{\cos\varphi}}, \tag{4}$$

wobei D_B das Rückstell- oder Torsionsmoment des Aufhängebandes und T_0 die Schwingungszeit im Äquator bedeutet. Die Schwingungszeit nimmt also mit wachsender Breite zu. Praktische Werte für T_0 und T sind

$$T_0 = 7\text{ min.};\ T_{60^\circ} = 9{,}5\text{ min.};\ T_{75^\circ} = 13{,}5\text{ min.}$$

Die Rotationskomponente der Erde um die Lotrichtung bewirkt, daß die Kreiselachse sich erheben, d. h. parallel zur Erdachse stellen möchte (Bild 18.1 B). Dem Elevationsmoment

$$E = J_\omega \omega_E \sin\varphi \tag{5}$$

wirkt jedoch das Fesselmoment M entgegen, so daß der Elevationswinkel $\beta = E/M$ zwar mit der Breite wächst, aber nicht größer als einige Bogenminuten wird.

18.3 Der mechanische Aufbau*. Üblicherweise werden die Bauelemente des Pendelkreisels eingeteilt in das tragende, das richtunggebende und das richtungnehmende System. Bei dem in dem schematischen Bild 18.4 links skizzierten Kreiseltheodolit besteht das tragende System aus dem äußeren Ge-

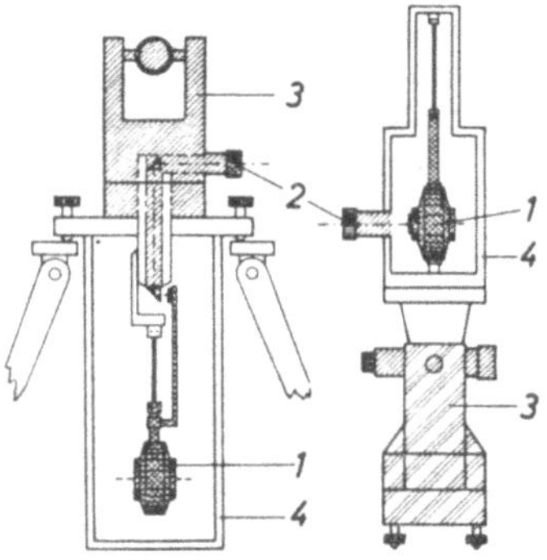

Bild 18.4. Kreiseltheodolit und Aufsatzkreisel.

häuse (4) nebst einer Konstruktion, die den Theodolit, also das richtungnehmende System (3), trägt. Der Kreisel, das richtunggebende System (1), ist bei horizontaler Rotationsachse mit Hilfe eines dünnen elastischen Metallbandes wie ein Torsionspendel aufgehängt und vollführt auf Grund der Erddrehung Schwingungen um den Meridian. Richtunggebendes und richtungnehmendes System sind optisch durch die Hohlachse des Theodolits hindurch über mehrere Prismen mit dem am Kreiselmast befindlichen Autokollimationsspiegel (2) verbunden. Durch die Autokollimationseinrichtung werden die Kreiselschwingungen verfolgt, und aus den Beobachtungsergebnissen wird auf die gesuchte Mittellage geschlossen.

* H. Pollmann: Vermessungskreisel. Vermessungstechnische Rundschau Hefte 4/1969—11/1971. Im Dümmler-Verlag, Bonn.

Der im Bild 18.4 rechts wiedergegebene Aufsatzkreisel (1) ist mit der Alhidade des Theodolits fest verbunden. Daher sind bei ihm die drei Systeme nicht so klar voneinander zu trennen. Hier übernimmt der Theodolit einen Teil der Funktionen des tragenden Systems, in dem er das Kreiselgehäuse (4) trägt. Das richtungnehmende System besteht aus zwei getrennten Bauelementen, und zwar aus der Vorrichtung zur Beobachtung der Schwingungen (2) und aus dem Theodolit (3) selbst. Nur die Funktion des Kreisels als richtunggebendes System (1) entspricht der gleichen Aufgabe beim Kreiseltheodolit.

Die bandaufgehängten Kompaktgeräte, in denen Kreisel und Theodolit eine Einheit bilden, haben ohne Stativ und Stromversorgung eine Masse von 10—30 kg. Die Kreiselmotoren erhalten von einem batteriegespeisten Transistor-Drehstrom-Generator den Strom mit etwa 110 V und 400 Hz, wodurch der Kreisel eine Umdrehungsgeschwindigkeit von rund 24000/min erhält. Aufsatzkreisel mit 2 kg Masse werden über eine Brücke auf dem Theodolit befestigt und mittels Kabel aus einer gesonderten Batterie- und Konvertereinheit gespeist.

Eine kleine Auswahl aus dem Kreiselprogramm bekannter Spezialfirmen ist mit einigen technischen Daten auf der Seite 51 zusammengestellt.

18.4 Beobachtungsverfahren bei Aufsatzkreiseln. Nach dem Aufstellen schwingt der Kreisel, wie bereits bei Gl. (4) erwähnt ist, infolge der Trägheit seiner Masse schwach gedämpft symmetrisch zum Meridian. Die jeweilige Richtung der Kreiselachse wird mittels eines mit dem Kreiselsystem verbundenen Lichtzeigers (Autokollimationseinrichtung) auf eine im Gesichtsfeld erscheinende gerätefeste Hilfsskala projiziert, an der die Bewegung des Kreisels und speziell deren Amplituden abgelesen werden können.

Vor der eigentlichen Messung muß der Kreisel auf 10—30 *cgon* vororientiert werden. Dazu verfolgt man die Schwingung des Kreisels mit der Alhidade, indem man den Lichtzeiger stets auf dem in der Skalenmitte befindlichen Nullpunkt der Hilfsskala hält. Im Zeitpunkt der Umkehr steht der Lichtzeiger einen Augenblick still. Diesen Augenblick benutzt man, um den Horizontalkreis abzulesen und das Ergebnis zu notieren.

Übersicht über einige Vermessungskreisel*

Hersteller	Typ	Kreisel-art	Halb-Schwingzeit T/2	Hochlaufen	Meßdauer	Masse		Mittl. Fehler einer Messung	Besonderheiten
						Instrument	Gesamt-ausrüstung		
			[sec]	[min]	[min]	[kg]	[kg]	[″]	
			a) *Kreiseltheodolite*						
Fennel, Kassel	KT 3	Band in Luft	240	2	20	8	42	20	
MOM, Budapest	GiB 1	Band in Luft	270	2	35	11	55	15	
			b) *Aufsatzkreisel*						
Fennel, Kassel	TK 4	Band in Luft	240	2	25	4	18	30	
MOM, Budapest	GiC 2	Band in Luft	220	2	25	9,3	18	20	Koinzidenzeinstellung des Objekts. Bild 18.8
Wild AG Heerbrugg	GAK 1	Band in Luft	240	1,5	20	1,8	13,3	30	Bild 18.7
Wild AG Heerbrugg	ARK 1	Band in Luft	210	1,5	10	5,5	27,4	20	Richtkreisel

In dieser Zusammenstellung sind die von den Herstellern angegebenen Massen unsicher, weil die näheren Umstände nicht bekannt sind. Die in der letzten Spalte angegebenen mittleren Fehler sind Sexagesimalsekunden; solche Genauigkeiten sind aber nur unter äußerst günstigen Umständen zu erreichen.

Ebenso verfährt man an den nächsten Umkehrpunkten U_2 und ggf. U_3. Dann erhält man als Vororientierung für die Nordrichtung die Näherungswerte

$$(N)_1 = {}^1/_2\,(U_1 + U_2) \quad \text{oder}\ (N)_2 = \frac{{}^1/_2\,(U_1 + U_3) + U_2}{2}$$

Der endgültige Wert für geographisch Nord ergibt sich entweder durch Beobachtung einer Folge von Umkehrpunkten nebst Ablesung der zugehörigen Horizontalkreisanzeigen und abschließende Mittelung für jeden Umkehrpunkt oder durch

* Auszug aus Deumlich, Instrumentenkunde der Vermessungstechnik. Siehe Lit. Verz. S. 205.

Messung der Durchgangszeiten und Amplituden der Schwingungen, bezogen auf eine nach Nord vororientierte Bezugsrichtung. In beiden Fällen muß allerdings noch die Eichwertkorrektur [18.5] berücksichtigt werden. Weitere Einzelheiten entnehme man den Bedienungsanleitungen der Herstellerfirmen.

18.5 Gerätekonstante und Meridiankonvergenz. Die Gerätekonstante E ist eine bei der Richtungsermittlung erforderliche Korrektur der Zeigerablesung am Horizontalkreis des Theodolits, die von der Fabrik vor der Auslieferung auf einer Eichstrecke mit bekanntem Azimut bestimmt wird. Der Sache nach ist E der Winkel zwischen der Zielachse des Theodolits und der Achse des Autokollimationssystems des Kreisels, also eine Art Zielachsenfehler. Das Vorzeichen von E wird so gewählt, daß E von der mit dem Kreisel für die Nordrichtung auf dem Horizontalkreis des Theodolits ermittelten Zeigerablesung Z abgezogen werden muß, um auf den richtigen Wert N zu kommen.

Das mit Kreisel und Theodolit bestimmte Azimut α vom jeweiligen Standpunkt S zu einem vorgegebenen Punkt P ist daher, wenn als Richtung nach geographisch Nord am Horizontalkreis des Theodolits (Bild 18.5) die vom Kreisel auf den Horizontalkreis übertragene Richtung Z als Nord betrachtet wird und r die Richtung nach dem Punkt P ist,

$$\alpha = r - (N - E) = r - N + E.$$

Bei Aufsatzkreiseln sollte die Gerätekonstante E wegen der relativ labilen Verbindung zwischen Theodolit und Kreisel von Zeit zu Zeit überprüft werden.

Eine weitere Korrektur, nämlich die wegen der *Meridiankonvergenz*, wird erforderlich, wenn die mit dem Kreisel bestimmte Nordrichtung für Arbeiten in einem rechtwinkligen geodätischen Koordinatensystem, z. B. in einem der in Deutschland eingerichteten Gauß-Krügerschen Meridianstreifensysteme nutzbar gemacht werden soll. Die Abszissenachsen dieser Systeme fallen bekanntlich zusammen mit dem 3., 6., 9., 12. usw. Längengrad östlich Greenwich, die dann als Hauptmeridiane des betreffenden Systems bezeichnet werden.

Die Ausgangsrichtung für ein geodätisches Azimut oder den Richtungswinkel t nach einem beliebigen Punkt P ist jetzt nicht wie beim astronomischen Azimut α die Richtung N nach geographisch Nord, sondern die in den Gauß-Krügerschen Meridianstreifensystemen auch als Gitter-Nord bezeichnete Parallele zum nächstgelegenen Hauptmeridian. Der Winkel aber,

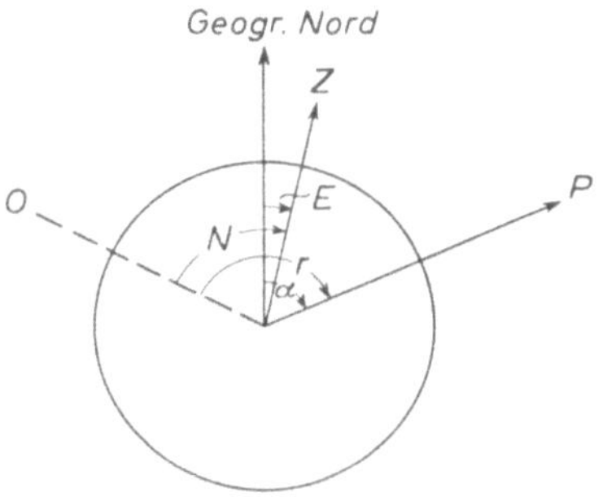

Bild 18.5. Eichkonstante E.

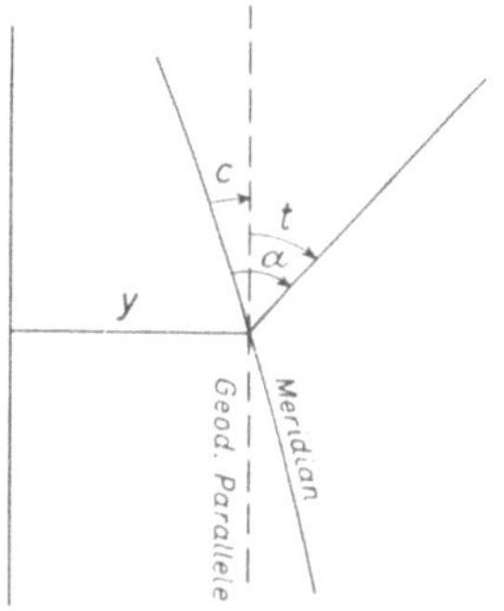

Bild 18.6. Meridiankonvergenz.

den in unserem Standpunkt S die beiden Richtungen nach geographisch Nord und Gitter-Nord miteinander bilden, heißt die Meridiankonvergenz. Diese wird in den Gauß-Krügerschen Systemen mit c bezeichnet und beginnend im Ortsmeridian des Standpunktes im Uhrzeigersinne genommen. Also ist gemäß Bild 18.6 ostwärts des Meridians

$$\alpha = t + c \quad \text{oder} \quad t = \alpha - c.$$

Dabei ist genau genug $c = l \sin \varphi = \frac{\varphi\, y}{R} \tan \varphi$, worin l der Längenunterschied zwischen Hauptmeridian und Ortsmeridian ist und y die geodätische Ordinate des Standpunktes in Beziehung auf den Hauptmeridian bedeutet. R ist der Krümmungshalbmesser der Erde im Meridian.

Werden Eichkorrektur und Meridiankonvergenz in einer Gleichung zusammengefaßt, so wird

$$t = r - N + (E - c)\,.$$

Westlich eines Meridians ist die Meridiankonvergenz negativ. Man erkennt das leicht, wenn man im Bild 18.6 den Punkt P westlich des Hauptmeridians annimmt.

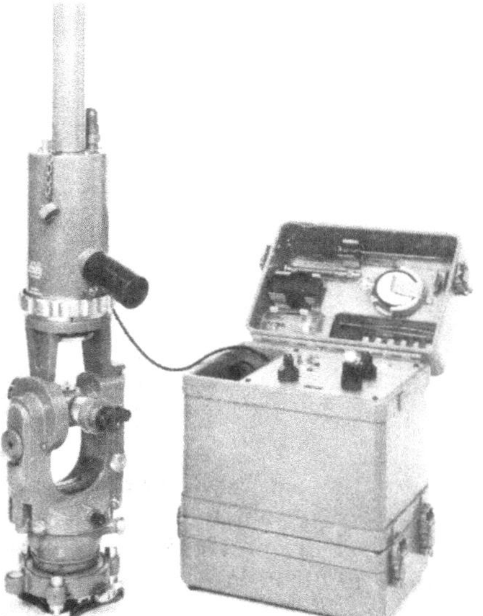

Bild 18.7.
Aufsatzkreisel GAK 1 von Wild.

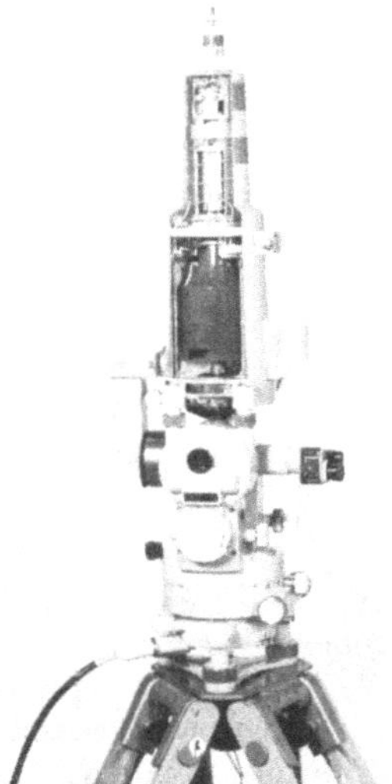

Bild 18.8.
Aufsatzkreisel Gi C2 von M O M.

2 Streckenmessung mit Streckenmeßgeräten

Die in diesem Abschnitt in den Ziff. 21 bis 24 zu beschreibenden und gegenüber dem Messen mit Meßlatten, Stahlbändern und Reichenbachschen Tachymetern [Band I, 1. Abschnitt, Band III, 3. u. 4. Abschnitt] ganz wesentlich verfeinerten Verfahren der Streckenmessung sind größtenteils in der ersten Hälfte dieses Jahrhunderts ausgebildet worden.

Entwicklungsgeschichtlich bedeuten diese Verfahren die Übernahme einiger für Physik und Mechanik typischer Methoden wie Berücksichtigung der meteorologischen Verhältnisse sowie Belastung, Dehnung und Biegung in die Vermessungstechnik, die dadurch im Ganzen wesentlich befruchtet ist.

Durch das stürmische Vordringen der elektronischen Distanzmesser (Ziff. 25 bis 28) sind die obengenannten Verfahren stark zurückgedrängt. Trotzdem müssen sie immer noch eingesetzt werden, wenn elektronische Distanzmesser ausfallen oder nicht zur Verfügung stehen. Die Verfahren der Ziff. 21 bis 24 behalten ferner ihre hohe didaktische Bedeutung. Ohne die vorangegangene Einübung in die erwähnten physikalischen Methoden wären wohl bei der Einführung der elektronischen Distanzmesser sehr viel Schwierigkeiten zu überwinden gewesen. Die Verfahren aus der 1. Hälfte des Jahrhunderts wurden oder werden vor allem zur Bestimmung von Festpunkten eingesetzt. Dabei erstrebt man mittlere Fehler, die rund $^1/_3$ kleiner sind als die mittleren Fehler, die den nach Band I 26.2 für günstige Verhältnisse festgesetzten Fehlergrenzen zugrunde gelegt sind. Dieser Forderung entspricht in etwa ein mittlerer Streckenfehler von der Größe

$$m_s = \pm\, 0{,}002\, \sqrt{s}, \text{ für } s \text{ in m.}$$

Das ist mithin die Mindestforderung, der die nachstehend zu besprechenden Streckenmeßverfahren genügen müssen.

21 Direkte Streckenmessung mit freihängenden Bändern

21.1 Grundlagen. Um den Abstand von zwei bodenfreien Meßmarken mit Hilfe eines freihängenden Meßbandes zu bestimmen, führt man das Band über die Marken und gibt ihm mit Hilfe eines Spannungsmessers eine bestimmte Spannung. Sind die Meßmarken gleich hoch, so nimmt das Band die Form

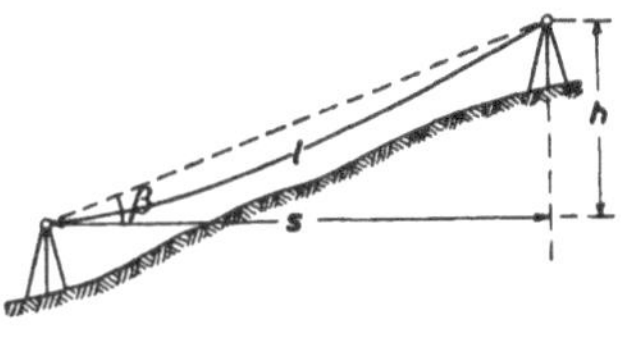

Bild 21.1. Streckenmessung mit freihängendem Band.

der Kettenlinie (Hyperbelkosinuslinie) an. Gesucht wird aber nicht der Bogen, sondern die Sehne. Die Differenz zwischen Bogen und Sehne ist abhängig vom Eigengewicht und von der

Spannung des Bandes und, falls die Auflagepunkte verschieden hoch sind, auch von der Bandneigung. Von dem abgelesenen Maß ist daher eine Durchhangskorrektur in Abzug zu bringen, die eine Funktion des Bandgewichtes, der Spannung und der Neigung der Sehne ist. Sodann ist die Sehne auf die Horizontale zu reduzieren, und schließlich ist der Unterschied der Temperatur des Bandes bei der Eichung und während der Messung zu berücksichtigen.

Wegen der Ableitung der hierfür erforderlichen Formeln sei auf die Literatur* verwiesen; hier werden nur die notwendigen Rechenformeln wiedergegeben. Es sei

L die Sollänge des Meßbandes (50, 100, 200 m),
δ der durch die Bandeichung bei 20° C erhaltene Überschuß über L,
α der Ausdehnungskoeffizient des Bandes je m,
l die abgelesene Bandlänge in m,
s der horizontale Abstand der Meßmarken in m,
p das Bandgewicht in kg/m, P die Zugspannung in kg,
t die Bandtemperatur in Celsiusgraden,
β der Höhenwinkel der Sehne in *gon*,
h der Höhenunterschied der Meßmarken in m.

Gemessen werden l, t sowie β oder h. An der Ablesung l werden mit einer für praktische Zwecke ausreichenden Genauigkeit folgende Korrekturen angebracht:

a) Die Temperaturverbesserung läßt sich mit der auf 1 m bezogenen Eichverbesserung δ/L zusammenfassen zu

$$k_t = + l \{\delta/L + \alpha(t - 20)\} . \qquad (1)$$

* Jordan-Eggert-Kneißl, Band IV/1, 10. Aufl. 1958, §§ 56, 57. — Gigas, E., Verwendung von Invardrähten bei Grundlinienmessungen. Berlin 1934. — Pötzschner, W Streckenmessung mit freihängendem Stahlbandmaß. Ztschr. f. Verm.-Wesen Jahrg. 1956, S. 365ff. und Nachr. d. Niedersächs. Verm. u. Kat.-Verwaltung 1965, S. 148. — Hake, G., Polygonierung mit dem 100-m-Stahlband. Allg. Verm.-Nachr. 1958, S. 358. — Engelbert, W., 100-m-Stahlband mit Überteilung. Ztschr. f. Verm.-Wesen Jahrg. 1959, S. 100f.

b) Die Verbesserung wegen Durchhangs, d. h. der Unterschied zwischen Kettenlinie und Sehne ist bei ungleicher Höhe der Bandenden

$$k_d = -\frac{l^3 p^2}{24 P^2} \cos^2 \beta = -\frac{l p^2}{24 P^2} (l^2 - 2h^2) \, . \qquad (2)$$

Bei gleich hohen Bandenden ist $\cos^2 \beta = 1$ und $2h^2 = 0$.

c) Die Verbesserung wegen unterschiedlicher Meereshöhe der Bandenden oder der Unterschied zwischen der schrägen Sehne und ihrer Horizontalprojektion ist

$$k_h = -l(1 - \cos \beta) = -h^2/2l \, . \qquad (3)$$

Mithin ist der horizontale Abstand der Meßmarken

$$s = l + k_t + k_d + k_h \, .$$

21.2 **Streckenmessung mit einem 100 m-Band.** 100 m-Bänder werden aus schwedischem Stahl mit einem Querschnitt von 4 × 0,3 mm hergestellt. Die vollen Meter sind durch kleine Nieten angegeben; die geraden Meter sind beziffert. Das Band wiegt rund 1 kg und hängt bei gleich hohen Bandenden und 100 m Entfernung und 10 kg Spannung 1,22 m durch; bei 50 m und 10 kg Spannung sind es noch 0,31 m. Die Messung kann je nach den Genauigkeitsansprüchen verschieden angeordnet werden:

a) Man markiert die Enden der Strecke durch je einen in einem Fluchtstabhalter gut lotrecht gestellten Fluchtstab, an dem, wie in Bild 21.2 rechts, eine horizontale Anlegemarke angebracht ist. Dann befestigt man in Höhe der Marken das Band nebst dem Spannungsmesser an zwei mit Aufhängevorrichtungen ausgestatteten Stäben, sorgt durch Neigen der Stäbe dafür, daß an einem Ende die Anlegemarke anliegt und am anderen Ende der Spannungsmesser die vorgeschriebene Spannung (10 kg) zeigt, und bestimmt mit Hilfe eines kurzen Handmeßbandes den Abstand der letzten Meterniete von der Endmarke. Die Neigung des Bandes gegen die Horizontale ermittelt man bei schwachem Gefälle mit einem Gefällmesser, bei größerem durch Messen des Höhenwinkels oder durch Nivellement.

b) Die Neigung der Bandsehne kann auch mit einem Theodolit gemessen werden, bei dem die durch einen Punkt am Fernrohrträger bezeichnete Kippachse den einen Endpunkt angibt (Bild 21.2). Der andere Endpunkt wird wie unter a) markiert.

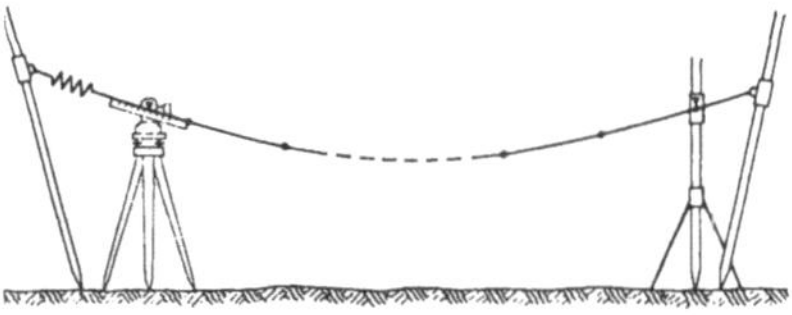

Bild 21.2. 100 m-Bandmessung.

Beim Spannen und Ablesen wird ebenfalls wie unter a) verfahren. Für die an der Ablesung anzubringenden Korrekturen fertige man sich nach den Formeln in 21.1 eine Tabelle oder ein Nomogramm.

Mit dem 100-m-Band kann über kleinere Geländehindernisse hinweg sehr schnell und, wenn die Bänder sorgfältig geeicht und die Endmarken gut zentriert sind, auch recht genau gemessen werden. Doch müssen, um auf 100 m mittlere Fehler von $\pm$ 0,001 m, $\pm$ 0,01 m, $\pm$ 0,02 m zu erreichen, die für k_t, k_d und k_h erforderlichen Größen mit nachstehender Genauigkeit ermittelt werden:

100 m	$\pm$ 0,001 m	$\pm$ 0,01 m	$\pm$ 0,02 m
Temperatur t	$\pm$ 0,4° C	$\pm$ 4° C	$\pm$ 9° C
Bandgewicht p	$\pm$ 6 g	$\pm$ 60 g	$\pm$ 120 g
Zugspannung P	$\pm$ 40 g	$\pm$ 400 g	$\pm$ 800 g
Höhenwinkel bei $\beta = 1$ *gon*	$\pm$ 2 *cgon*	$\pm$ 20 *cgon*	$\pm$ 40 *cgon*
Höhenwinkel bei $\beta = 5$ *gon*	$\pm$ 0,4 *cgon*	$\pm$ 4 *cgon*	$\pm$ 8 *cgon*

Wird das Band in der Mitte bis an die Sehne angehoben, so geht, wie (2) erkennen läßt, k_d auf $^1/_4$ zurück.

Zahlenbeispiel: Eine Strecke AB von rund 200 m war nach dem Verfahren b) jedoch ohne Unterstützung in der Mitte zweimal unabhängig zu messen. Dazu wurden in der Mitte der Strecke zwei nahe beieinanderliegende Wechselpunkte W_1 und W_2 eingefluchtet; dann wurde von A und B aus nach W_1 und W_2 gemessen, und schließlich wurden die Teilstrecken in der aus Bild 21.3 ersichtlichen Weise kombiniert.

100-m-Band Nr. 10

$\delta = +\,12{,}8$ mm; $\alpha = 0{,}000\,0115$; $p = 0{,}009\,40$ kg/m; $P = 10{,}00$ kg

Strecke		β	l	t	k_t	k_d	k_h	k	$s = l + k$
von	nach	*gon*	m	°C	mm			mm	m
A	W_1	0,6580	98,429	16,1	+ 8	—35	—5	—32	98,397
W_1	B	0,2650	96,349	17,6	+10	—33	—1	—24	96,325
A	W_2	0,6800	99,029	16,1	+ 8	—36	—6	—34	98,995
W_2	B	0,2490	95,748	17,6	+10	—32	—1	—23	95,725

AB über W_1: 194,722
über W_2: 194,720
Mittel: 194,721

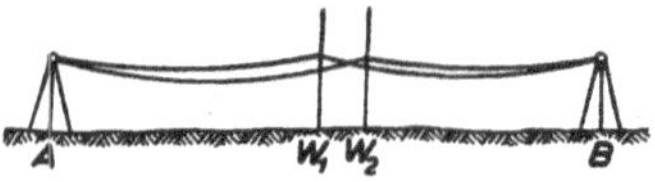

Bild 21.3.

21.3 Basismessung mit Invardrähten. Für feinste Streckenmessungen (Basismessungen) benutzt man Drähte aus Invar, einer Nickelstahllegierung, deren Wärmeausdehnungskoeffizient nahezu Null ist. Die handelsübliche Länge der Drähte ist 24 m, ihre Dicke 1,65 mm. An beiden Enden sind 8 cm lange Maßstäbe mit Millimeterteilung angebracht. Die genaue Spannung wird durch Gewichte von meistens 10 kg hergestellt. Die zu messende Strecke, deren Neigung 3 *gon* nicht übersteigen soll, muß zuvor in Teilstrecken von rund 24 m unterteilt werden, deren jede mit mindestens 3 verschiedenen Drähten gemessen wird.

Neben den in 21.1 aufgeführten Reduktionen werden noch weitere Korrekturen angebracht, insbesondere wegen Ausweichens aus der Geraden, wegen Deformation der Kettenlinie bei ungleich hohen Auflagen, wegen Abweichens der Spanngewichte vom Sollmaß, wegen der Dehnung des Drahtes und wegen der Reduktion auf den Landeshorizont. Mit eingeübtem Personal läßt sich dann ein mittlerer Fehler (innere Genauigkeit) von $\pm$ 1 mm je km erreichen. Vgl. die Fußnote auf S. 56.

22 Indirekte Streckenmessung mit Basislatte

22.1 Grundlagen. Bei der indirekten optischen Streckenmessung wird eine lange Strecke aus einer kurzen durch Messung eines parallaktischen Winkels abgeleitet. Zur Bestimmung der Strecke $S\,P$ seien in einem gleichschenkligen Dreieck, in dem $S\,P$ die Höhe ist, die Basis b und der ihr gegenüberliegende parallaktische Winkel γ gemessen. Dann ist

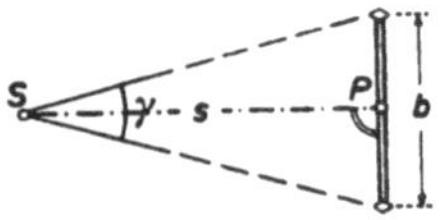

Bild 22.1 Parallaktisches Dreieck.

$$SP = s = \frac{b}{2} \cot \frac{\gamma}{2}. \qquad (1)$$

Zur fehlertheoretischen Untersuchung differenziere man (1) nach b und γ und dividiere auf beiden Seiten durch s. Man findet, wenn man unbedeutende Vernachlässigungen zuläßt und, um den ungünstigsten Fall zu berücksichtigen, die Fehleranteile addiert,

$$\frac{ds}{s} = \frac{db}{b} + \frac{d\gamma}{\gamma}, \qquad (2)$$

in Worten: Der relative Fehler von s ist gleich der Summe der relativen Fehler von b und γ.

Um zu absoluten Zahlen zu kommen, werde angenommen, daß eine Strecke von 100 m aus einer Basis $b = 2$ m mit einem relativen Fehler von höchstens 1:5000, d. h. absolut auf höchstens 2 cm abzuleiten sei. Es liegt nahe, dann für jeden der beiden Ausdrücke in (2) die Genauigkeit 1:10000 vorzuschreiben. Bei $s = 100$ m ist $\gamma = 1{,}2732$ *gon*. Also muß $db \leqq 0{,}2$ mm und $d\gamma \leqq 0{,}13$ *mgon* sein. Um den dafür erforderlichen Meßaufwand möglichst niedrig zu halten, sind instrumentelle Einrichtungen entwickelt worden, die entweder eine konstante Basis oder einen konstanten parallaktischen Winkel besitzen. Dann braucht im ersten Falle nur der Winkel, im zweiten nur die Basis gemessen zu werden.

22.2 Einrichtung und Aufstellung der Basislatte. Als konstante Basis wird vorwiegend eine 2 m lange Basislatte benutzt. Diese besteht aus einem leichten Metallrohr, das mittels eines Dreifußes auf einem Theodolitstativ in horizontaler Lage befestigt wird. An den Enden trägt die Latte zwei sorgfältig ausgebildete Zielmarken, deren Abstand mit Hilfe

Bild 22.2. 2 m-Basislatte von Fennel.

eines Invarbandes, eines Invarstabes oder einer sonstigen Einrichtung zur Temperaturkompensation auf möglichst genau 2 m gehalten wird. Eine Lattenlibelle dient zum Horizontieren der Latte; mit einem auf das Instrument einzurichtenden Lattendiopter wird die Latte normal zur Ziellinie gestellt. Für den Transport kann die Latte zusammengeklappt oder in zwei 1 m-Stücke zerlegt werden.

Um die Genauigkeit 1:10000, d. h. 0,2 mm für den Abstand der beiden Zielmarken, konstruktiv zu erreichen, müssen die Einrichtungen zum Zusammenklappen oder -schieben der Latte so gut funktionieren, daß weder ein Abstandsfehler noch ein Knick entsteht [24.3]. Beim Aufstellen der Latte muß sodann, um die Genauigkeitsgrenze 1:10000 nicht zu gefährden, dafür gesorgt werden, daß die Latte nicht mehr als 0,3 *gon* aus der Horizontalen abweicht und höchstens 0,3 *gon* gegen die Zielrichtung verschwenkt ist [24.4].

22.3 P a r a l l a k t i s c h e W i n k e l m e s s u n g m i t d e m T h e o d o l i t. Die Winkel nach den Zielmarken können mit einem Feinmeßtheodolit oder mit einem Ingenieurtheodolit gemessen werden. Um dabei die Genauigkeitsforderung 1:10000 einzuhalten, muß für

$s =$	25	50	75	100	150 m
$d\gamma =$	0,52	0,26	0,20	0,13	0,09 *mgon*

sein. Ein moderner Feinmeßtheodolit läßt für einen in beiden Fernrohrlagen beobachteten Winkel einen mittleren Fehler von $\pm$ 0,3 *mgon* erwarten. Um für 100 m entsprechend der obigen Tabelle auf $m_\gamma \leqq 0{,}13$ *mgon* zu kommen, müßten, da der mittlere Fehler mit der Wurzel aus der Anzahl der Wiederholungen zurückgeht [Band I 14.4], rund 10 Sätze beobachtet werden. Das wäre unwirtschaftlich. Man beobachtet daher in einer Visur in der Regel nur Strecken bis zu 75 m und begnügt sich auf diese Entfernung mit einem mittleren Streckenfehler von $\pm$ 1 cm, wozu $m_\gamma \leqq 0{,}23$ *mgon* sein muß. Das läßt sich mit einem Feinmeßtheodolit in 2 vollen Sätzen und mit einem Ingenieurtheodolit in 8—10 Repetitionen erreichen*. Beim Zusammenwirken aller Fehlerquellen kann dann auf 75 m ein mittlerer Streckenfehler von $\pm$ 1 bis 2 cm, d. h. ein relativer Fehler von etwa 1:5000 erwartet werden.

Da der Horizontalwinkel unabhängig von der Geländeneigung ist, wird bei der Streckenbestimmung mit horizontaler Basislatte stets die Horizontalprojektion der Strecke erhalten.

22.4 Die Anordnung der Messung**.

22.41 *Basis am Ende.* Bei Strecken bis 75 m wählt man die Anordnung Bild 22.1 und erhält, wenn der parallaktische Winkel mit γ_1 bezeichnet wird, die Strecke aus

$$s = \frac{b}{2} \cot \frac{\gamma_1}{2} \,. \tag{3}$$

Der aus der Winkelmessung folgende Fehleranteil ist wegen (2) für m_s in cm, s in hm, m_γ in *mgon*, $b = 2$ m und $\varrho = 63662$

$$m_s = \pm \frac{s^2}{b} \cdot \frac{m_\gamma}{\varrho} \approx \pm 0{,}08\, m_\gamma \cdot s^2 \,. \tag{4}$$

* Bahnert, Messung der parall. Winkel, Vermessungstechnik 1963, S. 53; Benatzki, Zur parall. Streckenmessung mit der Basislatte, a. a. O. 1964, S. 353. Meisenheimer, D.: Kleine Kniffe zur Basislattenmessung, Verm.-techn. Rundschau, 1968 S. 152.

** Vgl. Ziff. 7 des Lit.-Verz., S. 107 und 108.

22.42 *Basis in der Mitte.* Bei Strecken von 75 bis 150 m wird die Basislatte rechtwinklig zur Strecke in deren Mitte aufgestellt und von den beiden Endpunkten angezielt. In diesem Falle ist

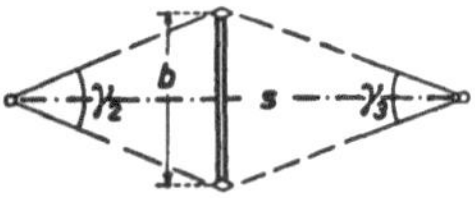

Bild 22.3.

$$s = \frac{b}{2}\left(\cot\frac{\gamma_2}{2} + \cot\frac{\gamma_3}{2}\right). \qquad (5)$$

Die Fehlerrechnung ergibt unter der Annahme, daß γ_2 und γ_3 mit gleicher Genauigkeit gemessen werden, den mittleren Streckenfehler

$$m_s = \pm\frac{s^2}{2{,}8\,b}\cdot\frac{m_\gamma}{\varrho} \approx \pm\,0{,}028\,m_\gamma\cdot s^2\,. \qquad (6)$$

Also geht m_s, wie ein Vergleich mit (4) zeigt, beim Anordnen der Basis in der Mitte der Strecke auf nahezu ⅓ des ursprünglichen Betrages zurück.

22.43 *Hilfsbasis am Ende.* Noch längere Strecken können durch mehrfache Unterteilung oder — meistens schneller — mittels einer Hilfsbasis bestimmt werden. Wird diese an einem Endpunkt angeordnet, so ist

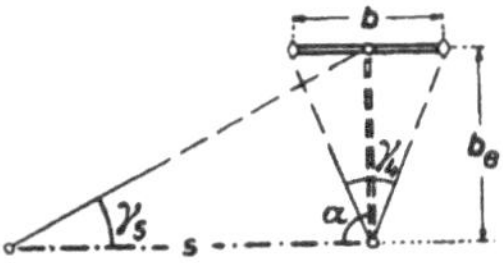

Bild 22.4.

$$b_e = \frac{b}{2}\cot\frac{\gamma_4}{2}\,;$$

$$s = b_e\,\frac{\sin(\alpha+\gamma_5)}{\sin\gamma_5}\,. \qquad (7)$$

Am günstigsten ist es, wenn γ_4 und γ_5 ungefähr gleich groß sind ($b_e = \sqrt{bs}$) und mit gleicher Genauigkeit beobachtet werden. Der Winkel α braucht, wenn $\alpha = 100$ *gon* ist, nur auf einige Minuten genau bestimmt zu werden. Dann ergibt sich als mittlerer Streckenfehler mit den bei (4) eingeführten Einheiten

$$m_s = \pm s^{3/2} \sqrt{\frac{2}{b}} \cdot \frac{m_\gamma}{\varrho} \approx \pm\, 0{,}016\, m_\gamma \cdot \sqrt{s^3}. \tag{8}$$

22.44 *Hilfsbasis in der Mitte.* In diesem Fall ist

$$b_e = \frac{b}{2} \cot \frac{\gamma_6}{2}; \quad AB = s = b_e(\cot \gamma_7 + \cot \gamma_8). \tag{9}$$

Die optimale Länge der Hilfsbasis ist

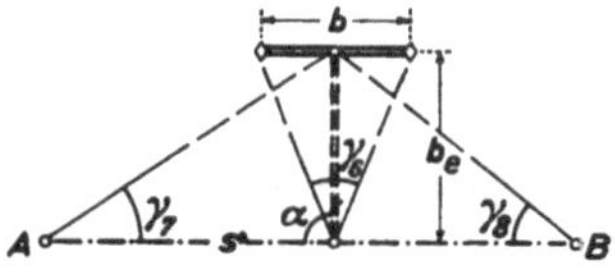

Bild 22.5.

$$b_s = \sqrt{\frac{bs}{2\sqrt{2}}} \approx 0{,}6\sqrt{bs}.$$

Der mittlere Streckenfehler ergibt sich, wenn im übrigen dieselben Voraussetzungen wie in (8) gemacht werden, zu

$$m_s = \pm\, s^{3/2} \sqrt{\frac{1}{b\sqrt{2}}} \cdot \frac{m_\gamma}{\varrho}. \tag{10}$$

Zahlenbeispiel: Eine Strecke von 400 m soll mit Hilfe einer 2 m-Basislatte mit einem mittleren Fehler von $\pm$ 4cm bestimmt werden. Mit welchem mittleren Fehler müssen a) im Falle des Bildes 22.4 γ_4 und γ_5, b) im Falle des Bildes 22.5 γ_6, γ_7, γ_8 beobachtet werden? Zu a) ergibt sich aus (8) $m_\gamma = \pm\, 0{,}32$ *mgon*, zu b) aus (10) $m_\gamma = \pm\, 0{,}53$ *mgon*.

22.5 Meßbereiche. Bei jeder Fehlerabschätzung beachte man, daß die Gleichungen (4), (6), (8) und (10) nur den von der Winkelmessung herrührenden Anteil des mittleren Streckenfehlers enthalten. Den durch den mittleren Lattenfehler verursachten Betrag bekommt man, wenn man den Lattenfehler mit dem Verhältnis Strecke zur Latte multipliziert. Erst durch Beachtung beider Fehleranteile, die nach dem Quadratwurzelgesetz [Band I 14 (12)] zusammenwirken, erhält man den mittleren Gesamtfehler der Strecke. Geht man aus von der auf S. 45 begründeten Faustformel $m_s = \pm\, 0{,}002\sqrt{s}$ und unterstellt, daß die parallaktischen Winkel mit einem mittleren Fehler von $\pm$ 0,2 bis 0,3 *mgon* bestimmt werden, so kann man den verschiedenen Meßverfahren die nachstehenden Entfernungsbereiche zuordnen*:

2 m-Basislatte am Ende	bis 75 m
2 m-Basislatte in der Mitte	bis 150 m
Hilfsbasis am Ende	bis 400 m
Hilfsbasis in der Mitte	bis 750 m.

23 Indirekte Streckenmessung mit Doppelbildtachymetern

23.1 Grundlagen. Die Streckenmessung mit einem Tachymeter (griech. tachys = schnell) beruht ebenso wie die Streckenmessung mit einer Basislatte auf der Idee des parallaktischen Dreiecks [22.1]; doch wird im Gegensatz zum Verfahren mit der Basislatte der Winkel γ konstant gemacht. Dazu wird das Meßfernrohr durch Zusatzeinrichtungen mit zwei Ziellinien ausgestattet, die den Winkel γ miteinander bilden. Diese schneiden aus einer am Ziel aufgestellten Latte den Lattenabschnitt l heraus, der der Entfernung vom Scheitel des parallaktischen Winkels bis zur Latte proportional ist. Nennt man den Proportionalitätsfaktor k (= Multiplikationskonstante) und bezeichnet, falls der Scheitel des parallaktischen Winkels nicht im Schnitt der Kippachse des Instruments mit der Stehachse liegt, die Entfernung des Scheitels von der Kippachse mit c (= Additionskonstante), so ist

$$s = c + kl\,. \qquad (1)$$

Bei modernen Instrumenten ist meistens $k = 100$; c liegt gewöhnlich zwischen $+ 2$ und $- 2$ cm.

Der parallaktische Winkel kann mit sehr verschiedenen Mitteln erzeugt werden [Bd. III 31]. Um die in 22.3 diskutierte Genauigkeit 1:5000 zu erreichen, müssen insbesondere die Fadenparallaxe [Band I 52.5] und die Differentialrefraktion [Band II 24.1] ausgeschaltet werden. Das leisten die mit einem achromatischen Vorsatzkeil ausgestatteten Doppelbildtachymeter in Verbindung mit einer horizontalen Ziellatte.

* VEB Jenoptik, Druckschrift Nr. 10 — S 5/080a—1; siehe auch Zaiser, Ortspolygonierung mit der Basislatte. Allg. Verm.-Nachr. 1964, S. 366.

23.2 Einfache Doppelbildtachymeter. Wird vor das Objektiv eines Theodolitfernrohrs ein die Hälfte des Objektivs bedeckender Keil mit vertikaler Kante geschoben, so gehen

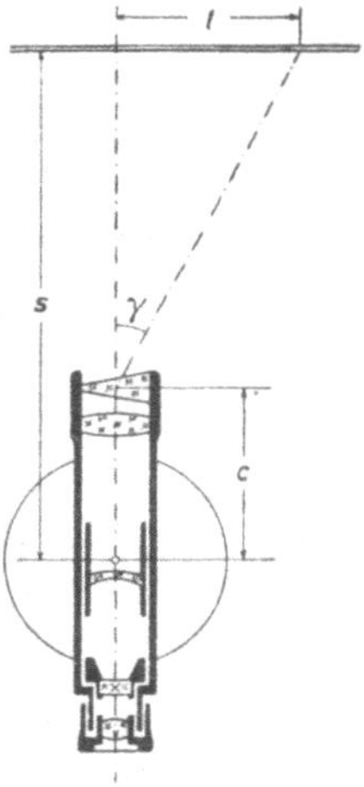

Bild 23.1. Keildistanzmessung.

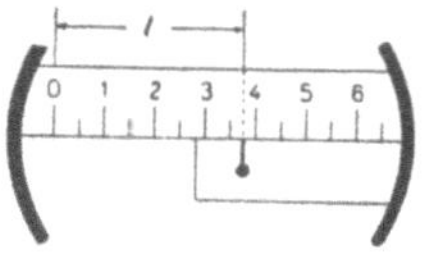

Bild 23.2. Lattenablesung (schematisch).

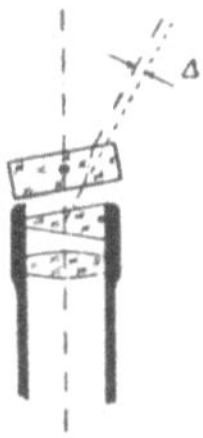

Bild 23.3. Vorsatzkeil mit Planplatte.

okularseitig einfallende Hauptstrahlen, die die unbedeckten Teile des Objektivs passieren, geradlinig hindurch, während die den Keil durchlaufenden Strahlen seitlich um den Winkel γ abgelenkt werden (Bild 23.1). Umgekehrt erscheinen beim Anzielen einer im Zielpunkt horizontal aufgestellten Latte im Fernrohrgesichtsfeld zwei um den Lattenabschnitt l gegeneinander verschobene Bilder der Latte. Der Zahlenwert von l wird erhalten, indem man die Lage der in einem Teilbild enthaltenen Ablesemarke an der im anderen Teilbild erscheinenden Lattenteilung ohne Zuhilfenahme des Fadenkreuzes abliest (Bild 23.2).

Die kürzeste Entfernung vom Scheitel des parallaktischen Winkels bis zur Latte ist gemäß Bild 23.1 $l \cot \gamma$, und wenn $\gamma = 0{,}6366$ *gon* genommen wird, so ist $\cot \gamma = k = 100$. Zur Berücksichtigung der Additionskonstanten c wird die Ablesemarke auf der Latte um c/k verlegt. Versteht man nunmehr unter l den mit der neuen Ablesemarke gefundenen Lattenabschnitt, so ist $s = 100\,l$.

Bei geneigter Visur wird bei dieser Anordnung die schräge Entfernung erhalten. Daher muß zusätzlich der Höhenwinkel vom Instrument zur Mitte der Latte beobachtet und die schräge Strecke durch Multiplikation mit dem Cosinus des Höhenwinkels auf die Horizontale reduziert werden [12.32].

Eine Schwierigkeit besonderer Art ergibt sich dadurch, daß sowohl der von dem Keil bedeckte wie der unbedeckte Teil des Objektivs vollständige Bilder der Latte entwerfen. Es entstehen infolgedessen in der Bildebene zwei einander durchdringende Lattenbilder, die im Anfang kaum auseinanderzuhalten waren. Zur Abhilfe werden daher die von der Ablesemarke und der

Bild 23.4. Dimeßlatte (Ausschnitt).

Teilung nicht beanspruchten Lattenteile schwarz bemalt; dann fallen je eine weiße und eine schwarze Fläche zusammen und ergeben einen grauen Ton, von dem die gut geschwärzten Teilstriche sich deutlich genug abheben.

Zur Feinablesung ist entweder die Ablesemarke als Nonius ausgebildet oder es ist vor dem Keil eine Planplatte angeordnet, mit deren Hilfe der abgelenkte Strahl, um die Ablesemarke mit einem Teilstrich zur Deckung zu bringen, parallel versetzt werden kann (Bild 23.3), oder es sind beide Einrichtungen vorhanden.

Keiltachymeter dieser Art fertigen die Firmen Kern (DM-M), Wild (DM 1) und Jenoptik (Dimess und den mit logarithmisch eingeteilter Latte arbeitenden Lotakeil).

Die Latte wird durch ein mit zwei Streben versehenes Standrohr gehalten, auf dem sie sich auf- und abbewegen läßt. Etwa in der Mitte der Latte ist ein Diopter aufgesetzt, mit dessen Hilfe sie normal zur Hauptzielrichtung gestellt wird.

Das Instrument richtet man, nachdem es zentriert und horizontriert ist, so ein, daß die sich mehr oder weniger überdeckenden Lattenbilder in der Mitte des Gesichtsfeldes erscheinen; dann liest man die Meter an der Latte, die Dezimeter am Nonius und die Zentimeter an der Mikrometertrommel ab. Besonders für den Anfänger empfiehlt es sich, die Planplatte 2- bis 4mal einzustellen. Dadurch wird man eine Strecke von 100 m bei einigermaßen günstigen meteorologischen Verhältnissen mit einem mittleren Fehler von $\pm$ 2 cm erhalten.

23.3 Doppelbildtachymeter mit Reduktionseinrichtung. Ein Keiltachymeter mit automatischer Reduktion hat auf Vorschlag des Schweizer Grundbuchgeometers Bosshardt zuerst (1926) die Firma Carl Zeiss gebaut. Bei diesem Instrument sind statt eines festen Keils zwei um die optische Achse des Fernrohrs drehbare kreisförmige Keile mit nur halb so großen Keilwinkeln angebracht. Diese beiden Keile werden bei der Kippung des Fernrohres automatisch so gegeneinander verdreht, daß ihre Brechkraft bei horizontaler Visur zu $k = 100$ zusammengefaßt, bei Visur zum Zenit dagegen aufgehoben wird ($k = 0$). Bei beliebigem Höhenwinkel α ist $k = 100 \cos \alpha$, so daß die Multiplikation des Lattenabschnittes mit 100 die auf den Horizont reduzierte Strecke ergibt.

Der Längsschnitt durch das Fernrohr (Bild 23.5) läßt die Konstruktion im einzelnen erkennen. Ein okularseitig einfallendes Strahlenbüschel wird zunächst durch eine Blende und

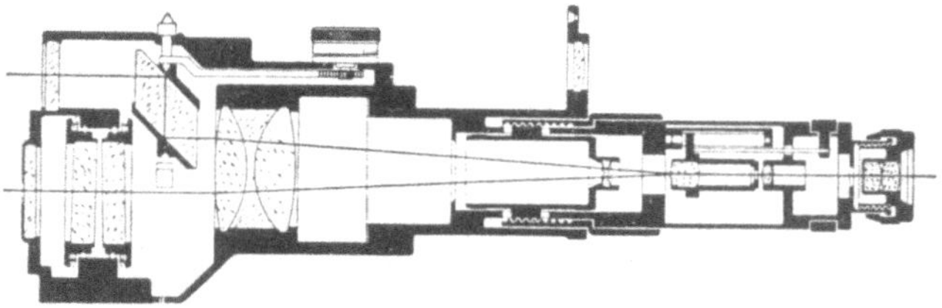

Bild 23.5. Längsschnitt durch Redta-Fernrohr der Jenoptik.

dann durch ein mit einer Sammellinse kombiniertes Dachkantprisma geführt. Blende und Dachprisma bewirken, daß das Strahlenbüschel in eine untere und eine obere Hälfte zerlegt wird. Die in den unteren Teil geleiteten Strahlen müssen nach dem Durchgang durch das Objektiv die Drehkeile passieren und erfahren dabei die oben beschriebene seitliche Ablenkung. Die den oberen Teil durchlaufenden Strahlen werden, um Raum für die Drehkeile zu schaffen, durch ein rhombisches Prisma parallel nach oben versetzt. Sie können ferner durch eine Drehung des Prismas um die Vertikalachse seitlich um einen kleinen Betrag parallel zu sich selbst verschoben werden, womit das Prisma nebenher eine ähnliche Funktion erfüllt wie die

Bild 23.3. Redta — Jenoptik.

Planplatte in Bild 23.4. Im Fernrohrgesichtsfeld sieht man zwei Halbkreise, die durch die horizontale Kante des Dachprismas scharf voneinander getrennt sind. Diese Kante bringt man auf die Mitte der (zum Erhalten eines klaren Bildes meistens in Doppelzentimeter geteilten) Latte. Dann kann man mit Hilfe von Lattennonius und optischem Mikrometer den Lattenabschnitt ablesen, der nach Multiplikation mit 100 die Horizontalprojektion der Strecke mit der in 23.2 am Schluß erläuterten Genauigkeit ergibt. Horizontal- und Höhenkreis werden in einem Skalenmikroskop abgelesen. Im Mikroskopgesichtsfeld erscheint außerdem ein Fenster mit dem Tangens des Höhenwinkels, der mit der horizontalen Entfernung multipliziert den Höhenunterschied ergibt. Das Bild 23.6 zeigt die Jenaer Ausführung. Ähnliche Typen führen die Schweizer Firmen Kern (DK-RT) und Wild (RDH).

Die äußerste Reichweite der Keildistanzmesser beträgt bei günstigen atmosphärischen Bedingungen 100 bis 130 m. Bei noch größeren Entfernungen sinkt die Genauigkeit schnell ab. Längere Strecken (z. B. Polygonseiten) beobachte man in ähnlicher Anordnung, wie sie Bild 21.3 zeigt, in Teilstrecken.

24 Fehlerbekämpfung bei der optischen Streckenmessung

Die Genauigkeit von ± 2 cm auf 100 m läßt sich, wie die Erfahrung der letzten 50 Jahre bestätigt hat, nur mit einem einwandfreien Instrumentarium in Verbindung mit einer sinnvollen Bedienung erreichen. Der Beobachter muß daher die wichtigsten Fehlerursachen kennen, um sie bekämpfen zu können.

24.1 Bodennahe Refraktion, Flimmern und Schweben. Die optische Distanzmessung spielt sich in der Hauptsache in dem etwa 2 m hohen Luftraum unmittelbar über der Erdoberfläche ab, den man sich idealisiert als Folge parallel zur Oberfläche aufeinander lagernder Luftschichten mit von unten nach oben veränderlicher Dichte vorstellen möge. Die unterschiedliche Luftdichte hat wechselnde Brechungskoeffizienten zur Folge. Der Zielstrahl vom Instrument zur Latte ist daher, insbesondere wenn er mehrere Luftschichten durchläuft, nicht geradlinig, sondern gebogen, d. h. er unterliegt der bodennahen Refraktion.

Die ideale Schichtung der Luft wird jedoch sehr häufig gestört. Durch die Sonneneinstrahlung — also tagsüber — erwärmt sich die unmittelbar auf dem Erdboden lagernde Luft am stärksten, so daß von unten nach oben die Temperatur ab- und die Dichte zunimmt (Einstrahlungstyp, negativer Temperaturgradient). Nach Aufhören der Sonnenstrahlung bildet sich eine wesentlich schwächere Gegenbewegung aus, bei der die bodennahe Grenzschicht der Sitz der tiefsten Temperatur wird (Ausstrahlungstyp, positiver Temperaturgradient).

Durch das Wärmegefälle und durch den Wind werden kleinere und größere Luftteile mehr oder weniger schnell ausgetauscht. Geht der Austausch sehr schnell vor sich, so folgt das jedem Beobachter bekannte Flimmern der Luft, das insbesondere zur Mittagszeit das Beobachten unmöglich machen kann. Lösen sich größere Luftkörper langsam ab, so spricht man vom Schweben. Dadurch wird ein anomaler Refraktionszustand hervorgerufen, der meistens vom Beobachter nicht bemerkt wird und daher eine gefährliche Fehlerquelle sein kann.

Bodennahe Refraktion, Flimmern und Schweben sind die wichtigsten Fehlerquellen der optischen Distanzmessung. Da diese Erscheinungen in erster Linie eine Funktion des Bodenabstandes sind, werden bei der

Präzisionsdistanzmessung vorwiegend horizontale Latten benutzt. Temperatur- und Luftschichtungen können aber auch an sonnenbestrahlten Wänden, Wällen und Hecken auftreten und eine seitliche Ablenkung des Zielstrahls (Lateralrefraktion) zur Folge haben; daher bleibe man von ihnen stets mehrere Meter entfernt.

24.2 Fehler des Instruments. Die Additionskonstante, die Multiplikationskonstante, die Höhenzeigerlibelle und die Reduktionseinrichtung können ihre Justierung ändern. Zur Berichtigung ist jedem Instrument von der Herstellerfirma eine Justierungsanweisung beigegeben, die von Typ zu Typ verschieden ist.

Die Additionskonstante und die Multiplikationskonstante ändern sich erfahrungsgemäß so wenig, daß man besser von einer Justierung Abstand nimmt. Zweckmäßig legt man — auch zur Erfassung der regelmäßigen Lattenfehler und eines Teils der in 24.5 erörterten persönlichen Fehler — eine etwa 100 m lange Vergleichsstrecke mit Zwischenmarken bei 20, 40, 60 und 80 m an, auf der das Instrument während der Feldarbeit alle 8 bis 14 Tage überprüft wird. Nach dem Ergebnis der Prüfmessungen fertige man sich eine Korrekturtabelle, die für alle Strecken von 10 bis 130 m die erforderlichen Zuschläge gibt, und verbessere damit bei der häuslichen Bearbeitung die im Felde gewonnenen Rohergebnisse.

Fehler der Reduktionseinrichtung treten nur bei stärkerer Geländeneigung in Erscheinung; sie fallen heraus, wenn die Strecke vor- und rückwärts beobachtet wird. Auch hierfür läßt sich nach Prüfmessungen auf einer schrägen Vergleichsstrecke eine Korrekturtabelle anlegen.

Fehler der Höhenzeigerlibelle [12.32] werden nach der Justieranweisung beseitigt.

24.3 Fehler der Latte. Die Latten können regelmäßige und unregelmäßige Teilungsfehler aufweisen. Die unregelmäßigen Fehler bleiben nach dem Ergebnis zahlreicher Untersuchungen unter 0,05 mm. Die regelmäßigen Teilungsfehler und länger anhaltende Änderungen der Lattenlänge werden bei der oben empfohlenen Überprüfung auf einer Vergleichsstrecke erfaßt und in Rechnung gestellt. Darüber hinaus sind von Zeit zu Zeit Vergleiche der Latten mit einem Prüfmeter erforderlich.

Gefährlicher sind Knicke bei der 2 m-Basislatte und Durchbiegungen der horizontalen Distanzlatten. Diese Erscheinungen bewirken einerseits, daß die beiden Ablesestellen sich einander nähern, wodurch die Strecken zu lang erhalten werden. Zum anderen werden alle Strecken um den Abstand des Lattenzentrums von der geraden Verbindungslinie der Ablesestellen, also um einen konstanten Betrag, die Pfeilhöhe, positiv oder negativ verfälscht.

Ist z. B. ein 1 m langer Lattenabschnitt um nur 10 mm durchgebogen, dann nähern sich die Ablesestellen um 0,25 mm; bei $k = 100$ entsteht dadurch ein Streckenfehler von $+ 25$ mm. Hierzu kommt noch je nach der Richtung der Durchbiegung die Pfeilhöhe mit ± 10 mm. Geknickte oder verbogene Latten übergebe man daher zur Reparatur der Herstellerfirma.

24.4 Fehlerhafte Aufstellung der Latte. Folgende Fehler sind in Betracht zu ziehen:

a) Die Latte ist gegen den Horizont geneigt;

b) sie steht nicht rechtwinklig zur Hauptzielrichtung;

c) der Lattenabschnitt liegt unsymmetrisch zum Ziel.

In den Fällen a) und b) wird die Strecke zu groß erhalten. Für jeden der Fälle bleibt jedoch die Genauigkeitsgrenze 1:10000 gewahrt, wenn die Abweichungen unter 0,64 *gon* bleiben. Da beide Erscheinungen im gleichen Sinne wirken können, gilt als Regel, daß die Abweichungen 0,3 *gon* nicht überschreiten sollen. Der Fehler zu c) bleibt unter der angegebenen Genauigkeitsgrenze, wenn der für die Messung in Anspruch genommene Lattenabschnitt die im Hauptzielpunkt aufgestellte Standlatte noch an einem Ende berührt.

24.5 Persönliche Fehler. Die persönlichen Fehler haben ihre Ursache in bestimmten Einstell- und Ablesegewohnheiten des Beobachters, seltener in Augenfehlern. Die wichtigsten persönlichen Fehler sind:

a) *Die Dezimaltäuschung*; d. h. der Beobachter pflegt beim Schätzen der Zehntel gewisse Dezimalen, etwa 0,2 und 0,8, zu bevorzugen. Diesem Fehler kann durch Wiederholung der Messung an verschiedenen Lattenstellen und durch Selbstkontrolle entgegengewirkt werden. Wird wie bei den meisten Keildistanzmessern ein optisches Mikrometer benutzt, so tritt dieser Fehler nicht auf.

b) *Fehler beim Koinzidieren*; d. h. der Beobachter koinzidiert unterschiedlich, je nachdem er von rechts oder von links an die zu koinzidierenden Striche herangeht. Zur Vermeidung dieses Fehlers koinzidiere man sowohl von links wie von rechts her und halte das Mittel an.

c) *Augenfehler* können durch eine Unsymmetrie der Hornhaut oder des Glaskörpers verursacht sein. Ihnen wird bei Doppelbildtachymetern dadurch entgegengewirkt, daß die Austrittspupillen des abgelenkten und des nichtabgelenkten Bildes ineinandergelegt werden. Grobe Mängel, z. B. Narben auf der Hornhaut, können bewirken, daß der Beobachter für die Präzisionsdistanzmessung ungeeignet ist.

d) *Unregelmäßige persönliche Fehler* können durch die Ausgestaltung der Zielmarken und durch wiederholtes Einstellen bekämpft werden.

25 Grundlagen der Distanzmessung mit elektromagnetischen Wellen*

25.1 Prinzip der Phasenvergleichsverfahren. Bei diesen Verfahren läßt man ein Licht- oder Funksignal zwischen den Endpunkten der zu messenden Strecke hin- und zurück-

* Höpcke, W.: Zum heutigen Stand der elektronischen Streckenmessung; Zeitschr. f. Verm.wesen 1959, S. 361. — Leitz, H.: Eine zweckmäßige Einrichtung zur Kontrolle der Modulationsfrequenzen bei elektronischen Entfernungsmessungen; ebenda Jahrgang

laufen und beobachtet die dafür benötigte Zeit. Aus der Gleichung

$$2D = c \cdot t \tag{1}$$

gewinnt man die gesuchte Distanz D. Nun ist die Lichtgeschwindigkeit c aber sehr groß; daher ist der zu messende Zeitabschnitt t sehr klein. Die Zeiteinheit, in der die Laufzeiten der Signale ausgedrückt werden, ist die Nanosekunde (= sec · 10^{-9}). Sie entspricht der Fortbewegung eines elektromagnetischen Signals um 30 cm. Mithin muß man, um D auf 1,5 cm zu ermitteln, die Zeit auf $^1/_{10}$ Nanosekunde erfassen.

Die Träger der Meßsignale sind wegen des eindeutig definierten Strahlenweges in erster Linie Lichtwellen oder die in einigen Ausbreitungseigenschaften dem Licht ähnlichen Mikrowellen. Ihnen werden durch Modulation periodische Signale aufgeprägt, deren Frequenz die Genauigkeit des jeweiligen Verfahrens charakterisiert. Die Meßsignale können durch Amplituden- oder Frequenzmodulation des Trägers geformt werden. Im Gerät wird die Meßfrequenz f der gesendeten und der nach Hin- und Rücklauf über die zu messende Strecke empfangenen Welle einem Phasenvergleich unterzogen. Die Phasendifferenz $\Delta\varphi$ ist das eigentliche Meßergebnis; sie bestimmt die Laufzeit nach

$$t = \frac{(a + \Delta\varphi)}{f} \text{ sec.} \tag{2}$$

Darin ist a die Anzahl der in der Laufzeit enthaltenen vollen Perioden und somit eine ganze Zahl. Die Signalgeschwindigkeit c ist, wenn die Lichtgeschwindigkeit im Vakuum c_0 beträgt und n der Brechungsindex ist,

$$c = c_0/n \quad \text{mit } c_0 = 299792{,}5 \text{ km/sec.} \tag{3}$$

In weiterentwickelten Geräten wird die Modulationsfrequenz meist so gewählt, daß nicht die Schwingungsdauer, sondern die

1965, S. 128. — Jordan-Eggert-Kneißl: Handbuch der Vermessungskunde, Band VI, Entfernungsmessung mit elektromagnetischen Wellen und ihre geodätische Anwendung; Verlag Metzler, Stuttgart 1966. Deumlich, F.: Instrumentenkunde der Vermessungstechnik. 6. Auflage. VEB Verlag für Bauwesen, Berlin 1974. — Draheim, H.: Technik der elektrooptischen Tachymetrie. Herbert Wichmann Verlag, Karlsruhe 1973.

Wellenlänge einen runden Wert erreicht (z. B. 10 m). Dazu führt man (2) und (3) in (1) ein und erhält

$$2D = (a + \Delta\varphi) \cdot \lambda \quad \text{mit } \lambda = c_0/n\,f. \tag{4}$$

Setzt man schließlich

$$E = \lambda/2 \text{ und } L = \Delta\varphi \cdot \lambda/2, \tag{5}$$

so wird

$$D = aE + \Delta\varphi\, E = aE + L, \tag{6}$$

d. h. die Distanz setzt sich zusammen aus einer unbekannten Anzahl a ganzer Einheiten und dem Reststück L, das nach vorangegangener Eichung im Gerät abgelesen wird.

Wegen der unbekannten Zahl a ist das Ergebnis jedoch vieldeutig. Zur Beseitigung der Vieldeutigkeit werden in der Regel durch paarweise Modulationsfrequenzen und deren paarweise Subtraktion mehrere Maßeinheiten E gebildet, die jeweils 10 mal größer sind. In den Geräten mit größerer Reichweite stehen z. B. 5 dezimal abgestufte Einheiten von $E° = 10$ m bis $E'''' = 100$ km zur Verfügung. Die für diese beobachteten Phasenwinkel setzen eine Strecke nach folgendem Schema zusammen:

Ablesungen $\Delta\varphi$	Einheitslängen E	Grundgleichung $D = aE + L$	Streckenberechnung $\Delta\varphi \cdot E$
$\Delta\varphi° = 0{,}573$	$E° = 10$ m	$D = aE° + L$	$L° = 5{,}73$ m
$\Delta\varphi' = 0{,}156$	$E' = 100$ m	$D = aE' + L$	$L' = 15{,}60$ m
$\Delta\varphi'' = 0{,}317$	$E'' = 1000$ m	$D = aE'' + L$	$L'' = 317{,}00$ m
$\Delta\varphi''' = 0{,}632$	$E''' = 10000$ m	$D = aE''' + L$	$L''' = 6320{,}00$ m
$\Delta\varphi'''' = 0{,}264$	$E'''' = 100000$ m	$D = aE'''' + L$	$L'''' = 26400{,}00$ m
			$L = 26315{,}73$ m

Am besten liest man bei dieser Aufschreibung die endgültige Distanz entlang der linken Kante der Zahlentreppe ab. Bei geringerer Reichweite der Geräte kann auf die Einheit E'''', vielleicht auch auf E''' verzichtet werden.

Dieses sogenannte Dezimalschrittverfahren zur Ermittlung von *a* oder — wie man meistens sagt — zur Beseitigung der Mehrdeutigkeit ist in den neueren Distanzmessern bereits im Instrument vorprogrammiert; das Endergebnis wird dann ohne Zutun des Beobachters automatisch vom Gerät angezeigt.

25.2 Vereinfachtes Modell eines elektro-optischen Distanzmessers*. Nach 25.1 eignen sich als Träger der Meßsignale sowohl Lichtwellen als auch Mikrowellen. Zu einer technisch verhältnismäßig einfachen Realisierung kommt man, wenn man als Träger die bereits in 25.1 benutzten Lichtwellen wählt und sich auf mittlere Entfernungen [10—20 km] beschränkt. Das nachstehende Blockschaltbild läßt die wesentlichen Bauteile eines solchen Distanzmessers und ihr Zusammenwirken erkennen.

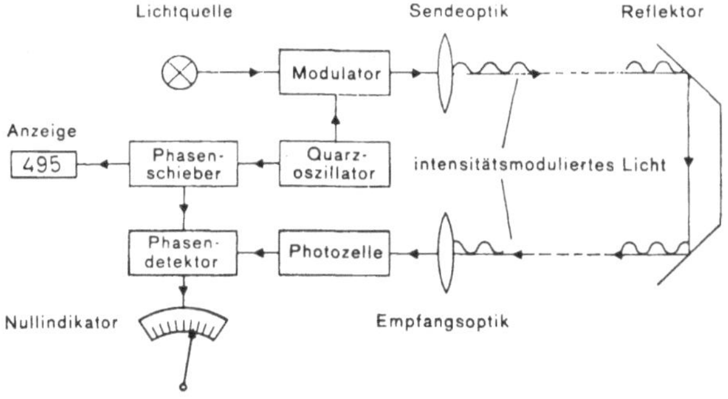

Bild 25.1. Vereinfachtes Blockschaltbild eines elektro-optischen Distanzmessers.

Der von der Lichtquelle ausgehende Lichtstrom wird durch einen Modulator geleitet, der von einem Quarzoszillator mit einer Wechselspannung hoher Frequenz (z. B. 15 MHz) gesteuert wird. Dadurch wird die Intensität des den Modulator passierenden Lichtstromes so verändert, daß sie beim Verlassen des Modulators im Takt der angelegten Wechselspannung zu-

* H. Pelzer, Vorlesungsmanuskript Hannover 1973.

und abnimmt (Hell-Dunkeleffekt). Das Licht wird anschließend in einer Sendeoptik ausgerichtet und über die zu messende Strecke zunächst zu einem am Endpunkt der Strecke aufgestellten Reflektor geleitet und von da zu dem Sendegerät am Anfangspunkt der Strecke zurückgesandt. Dort gelangt es über eine Empfangsoptik auf eine Photozelle, welche die Intensitätsschwankungen des Lichtes in Stromschwankungen transformiert. Diese werden als Meßsignal einem Phasendetektor zugeführt, der gleichzeitig vom Quarzoszillator direkt mit einer Spannung gleicher Frequenz, dem Referenzsignal, beschickt wird.

Da das von dem modulierten Licht gebildete Meßsignal die zu messende Strecke hin- und zurück durchlaufen hat, schwingen Meß- und Referenzsignal im Regelfall nicht phasengleich. Die Phasendifferenz $\Delta\varphi$ aber ist nach 25.1 das dort schon in (4) erwähnte eigentliche Meßergebnis. Um jedoch die in 25 (6) angegebene und für die Praxis bequemere Formel $D = a\,E + L$ ausnutzen zu können, ist ein Phasenschieber eingebaut. Dieser zeigt, nachdem zunächst mit Hilfe des Nullindikators Phasengleichheit zwischen Meß- und Referenzsignal hergestellt ist, das dem Phasenunterschied $\Delta\varphi$ entsprechende Reststück L digital in linearem Maß.

Offengelassen sind bei dieser Darstellung die Verfahren der Modulation und der Phasenmessung sowie die Bestimmung der stets ganzen Zahl a, die in (6) die Anzahl der vollen Einheiten E angibt. Hierfür sind in den drei großen Gruppen der Distanzmesser, nämlich den Kurzstreckenmessern, den elektrooptischen Geräten für mittlere und große Entfernungen (Typ Geodimeter) sowie den mit Mikrowellen arbeitenden Modellen (Typ Tellurometer) unterschiedliche Lösungen gefunden worden, die wir im Zusammenhang mit der Einzelbesprechung dieser Instrumente in 26 und 27 erläutern werden.

25.3 Einflüsse der Refraktion*. Die Ausbreitungsgeschwindigkeit und die Bahn der Licht- und Mikrowellen sind abhängig vom Zustand der Atmosphäre, und zwar die Ausbreitungsgeschwindigkeit insbesondere

* Höpcke, W.: Die Bahnkrümmung elektromagnetischer Wellen und ihr Einfluß auf die Streckenmessung. Zeitschr. f. Verm.wesen 1964 S. 183.

von den Brechungsindizes n_L und n_M und die Bahnkrümmung von den Refraktionskoeffizienten k_L und k_M.

Zur Berechnung des Brechungsindex für Mikrowellen hat man die Formel von Essen und Froome

$$N_M = (n_M - 1) \cdot 10^6 = \frac{103{,}49}{T}(p - e) + \frac{86{,}26}{T}\left(1 + \frac{5748}{T}\right) e\,. \tag{7}$$

Für den Gruppenbrechungsindex n_{Gr} des Lichtes in trockener Luft bei 0° C und 760 Torr Luftdruck gilt die Formel von Barrel und Sears:

$$(n_{Gr} - 1)\, 10^7 = 2876{,}04 + 3 \cdot \frac{16{,}288}{\lambda^2} + 5 \cdot \frac{0{,}136}{\lambda^4}\,, \tag{8}$$

wobei λ in μm zu nehmen ist.

Dieser Wert ist noch umzurechnen auf den Luftzustand bei der Messung (t° C, p Torr Gesamtdruck, e Torr Dampfdruck) nach

$$(n_L - 1) = \frac{n_{Gr} - 1}{1 + \alpha t} \cdot \frac{p}{760} - \frac{5{,}5 \cdot 10^{-8}}{1 + \alpha t}\, e\,;\ \alpha = 0{,}003661\,. \tag{9}$$

Die Abweichungen der hiernach errechneten Brechungsindizes n_M und n_L von dem der Meßfrequenz des dem jeweiligen Gerät zugrunde gelegten Wertes n_0 erfordern die Korrektur nach 25.4.

Die Differentiation von (7) und (9) führt bei Annahme eines durch

$$T = 288\,K \text{ bzw. } t = 15°\text{C},\ p = 755 \text{ Torr},\ e = 10 \text{ Torr}$$

charakterisierten Luftzustandes auf die Näherungsformeln

$$\begin{aligned} dN_M &= dn_M \cdot 10^6 = -1{,}35\,dt + 0{,}36\,dp + 5{,}92\,de\,,\\ dN_L &= dn_L \cdot 10^6 = -1{,}00\,dt + 0{,}38\,dp - 0{,}05\,de\,. \end{aligned} \tag{10}$$

Die Feuchtigkeit beeinflußt n_M also rund 120mal stärker als n_L. Der Dampfdruck muß mithin bei einer Messung mit Mikrowellen äußerst sorgfältig — etwa mit dem Aßmannschen Aspirationspsychrometer — bestimmt werden. Ein Fehler von 0,22°C des trockenen oder von 0,14°C des feuchten Thermometers verursachen durch die Verfälschung von e bereits einen Maßstabsfehler von 1 mm je km Strecke.

Der jeweilige Refraktionskoeffizient k ist, wenn unter R der Erdhalbmesser und unter α der Anstieg des Strahlenweges verstanden wird, definiert durch

$$k = \frac{R}{\varrho} = \frac{\text{Strahlkrümmung}}{\text{Erdkrümmung}} \quad \text{mit } 1/\varrho = -\frac{\text{grad}\, n}{n} \cos\alpha \approx -\frac{dn}{dh}, \quad (11)$$

$1/\varrho$ ist also genähert proportional dem mit zunehmender Höhe abnehmenden Wert des Refraktionskoeffizienten. k sollte daher richtiger als relative Strahlkrümmung bezeichnet werden.

Als Durchschnittswerte für die ungestörte Atmosphäre gelten $k_L = 0{,}13$ und $k_M = 0{,}25$. Also ist der Krümmungshalbmesser der Lichtkurve $\approx 8R$ und der der Mikrowellenkurve $\approx 4R$. Über feuchtem Grasland ist im Mittel in dem Bereich von 40—100 m über dem Boden

$k_M = 0{,}25$ tagsüber während des ganzen Jahres und in bedeckten Winternächten,

0,50 nachts im Juni bis Oktober und in klaren Winternächten.

$k_L = 0{,}20$ tagsüber und in bedeckten Nächten während des ganzen Jahres

0,30 in klaren Nächten,

0,13 tagsüber bei wolkenlosem Himmel.

Abweichungen in t, p und e von dem angenommenen Ausgangszustand machen folgende Korrektionen nötig:

25.4 Korrektionen wegen Ausbreitungsgeschwindigkeit. Es sei D' die am Gerät abgelesene Distanz und n_0 ein bestimmter Festwert des Brechungsindex, der der am Instrument angezeigten Entfernung zugrunde liegt; ferner sei n der für den ganzen Strahlenweg geltende Mittelwert. Für n erhält man einen Näherungswert, indem man das Mittel aus den an den beiden Enden der Strecke gemessenen meteorologischen Daten in (7), (9) oder (10) einführt. Mit der Differenz $(n_0 - n)$ berechnet man dann eine 1. Geschwindigkeitskorrektion K'. Da der Strahl aber nicht geradlinig, sondern gekrümmt verläuft, ist noch die 2. Geschwindigkeitskorrektion K'' anzubringen, die vor allem den Einfluß des Refraktionskoeffizienten erkennen läßt. Der korrigierte Wert ist dann

$$D = D' + K' + K'' \text{ mit } K' = + D'(n_0 - n)$$
$$\text{und } K'' = -(k - k^2)\frac{D'^2}{12R^2}. \quad (12)$$

Bei langen Strecken im Hochgebirge oder über See berücksichtige man die dort herrschenden besonderen Refraktionsverhältnisse [25.6].

25.5 Geometrische Reduktionen. Der mit (12) erhaltene Wert D ist genau genug ein Kreisbogen mit dem Halbmesser ϱ zwischen den Endpunkten mit den Meereshöhen H_1 und H_2. Der Bogen ist schrittweise zu reduzieren, und zwar zunächst wegen der Bahnkrümmung mit K_1 auf die — schräge — Sehne S_1; dann wegen deren Neigung mit K_2 und wegen ihrer Meereshöhe mit K_3 auf die Sehne S_2 des auf der krummen Erdoberfläche verlaufenden Bogens D_2 und schließlich wegen der Erdkrümmung mit K_4 von S_2 auf D_2. Die endgültige Entfernung D_2 ist dann

$$\begin{aligned} D_2 &= D + K_1 + K_2 + K_3 + K_4 \\ \text{mit } K_1 &= -k^2 \frac{D^3}{24R^2}; \quad K_2 = -\frac{(H_1 - H_2)^2}{2D} \\ K_3 &= -\frac{H_1 + H_2}{2R} D; \quad K_4 = \frac{D^3}{24R^2}\,^{*}. \end{aligned} \tag{13}$$

Als Anhalt für die Größenordnung der von k abhängigen Korrektionen gibt die nachstehende Tabelle einen Überblick über die Summe

$$K'' + K_1 + K_4 = (1 - k)^2 \frac{D^3}{24R^2} \tag{14}$$

Streckenlänge in km

k	20	40	60	80	100
0	0,008				
0,125	0,006	0,050	0,168	0,398	0,880
0,20	0,005	0,042	0,141	0,333	0,740
0,30	0,004	0,032	0,108	0,255	0,564
0,50	0,002	0,016	0,055	0,130	0,288
1,00	0,000				

K' und K_2 können größere Werte annehmen. K' ist, wie (12) zeigt, bei Mikrowellen in hohem Maße abhängig von der Luftfeuchtigkeit. K_2 verlangt, weil im Zähler $(H_1 - H_2)^2$ steht, eine genaue Bestimmung des Höhenunterschiedes, der bei Steilstrecken dm-Genauigkeit besitzen sollte. Bei K_3 werden keine besonderen Anforderungen an die Genauigkeit der Höhen gestellt.

* Diese geometrischen Reduktionen K_2 und K_3 sind nicht identisch mit den Rechengrößen gleicher Bezeichnung im Geodimeterformular auf S. 105.

25.6 Spezielle Refraktionsmodelle für Mikrowellen.

a) In 25.4 wird der für den gesamten Strahlenweg einzusetzende Mittelwert N der Brechzahl gewonnen als $N = \frac{N_1 + N_2}{2}$, wobei N_1 und N_2 an den Endpunkten ermittelt worden sind. Diese Berechnung setzt voraus:

$$\frac{\partial N}{\partial s} = \text{const} \; ; \quad \frac{\partial N}{\partial h} = \text{const mit } k = -6{,}38 \frac{\partial N}{\partial h} \, .$$

In diesem Modell, das im Flachland bei überall mindestens 40 m Höhe des Wellenweges über Gelände meistens zutrifft, ist der Strahlenweg ein Kreisbogen. Die Nachrichtentechnik rechnet mit

$$\frac{\partial N}{\partial h} = -41{,}5 \text{ km}^{-1}; \text{ dem entspricht für unseren Fall a) } k = 0{,}26.$$

b) Bei sehr großem Höhenunterschied der Endpunkte, insbesondere im Hochgebirge, kann Gladstones vielfach bestätigte Exponentialfunktion für den Brechungsindex benutzt werden*. Dieses Modell wird beschrieben durch

$$\frac{\partial N}{\partial s} = 0; \; N = N_0 e^{-aH} \sim 325 \, e^{-0{,}136 H}$$

und führt auf die Formel**

$$lg \, N = lg \, N_1 - \frac{1}{16900} \left(\frac{H_2 - H_1}{2} - 0{,}00981 \, D^2 \right) .$$

H in Metern, D in Kilometern.

Für die Krümmungskorrektion wird k kurzerhand mit linearem Brechungsindexgradienten angesetzt

$$\frac{\partial N}{\partial h} = \frac{N_2 - N_1}{H_2 - H_1} \; ; \qquad k = -6{,}38 \frac{N_2 - N_1}{H_2 - H_1} \, .$$

* Bean, Fehlhaber, Großkopf: Die Radiometeorologie und ihre Bedeutung für die Ausbreitung der m-, dm- und cm-Wellen auf große Entfernungen. NTZ 1962, Heft 1.

** Brettenbauer, K.: The refractive index in the reduction of Tellurometer Data. Canad. Surv. 1965 S. 367.

c) Bei Streckenmessungen über See[1] verläuft der Mikrowellenstrahl oft in geringer Höhe z über dem Wasserspiegel und unterliegt hier einer verstärkten Refraktion im sog. maritimen Wellenleiter. Das hier gültige Brockssche Modell[2] wird mit einigen Vereinfachungen wie folgt beschrieben:

$$\frac{\partial N}{\partial s} = \text{const} \; ; \qquad \frac{\partial N}{\partial z} = -0{,}032 - 0{,}125 \frac{z^*}{z}$$

$$k(z) = +0{,}20 + 0{,}80 \; \frac{z^*}{z} \, .$$

In der Wellenleiterhöhe z^* ist $k = 1$, d. h. Strahlkrümmung gleich Erdkrümmung. Unterhalb z^* ist $k > 1$.

Für die Ermittlung von z^* sind einige m über dem Wasser t, t', p und die Windgeschwindigkeit zu messen, daneben auch die Wassertemperatur.

Bei großer Ausdehnung dieses Wellenleiters sind Überreichweiten möglich, etwa bis 150 km bei $H_1 \sim H_2 \sim 20$ m.

d) Nach Untersuchung der Profile für t, p und e leitet Deichl[3] ab, daß bis 24 km Streckenlänge die über die Strecke integrierte Brechzahl als geometrisches Mittel zu bilden ist, also

$$N = \sqrt{N_1 \cdot N_2} \, .$$

Für längere Strecken gilt jedoch[4]:

$$\lg N = \frac{\lg N_1 + \lg N_2}{2} + \frac{\lg N_1 - \lg N_2}{H_2 - H_1} \cdot \frac{1-k}{12\,R} \, s^2$$

26 Die elektronischen Kurzstreckenmesser *

26.1 Bedeutung der Kurzstreckenmesser. Sie sind das jüngste Glied in der Reihe der elektro-optischen Distanzmesser, und sie erlauben es, Strecken bis etwa 1000 m Länge

1 Höpcke, W.: Streckenmessungen über See. Zeitschr. f. Verm.wesen 1964, S. 365.

2 Brocks, K. Der Brechungsindexgradient für elektromagnetische Wellen (cm- bis m-Band) in der maritimen Grenzschicht der Atmosphäre. Zs. Dt. Hydrogr. Zeitschr. 1955, 1956.

3 Deichl, K.: Methoden zur Bestimmung des mittleren Brechungsindex für die elektromagnetische Entfernungsmessung. Dt. Geod. Komm. Reihe C, Heft 139.

4 Spellauge, R.: Elektromagnetische Streckenmessungen im Radiosicht- und Überhorizontbereich über See. Wiss. Arb. der Lehrstühle für Geodäsie an der Technischen Universität Hannover, Nr. 47 (1973).

* Literatur wie S. 72; dazu H. Pelzer, Vorlesungsmanuskript 1973.

bequem und sicher mit Zentimetergenauigkeit zu messen. Wegen der daraus resultierenden umfangreichen Anwendungsmöglichkeiten im Alltag des Vermessungsingenieurs stehen die Kurzstreckenmesser heute im Mittelpunkt des Interesses. Infolgedessen sind in den letzten Jahren zahlreiche neue Modelle auf den Markt gebracht worden. Sogar die Firmen AGA und Tellurometer usw., die sich bis vor kurzem ausschließlich der Herstellung von Distanzmessern für mittlere und größere Entfernungen zugewandt hatten, bauen heute auch Kurzstreckenmesser.

Die Kurzstreckenmesser gleichen in ihrem Aufbau und ihrer Wirkungsweise weitgehend dem in 25.2 Bild 25.1 gegebenen Schema. Dort sind jedoch die Verfahren der Lichtmodulation und des Phasenvergleichs sowie die Wege zur Überwindung der Mehrdeutigkeit [Faktor a in 25 (6)] offengelassen.

Nachstehend sollen diese Fragen zunächst in der für Kurzstreckenmesser geltenden Form in 26.2 und 26.3 beantwortet werden. Gleichzeitig wird das Zusammenwirken der verschiedenen Elemente erläutert. Schließlich ist in 26.4 und der zugehörigen Tafel II eine Auswahl der in Mitteleuropa bekannt gewordenen Modelle mit ihren charakteristischen Eigenschaften zusammengestellt (Stand von 1974).

Im Hinblick auf den äußeren Aufbau und die Möglichkeiten der Verwendung bei den Feldarbeiten lassen die Kurzstreckenmesser sich unterteilen in

a) Distanzer (englisch Ranger), d. h. Geräte, die nur zur Entfernungsmessung bestimmt sind und dazu in einem U-förmigen Träger um ihre Vertikalachse gedreht und um ihre Horizontalachse gekippt werden können;
b) Kombigeräte, d. h. Geräte, die als Ganzes oder mit einem die wichtigsten Ziel- und Empfangseinrichtungen enthaltenden Zielkopf — mittels eines Adapters* — auf dem drehbaren Oberteil eines Theodolits befestigt werden können;
c) Elektronische Tachymeter, d. h. Geräte, bei denen Theodolit und Distanzmesser eine vom Beobachter nicht zu trennende

* Adapter hier = Zwischenstück.

Einheit bilden. Mit diesen Instrumenten erhält insbesondere das Polarverfahren [36] eine bedeutende Aufwertung.

In der Tafel II ist die Zugehörigkeit der einzelnen Modelle zu den obigen Gruppen in der jeweils letzten Spalte der Tafel oder in den Ergänzungen zur Tafel II im Text von 26.4 angegeben.

26.2 Verfahren der Lichtmodulation. Wie bereits in 25.1 gezeigt wurde, werden dem kurzwelligen Licht durch die Modulation periodische Signale aufgeprägt, deren Laufzeit der zu messenden Strecke proportional ist. Dabei können entweder die von der Lichtquelle ausgestrahlten Lichtstrahlen moduliert werden (indirekte Modulation), oder das Licht kann durch Beeinflussung am Ort der Entstehung, also in der Lichtquelle selbst, die gewünschte Modulation erfahren (direkte Modulation).

In den ersten elektro-optischen Distanzmessern wurde das Licht mit Hilfe der Kerrzelle indirekt moduliert. Die Kerrzelle besteht aus einem mit Nitrobenzol gefüllten Glasgefäß („Kerrtopf") und zwei in das Nitrobenzol hineinragenden Elektroden, zwischen deren Platten Licht hindurchfallen kann. Vor und hinter dem Kerrtopf befindet sich je ein Nicolsches Prisma. Wird nun durch Anlegen einer Gleichspannung von einigen 1000 Volt an die Elektroden im Nitrobenzol ein elektrisches Feld erzeugt, so wird unter dessen Einfluß das Nitrobenzol doppelbrechend; d. h. das einfallende Licht wird in zwei rechtwinklig zueinander gerichtete Komponenten, den „ordentlichen" und den „außerordentlichen" Strahl zerlegt. Dieser „Kerreffekt" wird zur Modulation des Lichtes folgendermaßen ausgenutzt:

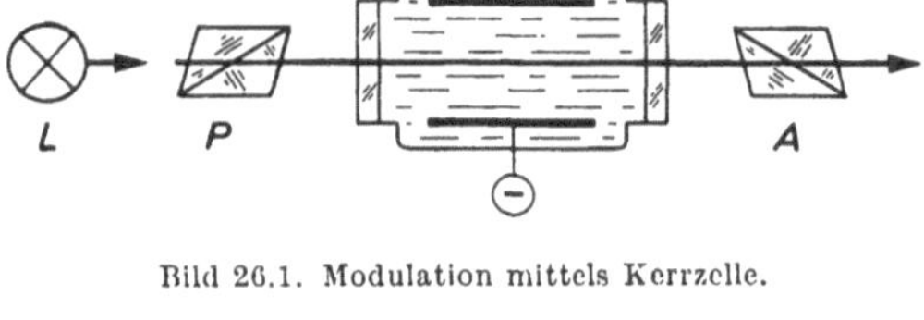

Bild 26.1. Modulation mittels Kerrzelle.

Das von der Lichtquelle einfallende Licht wird durch das erste Nicol linear polarisiert. Es trifft dann auf den Kerrtopf, in dem das Licht in einen ordentlichen und einen außerordentlichen Strahl zerlegt wird. Der ordentliche Strahl wird senkrecht zu den Elektroden, der außerordentliche parallel dazu polarisiert, so daß insgesamt eine elliptische Polarisation entsteht. Liegt das als Analysator hinter dem Kerrtopf angebrachte zweite Nicol nun z. B. mit seiner Polarisationsrichtung parallel zur Hauptachse der Polarisationsellipse, so erreicht die Intensität des Lichtes hinter dem Analysator einen Höchstwert. Durch Überlagern der Gleichspannung mit einer schwächeren Wechselspannung aber dreht sich die Hauptachse der Polarisation im Takt der Wechselspannung, und entsprechend schwankt auch die Intensität des Lichtes; das Licht ist damit intensitätsmoduliert.

Leider geht beim Durchgang durch die Kerrzelle mehr als 50% des Lichtes verloren. Ferner ist die Phasenlage der Modulation innerhalb eines Querschnitts durch das gesendete Lichtbündel nicht überall gleich, wodurch Messungsungenauigkeiten entstehen können.

Die Fähigkeit, das Licht doppelt zu brechen, besitzen indessen auch einige Kristalle. Durch Anlegen einer Wechselspannung wird auch bei ihnen die Hauptachse der Polarisationsellipse gedreht (Pockelseffekt). Für die Distanzmesser werden meistens die KDP-(Kalium-Dihydrogen-Phosphat)-Kristalle benutzt.

Die Doppelbrechung als Hilfsmittel der Modulation wird heute beim Bau von Kurzstreckenmessern kaum noch in Anspruch genommen. Von den in unserer Tafel II (Seite 98) vermerkten Modellen findet eine Kerrzelle — in Verbindung mit einem HeNe-(Helium-Neon)-Gaslaser als Lichtquelle — sich nur noch in dem Geodimeter 700. Ein KDP-Kristall ist nach Tafel III (Seite 110) lediglich in einigen elektro-optischen Distanzmessern für mittlere und größere Strecken eingebaut. Die meisten Hersteller von Kurzstreckenmessern haben sich für die sogenannte direkte Modulation mit der GaAs-Diode entschieden.

Zur direkten Modulation des Lichts eignen sich Halbleiter-Dioden, insbesondere die soeben genannte GaAs-(Gallium-Arsenid)-Diode, die im Hinblick auf das von ihr ausgestrahlte Licht auch Lumineszenzdiode heißt.

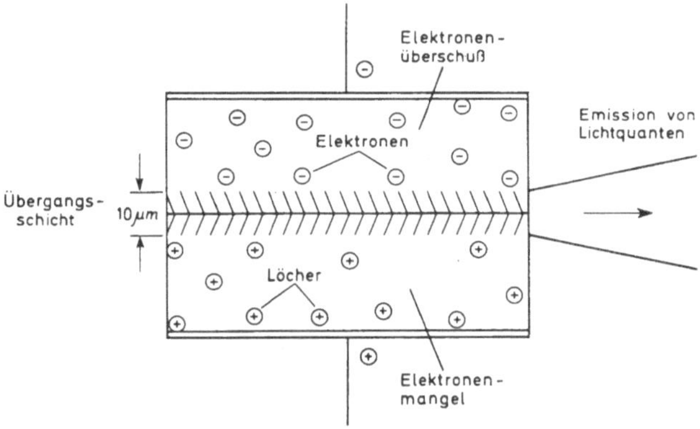

Bild 26.2. Wirkungsweise der Lumineszenzdiode.

In der Lumineszenzdiode (Bild 26.2) sind zwischen zwei Elektroden Halbleiter (Gallium - Arsenid) angeordnet. Durch Einlagerung von Fremdatomen wird in der einen Hälfte der Diode ein Elektronenüberschuß und in der anderen ein Elektronenmangel erzeugt. In der etwa 10 μm starken Übergangszone haben sich freie Elektronen und Löcher vereinigt; die Übergangsschicht wirkt also als Sperrschicht. Wird nun eine Spannung im eingezeichneten Sinne angelegt, so bekommen die Elektronen und Löcher eine höhere Energie und werden in die Übergangsschicht geschwemmt, ein Vorgang, der als *Energieinjektion* bezeichnet wird. Die Ladungsträger vereinigen sich in der Übergangsschicht und geben die aus der Spannungsquelle stammende Energie in Form von Wärme und — hier von Interesse — als Lichtquanten ab. Die entstehende Lumineszenzstrahlung liegt im nahen Infrarot bei etwa 900 nm Wellenlänge. Bei Umpolung der angelegten Spannung wird die

Emission von Lichtquanten abgebrochen, so daß die Strahlungsintensität auch hier im Takt der Wechselspannung schwankt.

Der Wirkungsgrad dieser Lichtquelle ist allerdings mit 1‰ sehr gering, wie auch die Leistung von maximal 10 mW nicht sehr groß ist. Dennoch reicht die Strahlung aus, um Entfernungen von 1 bis 2 km zu überbrücken. Leider ist die Strahlung nicht sichtbar. Dadurch wird in komplizierten Fällen die Ausrichtung des Geräts auf den Reflektor erschwert.

Trotzdem wird, wie oben erwähnt, von den Herstellerfirmen die GaAs-Diode als modulierbare Lichtquelle allen anderen Verfahren vorgezogen. Nur die Firma AGA bedient sich des HeNe-Lasers in Verbindung mit der Kerrzelle oder dem KDP-Kristall, wohl weil die Firma darin sehr große Erfahrungen besitzt.

26.3 Messen des Phasenunterschiedes. Nachdem das Licht mit einer passenden Meßfrequenz moduliert ist, gilt nach § 25 (4) bis (6) für die zu messende Distanz die Gleichung

$$D = (a + \Delta\varphi)\, E = a\, E + \Delta\varphi\, E = a\, E + L, \tag{1}$$

in der $\Delta\varphi$ den Phasenunterschied zwischen dem abgestrahlten und dem reflektierten Meßsignal bedeutet. Zur Bestimmung von $\Delta\varphi$ stehen zwei Verfahren, die analoge und die digitale Phasenmessung, zur Verfügung.

Beim *Analogverfahren* lassen sich auf den zur Modulation benutzten Hochfrequenzen von etwa 15 MHz die Phasendifferenzen meßtechnisch sehr schwer bestimmen. Deshalb wird in allen neueren Geräten die Hochfrequenz durch Überlagerung mit einer wenig davon verschiedenen Hilfsfrequenz in eine phasengleiche Niederfrequenz umgewandelt, die zwischen 1,5 und 150 kHz liegt. Auf dieser Niederfrequenz kommen als Phasenschieber insbesondere die auch als Resolver bezeichneten Drehmelder in Frage. Ein solcher Resolver ähnelt einem Wechselstrommotor. Er besitzt zwei feste, senkrecht zueinander angeordnete Statorspulen und eine drehbare Rotorspule. Die durch Verdrehen des Rotors erzeugte Phasenverschiebung ist dem

Drehwinkel proportional oder technisch gesprochen „*analog*". Der Drehwinkel wird über ein Zählwerk angezeigt. Wenn die vom Phasendetektor erhaltene Spannung dazu benutzt wird, um über einen Servomotor den Rotor im gewünschten Sinne zu verdrehen, ist eine automatische Phasenmessung möglich. Die Genauigkeit der Phasenmessung mit Resolvern liegt bei 10^{-3} bis 10^{-4}. Daher wird der Phasenwinkel gewöhnlich mit 3 Ziffern angezeigt. Die Phasenmessung wird gemäß dem in 25.1 am Schluß gegebenen Zahlenbeispiel so angeordnet, daß gleichzeitig die Mehrdeutigkeit verschwindet.

Wenn die Messungsergebnisse jedoch in *digitaler Form* erhalten oder automatisch registriert werden sollen, wird die Phasenmessung zweckmäßig digital durchgeführt.

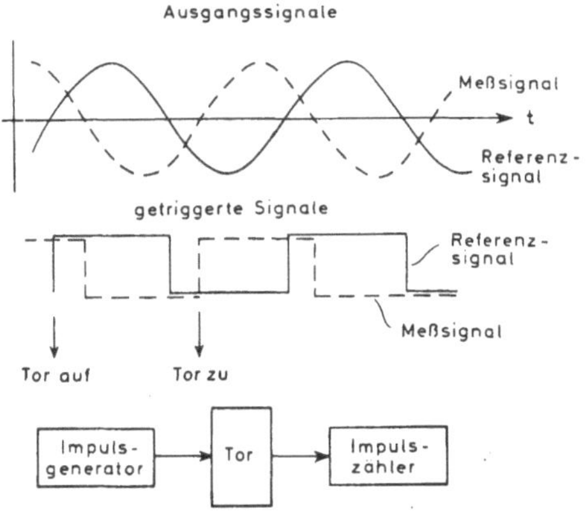

Bild 26.3. Digitale Phasenmessung

Das auf der Niederfrequenz sinusförmig vorliegende Meßsignal und das Referenzsignal werden zunächst getriggert, d. h. in Rechtecksignale umgewandelt. Diese getriggerten Signale steuern das Tor zwischen einem Impulsgenerator, der Impulse in schneller Folge erzeugt, und einem Impulszähler. Die vordere Flanke des Referenzsignals öffnet das Tor, und die vordere Flanke des Meßsignals schließt es wieder. Die Zahl der zwischenzeitlich durch das Tor auf den Impulszähler gelangten Impulse ist ein Maß für den Phasenwinkel zwischen Referenz- und Meßsignal. Die Messung kann — beginnend an der nächsten Vorderflanke des Referenzsignals — beliebig oft wiederholt werden. Das Mittel aus vielen Messungen aber weist mit etwa 10^{-4} eine recht hohe Genauigkeit auf. Infolgedessen wird in der Mehrzahl der modernen Kurzstreckenmesser die digitale Phasenmessung benutzt und das Ergebnis am Gerät angezeigt.

26.4 Ausgewählte Instrumente. Mit dem vereinfachten Blockbild 25.1, das ergänzt ist durch die Beschreibung zweier Modulationsverfahren [26.2], zweier Möglichkeiten zur Messung der Phasendifferenzen [26.3] und schließlich des bereits in 25.1 gezeigten Weges zur Beseitigung der Mehrdeutigkeit, sind die Elemente zum Bau von Kurzstreckenmessern beisammen. Eine Auswahl von Beispielen für die aus diesen Elementen zusammengesetzten und in Mitteleuropa gängigen Konstruktionen enthält — nach den Firmenbezeichnungen alphabetisch geordnet — unsere Tafel II (Seite 98), die gleichzeitig die charakteristischen technischen Daten der einzelnen Typen wiedergibt. Da die Modelle in der Praxis meistens mit den Namen der Hersteller und der Typenbezeichnung benannt werden, da ferner die Reichweite im Blickfeld des Praktikers eine große Rolle spielt, sind diese drei Daten in den drei ersten Spalten vermerkt. Soweit der in den übrigen Spalten zur Verfügung stehende Raum für ein Modell nicht voll ausreicht, sind Ergänzungen im nachstehenden laufenden Text enthalten. Eine Ausnahme von dieser Anordnung bildet lediglich das an letzter Stelle genannte Mekometer, weil dieses eine Klasse für sich darstellt.

Ergänzungen zur Tafel II

Die *AGA*, die als erste Firma der Welt elektronische Distanzmesser für mittlere Entfernungen herausbrachte, hat mit dem in der Mitte der 60er Jahre entwickelten *Geodimetermodell 7T* auch den Bau von Kurzstreckenmessern aufgenommen. Sie benutzte die ihr von den Modellen 6BL u. 8 her bekannte Strahlung eines HeNe-Gaslasers, dem durch Modulation mittels einer Kerrzelle der Feinmaßstab 5 m aufgeprägt wurde*. Die AGA hat dieses Gerät allerdings nur in einer Nullserie gebaut und bietet statt dessen jetzt das *Geodimeter 700* an, ein elektronisches Tachymeter, das Strecken, Horizontal- und Vertikalwinkel mißt. Diese Werte können sowohl abgelesen als auch in einen Datenspeicher eingegeben werden, vergl. 14.4.

Die AGA kündigt neben dem Modell 700 noch das *Geodimeter 76* an, ein „vollautomatisches Entfernungsmeßgerät", das die Entfernungen auf automatischem Wege metereologisch korrigiert und ein Auflösungsvermögen von 0,001 m besitzt. Hierfür sind einstweilen nur die in der Tafel II wiedergebebenen Daten bekannt.

Bild 26.4. AGA-Geodimeter 76

Bild 26.5. Kern DM 1000.

Das von der *Cubic Industrial Corporation* in San Diego (USA) gebaute und mit 4,5 kg recht leichte *Cubitape DM—60* stößt mit einer Meßfrequenz von 75 MHz und dem Feinmaßstab 2 m in den Bereich der Millimetergenauigkeit vor. Es ist ein typischer Distanzer mit Adaptern für Franke-, Kern- und Wild-Stative.

* L. Hallermann und H. Zetsche: Die Entwicklung der Nahbereichs-Entfernungsmesser seit 1968; Allgem. Verm. Nachrichten. 1972 S. 237.

Auch das von der Firma *Hewlett Packard* (USA) angebotene *DMJ 3800B* ist im Prinzip ein Distanzer, der jedoch auch auf einem Theodolit befestigt werden kann[1]. Das Gerät ist wegen der leicht verständlichen Symbole und dank der digitalen Anzeige des metereologisch korrigierten Ergebnisses recht einfach zu bedienen. Das Modell 3805 A ist eine vereinfachte Ausführung.

Im *EOK 2000 der Jenoptik* kann zum schnellen Auffinden und sicheren Einstellen des Reflektors die Sendeoptik nach Umschaltung auf eine Lichtwurflampe als Scheinwerfer für sichtbares Licht und die Empfängeroptik als Sucherfernrohr betätigt werden. Dem Aufbau nach ist der EOK 2000 ein Distanzer; dieser paßt jedoch mit einem Zapfen in einen Zwangszentrierungsdreifuß der Jenoptik; er kann daher ohne abermalige Zentrierung gegen einen Jenaer Theodolit ausgetauscht werden[2].

Mit dem *Kern — DM 1000* hat die Kern-AG ein wohlgelungenes, auf mm-Genauigkeit ausgelegtes Gerät vorgestellt, bei dem der gesamte Meß- und Auswerteteil in einem Gehäuse 20 × 16 × 16 cm untergebracht werden konnte. Mit einem Steckkontakt auf der Rückseite kann der Meßwert zu Registrierzwecken im BCD-Code abgenommen werden[3]. Das DM 1000 ist ein Distanzer mit eigenem Standardstativ; jedoch kann auch der Theodolit DKM-2A als Träger benutzt werden.

Im Herbst 1973 führte Kern den noch kleineren Distanzmesser *DM 500* vor, dessen Zielkopf bei einem Gewicht von nur 1,6 kg auf das Fernrohr des Kern-Theodolits DKM 2-A so aufgesetzt wird, daß das Fernrohr mit dem Zielkopf okularseits durchgeschlagen werden kann. Die Einheit von DKM-2A

[1] G. Weiser: Prüfung eines Distanzmeßinstruments 3800B der Fa. Hewlett-Packard, Allgem. Verm. Nachrichten 1973 S. 44 — H. D. Schwarz: Felderfahrungen mit dem Hewlett 3800 B, a. a. O., S. 53.

[2] H. Richter und H. Wendt: Das neue elektro-optische Streckenmeßgerät EOK 2000 aus Jena. Allgem. Verm. Nachrichten 1969 S. 80. — K. H. Klein und K. Zschiesche: Erprobungsergebnisse mit dem elektro-optischen Streckenmeßgerät EOK 2000. Vermessungstechnik 1972 S. 54. — H. Meixner: Untertage-Entfernungsmessung mit dem EOK 2000. Allgem. Verm. Nachrichten 1972 S. 80.

[3] K. H. Münch: Der Infrarot-Entfernungsmesser Kern DM 1000, Allgem. Verm. Nachrichten 1973 S. 201.

und DM 500 ist demnach im Sinne unserer einleitenden Einteilung ein Kombigerät, und zwar von bemerkenswert gefälligem Aussehen.

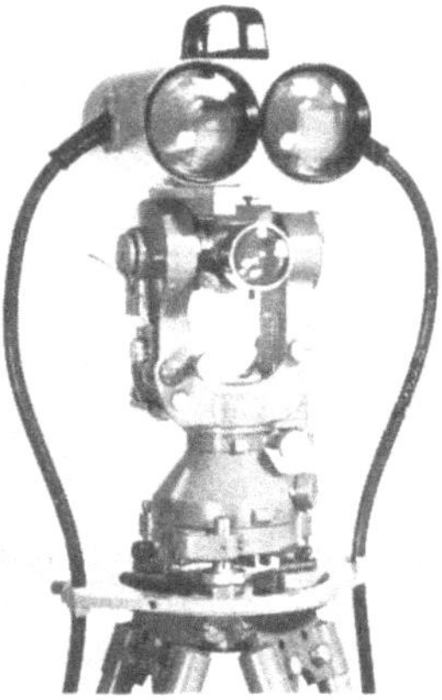

Bild 26.6. Wild-Distomat DI 10.

Bild 26.7. Tellurometer MA 100

Der Kurzstreckenmesser *Tellurometer MA 100* befindet sich mit der Meßfrequenz 75 MHz und dem Feinmeßstab 2 m genauigkeitsmäßig im Millimeterbereich. Sende- und Empfangssystem sind koaxial angeordnet. Der Phasenunterschied wird mit einer Anzeigeeinheit bestimmt, die alle erforderlichen Rechenoperationen automatisch ausführt und den Entfernungswert digital auf mm anzeigt. Ein Datenstecker erlaubt es, die Meßwerte direkt in einen Streifenlocher oder in andere Aufzeichengeräte einzuleiten*.

Die Tellurometer Inc. hat ferner im Jahre 1972 den leichten Nahbereichsdistanzmesser *CD6* entwickelt. Dieser wird entweder auf einen Dreifuß aufgesetzt oder mit Hilfe eines Adap-

* H. D. Hölscher: Ein elektro-optisches Kurzreichweitenmeßsystem für hochpräzise Entfernungsmessungen. Kurs für Ingenieurmessungen hoher Präzision, Graz 1970. — F. Felletschin: Erfahrungen mit dem elektro-optischen Kurzdistanzmeßgerät Tellurometer MA 100; Allgem. Verm. Nachrichten 1972 S. 59.

ters auf den Fernrohrträgerarmen eines Theodolits befestigt. Die Distanzmeßeinheit enthält bei rund 2,5 kg Gewicht die Elektronik, die Optik und die Anzeigevorrichtung.

Die Firma *Wild-Heerbrugg*, die ihren Distomat DI 10 zusammen mit der französischen Firma Sercel-Nantes entwickelt hat, beseitigt im DI 10 die Mehrdeutigkeit durch automatisches Hochfahren der variablen Modulationsfrequenz von 13,486 86 MHz auf 14,985 40 MHz. Der Zielkopf (DI 10A; Gewicht 3,1 kg), in dem das Sende- und das Empfangssystem getrennt angeordnet sind, kann als Distanzer zur Streckenmessung für sich allein in die auf ein Wildstativ aufsteckbare „Wippe" gelegt werden; er kann aber auch an dem Fernrohr der Wild-Theodolite T1A, T16 oder T2 befestigt werden, mit denen zusammen er ein Kombigerät bildet*.

Die jüngste Entwicklung von Wild ist der *Mini-Infrarot-Distanzmesser DI 3*, dessen ebenfalls auf die Wildtheodolite aufsetzbarer Zielkopf nur 1,8 kg wiegt. Der Meßteil — ein flacher Kasten — ist zwischen Theodolit und Dreifuß angeordnet; an ihm können nach Eintasten des Vertikalwinkels die Horizontaldistanz und der Höhenunterschied abgelesen werden.

Die Firma *C. Zeiss-Oberkochen* baut gleichzeitig drei Kurzstreckenmesser, den elektronischen Tachymetertheodolit SM 11, das elektronische Registriertachymeter Reg Elta 14 und den kleinen Distanzmesser Eldi 2.

Das *SM 11* vereinigt in sich einen Kurzstreckenmesser und einen dem Th 4 entsprechenden Skalenmikroskop-Theodolit. In dem stark erweiterten Fernrohrträger sind die Einheit für die Distanzmessung und die Stromversorgungseinrichtung untergebracht. Die Lichtquelle für die Distanzmessung befindet sich im Brennpunkt des Objektivs; die optischen Systeme für Entfernungs- und Richtungsmessung sind demnach koaxial. Die Schrägentfernung (Neigung bis 50 *gon*) wird digital angezeigt, die Teilkreise dagegen sind in einem Skalenmikroskop abzulesen. Zusätzlich findet sich zur Reduktion der Schräg-

* G. Straßer: Der Infrarot-Distanzmesser Wild Distomat DI 10. Allgem. Verm. Nachrichten 1969 S. 65. — K. Zeiske: Ein neuer Kurzdistanzmesser mit Reduktionsrechner. Allgem. Verm. Nachrichten 1972 S. 382.

entfernung auf die Horizontale im Mikroskopgesichtsfeld auch der Sinus des Zenitwinkels.

Das *Reg Elta 14* besitzt für die Distanzmessung die gleiche elektronische Einrichtung wie das SM 11. Die Winkel werden jedoch — anders als beim SM 11 — mittels einer Kombination von mechanischen und elektronischen Elementen automatisch erhalten; vgl. Ziff. 14.4. Horizontal- und Vertikalwinkel sowie die Schrägentfernung können wahlweise digital angezeigt oder in einem Lochstreifen ausgegeben werden. Das Reg Elta ist damit der Prototyp eines echten elektronischen Registriertachymeters mit einer Reichweite von 2000 m. Es ist allerdings ohne Dreifuß und Stativ mit 20,5 kg etwas schwer*. Vgl. 14.4, 35.5 und 36.

Als Zusatzeinrichtung baut die Firma den programmgesteuerten Spezialrechner „Eltac".

Bild 26.8.
Reg Elta 14 von Zeiss-Oberkochen

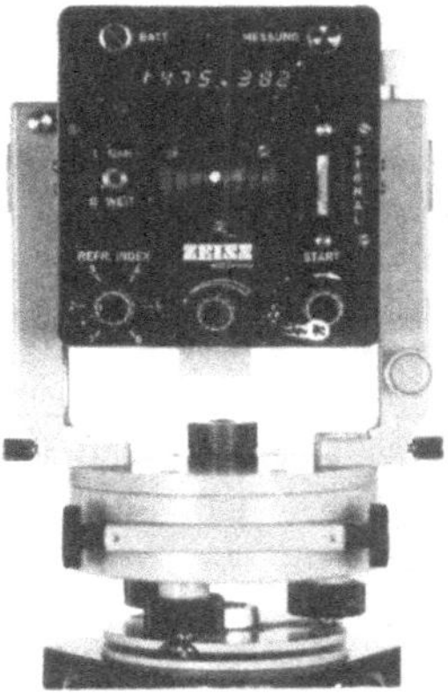

Bild 26.9.
Eldi 2 von Zeiss-Oberkochen

* H. Leitz und R. Bornefeld: Der elektro-optische Entfernungsmesser Zeiss SM 11; Zs. für Verm.wesen 1968 S. 31. — H. Leitz: Zwei elektronische Tachymeter von Zeiss; Allgem. Verm. Nachrichten 1969 S. 73. — H. Knoop: Leistung und Anwendung von automatisch registrierenden elektronischen Tachymetern. Wissenschaftl. Arbeiten der Lehrstühle für Geodäsie, Photogrammetrie und Kartographie an TU Hannover, Nr. 46 (1971).

Die jüngste Entwicklung der erfreulich regen Firma, der recht preisgünstige *Eldi 2*, ist mit den Außenmaßen 135 × 120 × 155 mm ein sehr kleines und leichtes Gerät. Mittels eines Adapters kann es auf die Fernrohrstützen der Zeiss-Theodolite Th 4, Th 42, Th 2 und evtl. anderer Fabrikate aufgesetzt werden und bildet dann mit diesen ein Kombigerät. Von dem Standardobjektiv, mit dem bei nur einem Prisma Entfernungen bis 700 m auf ± 5 mm gemessen werden können, kann auf ein Teleobjektiv umgeschaltet werden, mit dem sich bei gleicher Genauigkeit 1000 m überbrücken lassen.

Das *Mekometer III*, das im englischen National Physical Laboratory entworfen wurde und von den Firmen Com-Rad (England) und Kern (Schweiz) unter der Bezeichnung ME 3000 gebaut wird, ist ein besonders hochgezüchtetes Gerät von höchster Genauigkeit, das z. B. kleinste Deformationen auf Bruchteile eines Millimeters erfassen soll und dazu in der Regel auf einem Pfeiler aufgestellt werden muß. In diesem Gerät werden die Lichtblitze einer Xenon-Impulslampe durch einen Polarisator und einen KDP-Kristall mit rund 500 MHz(!) moduliert und zum Reflektor abgestrahlt. Das zurückkehrende Licht wird sodann durch einen mit dem Sendekristall synchronschwingenden KDP-Kristall und einen Analysator geleitet. Der Einfluß der Refraktion wird weitgehend dadurch eliminiert, daß die Modulationsfrequenz durch die Eigenfrequenz eines luftgefüllten Hohlraumresonators gesteuert wird, dessen Luftdruck-, Temperatur- und Feuchtigkeitsverhältnisse gleich denen am Standpunkt sind. Die dadurch erreichte Konstanz der Maßeinheit und die extrem hohe Modulationsfrequenz ermöglichen eine Ableseschärfe von 0,2 mm! Für längere Strecken wird ein mittlerer Fehler von wenigen Zehntelmillimetern je km angegeben.

26.5 Reflektoren und sonstiges Zubehör. Die *Reflektoren* sind ein unentbehrlicher Bestandteil der Meßausrüstung. Sie haben die Aufgabe, das von der Sendestation eines elektro-optischen Distanzmessers ausgehende Licht am Streckenendpunkt zu reflektieren und in die Sendestation zurückzulenken. Ein einfacher Planspiegel ist dazu wenig geeignet, weil dieser sehr genau ausgerichtet werden müßte. Als Reflektoren werden daher vorwiegend sogenannte Tripelprismen verwendet, d. h. Glaskörper mit drei senkrecht aufeinander stehenden Flächen, die man sich als abgeschnittene Ecke eines Glaswürfels vorstellen kann. Ein auf ein Tripelprisma auf-

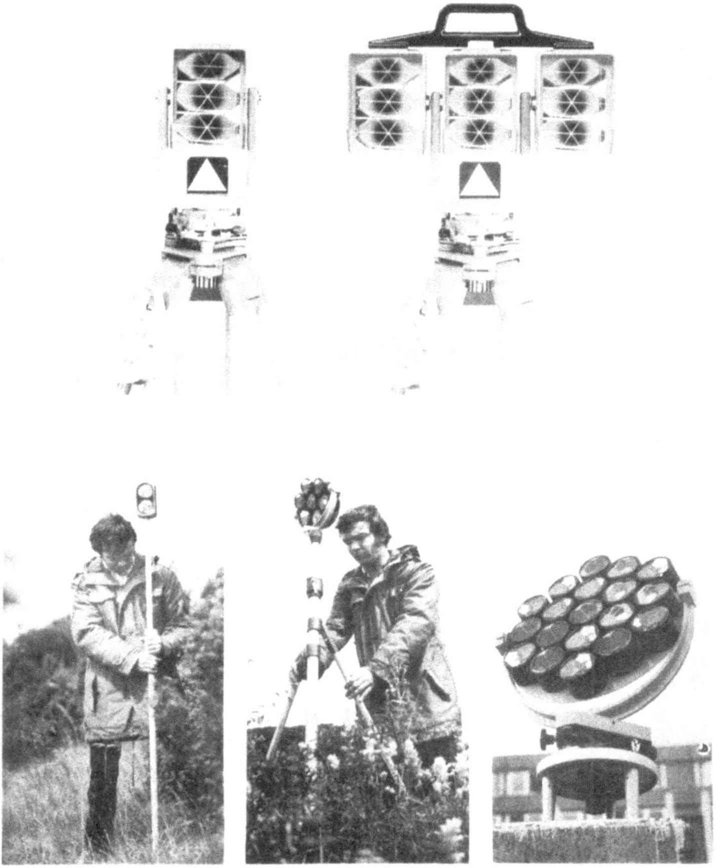

Bild 26.11. **Reflektoren zum Zeiss Reg Elta 14.**

treffender Lichtstrahl aber wird von diesem streng parallel zu sich selbst zurückgeworfen, ohne daß die Achse des Prismas genauer in die Lichtrichtung gestellt zu werden braucht als auf 10—20 *gon*. Zur Messung kurzer Strecken (bis 500 m) genügt bei den meisten Geräten ein einzelnes Prisma. Für längere Strecken werden Reflektoren mit 9 oder noch mehr Prismen benötigt.

Die Reflektoren werden gewöhnlich auf Stative mit Dreifüßen gesetzt. Für die Aufnahme von Detailpunkten genügen vielfach einfache Stäbe, die an der Spitze den Reflektor tragen und von Hand mit Hilfe einer Dosenlibelle senkrecht gehalten werden. Bild 26.10 enthält Reflektoren mit 3 und 9 Prismen (Wild); Bild 26.11 bringt als Beispiel für eine andersartige Anordnung einen mit 7 oder 19 Prismen besetzten Reflektor; dazu zwei einfache Prismenstative (Zeiss-Oberkochen), die sich vor allem bei der polaren Geländeaufnahme als zweckmäßig erwiesen haben.

Die Zusatzgeräte im engeren Sinne sind im Gegensatz zu den Reflektoren weniger wichtige Zugaben, die einerseits die Meßarbeit erleichtern, zum anderen zusätzliche Anwendungsmöglichkeiten schaffen sollen. Die Firmen bieten dabei sehr unterschiedliche Kollektionen an:

Zur Erleichterung der Meßarbeiten dienen Transportbehälter, Tragegestelle, Wechselbatterien oder Ladegeräte und kleinere Ersatzteile, ferner zusätzliche Stative bis zur vollständigen Polygonausrüstung.

Zusätzliche Einsatzmöglichkeiten verschaffen den „Distanzern“ die Zwangszentrierungen, mit deren Hilfe ohne Mühe Winkel- und Streckenmeßinstrumente gegeneinander ausgetauscht werden können, ohne daß eine abermalige Zentrierung erforderlich ist. Noch wichtiger sind die Adapter. Darunter sind in unserem Falle Vorrichtungen verstanden, mit deren Hilfe ein Kurzstreckenmesser als Ganzes oder mit einem die wichtigsten optischen und elektronischen Ziel- und Empfangseinrichtungen enthaltenden Zielkopf auf den Armen des Fernrohrträgers oder gar am Fernrohr selbst sich so befestigen läßt, daß beim Drehen der Alhidade der Distanzmesser die Bewegung mitmacht. Auf diese Weise gewinnt der Beobachter ein Quasitachymeter; allerdings sind meistens die optische und die elektrische Achse nicht identisch, so daß sie für die Zenitwinkelmessung durch besondere Maßnahmen parallel gerichtet werden müssen.

Eine Erweiterungsmöglichkeit besonderer Art ist ein an das Hauptgerät anschließbarer Datenspeicher, in den alle Beobachtungsergebnisse automatisch eingegeben werden können. Ein solches Gerät gehört zum AGA-Geodimeter 700.

Ein weiterer Sonderfall ist der dem Reg Elta 14 beigegebene Spezialrechner „*Eltac*", der in das Stativ des Instruments eingehängt und über den Anschluß für den Lochstreifenstanzer an das Reg Elta angeschlossen werden kann. Mit dem Eltac können z. B. in unmittelbarem Anschluß an die Messung die Projektion der schrägen Strecke vom Stand zum Ziel und ihr Höhenunterschied errechnet werden. Es können ferner zum Zwecke der Absteckung die mit dem Instrument ermittelten Polarkoordinaten in rechtwinklige Koordinaten transformiert werden u. a. m.

26.6 Instrumentelle Fehlerquellen; Kalibrierung. Grundsätzlich gilt wie bei der optischen auch bei der elektro-optischen Distanzmessung eine Gleichung von der Form $D = c + k\,l$. Sie besagt, daß der abgelesene rohe Entfernungswert l mit einer Maßstabskonstante k multipliziert und mit einer additiven Korrektur c versehen werden muß, um die gewünschte schräge oder horizontale Distanz D zu erhalten. Die Modulationsfrequenz eines elektro-optischen Kurzstreckenmessers ist gewöhnlich so gewählt, daß die in 25 (5) definierte Einheitslänge bei gewissen Normalwerten für die Lufttemperatur usw. ein rundes Maß (z. B. 10 m) annimmt. Unter diesen Normalbedingungen wäre die Maßstabskonstante k gleich 1. Weichen die aktuellen Werte für Lufttemperatur und Druck jedoch von den Normalwerten ab, so ist k von 1 verschieden, und es müßte der rohe Wert l entsprechend korrigiert werden. Nun ist allerdings der Einfluß einer solchen Abweichung von den Normalbedingungen gering. Aus 25 (11) ist zu entnehmen, daß erst eine Temperaturabweichung von 10°C bzw. eine Druckabweichung von 25 Torr eine Änderung des Brechungsindexes und damit von k um $1 \cdot 10^{-5}$ hervorrufen, was einem Streckenfehler von 1 cm/km entspricht. Bei den gewöhnlichen Genauigkeitsansprüchen kann daher entweder auf eine Korrektur völlig verzichtet oder eine solche in einfachster Form ermittelt werden. Einige Geräte gestatten über verschiedene Modulationsfrequenzen eine Anpassung an wechselnde meteorologische Bedingungen. Jedenfalls sind in der Regel die Anforderungen an die Genauigkeit der Temperatur- und Druckbestimmung gering.

Tafel II Kurzstreckenmesser

Hersteller, Land	Type	Reichweite mit Anzahl der Prismen	Strahlungsquelle	Feinmaßstab	Art der Phasenmessung	Mittl. Fehler nach Firmenangabe	Instrum.-gewicht	Besonderheiten
	[m]	[m]		[m]		[mm]	[kg]	
AGA Schweden	Geodimeter 700	3500 3 Prismen	HeNe-Gaslaser 0,6328 μm 1 mW	5	digital automatisch	±(5 mm +1 ppm)*	14,5 mit Stativ	Elektron. Tachymeter; Anschluß für Datenspeicher
„	Geodimeter 76	3000 3 Prismen	„	5	„	±(10 mm +1 ppm)	8,0 mit Stativ	Distanzer; Adapter f. Standardtheod.
„	Geodimeter 12	1700 3 Prismen	GaAs-Diode 0,900 μm	10	„	±10 mm	2,8 ohne Stat.	kontinuierliche Messung
Cubic Corp. USA	Cubitape DM-60	2000 3 Prismen	GaAs-Diode 0,900 μm	2	„	±(5 mm +10 ppm)	4,5 mit Stativ	Distanzer; Adapter f. Kern, Wild, Franke; evtl. DIN-Steckzapfen
Hewlett-Packard USA	3800 B	2300—3000 3 Prismen	GaAs-Diode 0,910 μm	10	analog; Nullabgleich von Hand	±(5 mm +7 ppm)	7,7 mit Stativ	Distanzer; Adapter f. Kern, Wild und DIN-Steckzapfen
Jenoptik DDR	EOK 2000	2000—2500 9 Prismen	GaAs-Diode 0,910 μm	5	digital Nullabgleich von Hand	±10 mm	12,0 ohne Stat.	Distanzer; DIN-Steckzapfen

* 1 ppm = 1 part per million = 1 mm/km = 1 cm/10 km = 1 dm/100 km

Kern Schweiz	DM 1000	2500 3 Prismen	GaAs-Diode 0,900 μm	10	digital automatisch	±(5 mm +1 ppm)	10,0 mit Stütze	Distanzer; nur auf Kern-Zentrierstativ passend
„	DM 500	500 3 Prismen	GaAs-Diode 0,875 μm	10	„	±10 mm	1,6 Zielkopf	Kombi; Zielkopf auf DKM2-A-Fernrohr aufsteckbar
Telluro- Inc. England	MA 100	2000 7 Prismen	GaAs-Diode 0,930 μm	2	digital, halb- automatisch	±(1,5 mm +2 ppm)	17,3 mit Stativ	Distanzer; Adapter f. Kern- u. Wild-Stative; DIN-Steckzapfen
„	CD 6	2000 7 Prismen	„	2	digital automatisch	±(5 mm +5 ppm)	2,5 Zielkopf	Kombi; auf allen Standardtheodoliten montierbar
UdSSR	Kvant (= KDG 3)	2000	GaAs-Diode	5	Nullabgleich von Hand	±20 mm	10,0 ohne Stativ	Distanzer; als Aufsatzgerät = DNK-02
Wild AG Schweiz	Di 10	2000 9 Prismen	GaAs-Diode 0,875 μm	10	automatisch, kontinuierlich	±10 mm	3,8 ohne Stativ	Kombi; Zielkopf auf Wild-Theodolite T 1 A, T 16, T 2 aufsetzbar
„	Di 3	300 1 Prisma	„	20	digital automatisch	±5 mm	2,0 Zielkopf	Kombi; Dreifuß, Rechner, Theodolit u. Zielkopf auf einem Stativ

Tafel II Kurzstreckenmesser (Fortsetzung)

Hersteller, Land	Type	Reichweite mit Anzahl der Prismen	Strahlungsquelle	Feinmaßstab	Art der Phasenmessung	Mittl. Fehler nach Firmenangabe	Instrum.-gewicht	Besonderheiten
	[m]	[m]		[m]		[mm]	[kg]	
Carl Zeiss Bundesrep. Deutschland	SM 11	1200 7 Prismen	GaAs-Diode 0,910 μm	10	digital automatisch	±(5—10) mm	21,0 mit Stativ	Tachymeter mit elektron. Distanzmesser
,,	Reg Elta 14	,,	,,	10	digital automatisch	±(5—10) mm	18,0 mit Stativ	Elektron. Registriertachymeter. Zubehör: Programmgesteuerter Rechner „Eltac"
,,	Eldi 2	700 1 Prisma	,,	10	,,	±5 mm	3,5 ohne Stativ	Kombi; Kompaktgerät auf Fernrohrträger montiert
Com-Rad, England, u. Kern, Schweiz	MeKometer ME 3000	3000 3 Prismen	Xenon-Impulslampe (100 Hz)	0,30	Opt.-mech. Nullabgleich von Hand	±(0,2 mm +1 ppm)	18,7 ohne Batterie	Distanzer höchster Genauigkeit; moduliert mit KDP-Kristall

Eine Abweichung der Maßstabskonstante k vom Wert 1 tritt auch dann auf, wenn die Modulationsfrequenz nicht mit ihrem Sollwert übereinstimmt. Die Stabilität der Frequenzen ist gewöhnlich recht groß, doch sollte in gewissen Abständen eine Überprüfung an einem Frequenzprüfer vorgenommen werden. Kritischer als die Maßstabskonstante k ist die additive Konstante c zu beurteilen. Sie berücksichtigt instrumentenseitig den Unterschied zwischen dem elektrischen und dem mechanischen Nullpunkt des Distanzmessers und reflektorseitig den Versatz der Reflexionsstelle gegenüber dem Zentrierpunkt sowie die Laufzeitverzögerungen im Glas. Während die reflektorseitigen Anteile für ein mit demselben Reflektor ausgerüstetes Instrument konstant bleiben, können bei den instrumentellen Anteilen Änderungen auftreten. Ursache hierfür sind z. B. Drifterscheinungen der Schaltelemente infolge Alterung und Temperaturschwankungen. Auch eine gegenseitige Beeinflussung der Signale aus dem Sende- und Empfangsteil, das sogenannte Übersprechen, ist hier zu nennen. Es führt, ebenso wie eventuelle Fehler des Phasenmessers, zu zyklischen Änderungen der Konstante c, die jedoch in den meisten Fällen hinreichend klein gehalten werden können.

Eine regelmäßige Überprüfung der Additionskonstanten c ist daher ratsam. Die Geräte besitzen zu diesem Zweck vielfach eine interne Eichstrecke, welche die Kalibrierung vor jeder Messung gestattet, so daß Drifterscheinungen weitgehend eliminiert werden können. Dennoch empfiehlt sich von Zeit zu Zeit auch eine Kontrolle auf einer Prüfstrecke. Wenn zyklische Fehler ausgeschlossen werden können, genügt dazu eine sehr einfache Anordnung:

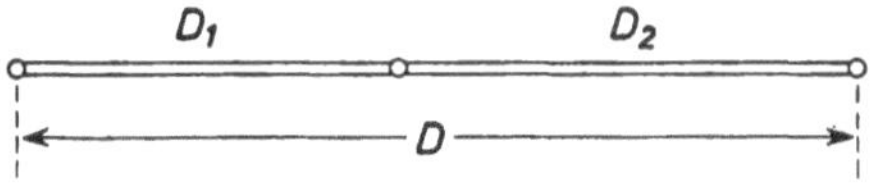

Bild 26.12. Bestimmen der Additionskonstante.

Wenn die Maßstabskonstante k gleich 1 gesetzt werden kann, gelten die Gleichungen

$$D = c + l \text{ und } D = D_1 + D_2 = c + l_1 + c + l_2$$

woraus folgt:

$$c = l - (l_1 + l_2).$$

Falls auch zyklische Fehler erfaßt werden sollen, müssen aufwendigere Verfahren angewandt werden. Hierzu sei verwiesen auf R. Schwendener: Elektronische Distanzmesser für kurze Strecken. Schweiz. Zeitschr. f. Vermessungswesen 1971 S. 59ff.

27 Distanzmesser mittlerer und größerer Reichweite

27.1 Die Langstrecken-Geodimeter. Das Meßprinzip dieser Geodimeter (Geodetic Distance Meter), die von der schwedischen Firma AGA hergestellt werden, hat im Jahre 1948 E. Bergstrand, Stockholm, angegeben. Die ersten Modelle der Geodimeter waren noch recht umfangreich und schwerfällig im Transport. Heute baut die AGA jedoch dank der neueren Elektronik wesentlich kleinere handliche Geräte gleicher Genauigkeit, aber mit geringerem elektrischen Leistungsbedarf.

Die heute vorwiegend gebräuchlichen Geodimeter 6 und 8 senden einen mittels Kerrzelle (Modell 6) oder KDP-Kristall (Modell 8) mit 30 MHz amplitudenmodulierten Lichtstrahl in die Strecke. Die durch die Modulation erzeugten Wellen sind also 10 m lang. Ein Reflektor am anderen Endpunkt der Strecke richtet diesen Strahl auf den Empfänger des Geodimeters, wo er der Photokathode eines Sekundärelektronenvervielfachers (SEV) zugeführt wird. Letzterer ist, wie jede Elektronenröhre, ein Gleichrichter, mit dem man den Phasenvergleich durchführen kann, wenn er mit derselben Frequenz gesteuert wird wie Kerrzelle und KDP-Kristall.

Eine sehr sinnreiche, fehlerkompensierende Schaltung erlaubt es, nach Einspielen eines Amperemeters auf Null den Phasenunterschied an einem Phasenschieber, der im Anodenkreis des SEV liegt, auf 0,001 E, also auf rund 0,5 cm, abzulesen.

Die Mehrdeutigkeit überwindet man, indem man mit 3 etwas unterschiedlichen Frequenzen mißt (Methode der variablen Modulationsfrequenzen). Für

$$F_1 = 29{,}970000 \text{ MHz}, \quad F_2 = 30{,}044920 \text{ MHz}, \quad F_3 = 31{,}468500 \text{ MHz}$$

sind die entsprechenden Maßstabeinheiten:

$$E_1 = 5{,}000000 \text{ m}, \quad E_2 = 4{,}987531 \text{ m}, \quad E_3 = 4{,}761905 \text{ m}^*$$

Man hat also nach (6)

$$D = a_1E_1 + L_1 = a_2E_2 + L_2 = a_3E_3 + L_3 .$$

* E = halbe Wellenlängen.

Die Längeneinheiten sind so gewählt worden, daß

$$\begin{aligned} 400\, E_1 &= 401\, E_2 = 2000 \text{ m} \\ 20\, E_1 &= 21\, E_3 = 100 \text{ m} \end{aligned}$$

ist. Damit wird erreicht, daß die Differenzen

$$A = L_2 - L_1 \text{ und } B = L_3 - L_1 \tag{8}$$

periodisch linear von 0,00 m bis 5,00 m ansteigen, und zwar A in jedem 2000-m-Abschnitt und B in jedem 100-m-Abschnitt; das ist z. B. für die Differenz A leicht einzusehen. Dort gilt nämlich, wenn $B < 2000$ m,

$$a_1 = a_2 < 400,$$

und es ist dann

$$A = L_2 - L_1 = (E_1 - E_2)\, a_1 = 0{,}012469\, a_1\,.$$

So ist eine einfache Berechnung der Zahlen a möglich. A bestimmt den 100-m-Abschnitt, B den genaueren Wert D innerhalb dieses Abschnittes. Damit ist a_1 bekannt; a_2 ist für jeden vollen 2000-m-Abschnitt von D um 1 größer als a_1; a_3 ist für jeden vollen 100-m-Abschnitt von D um 1 größer als a_1. Freilich wiederholt sich ein Wertepaar A, B nach jeweils 2000 m; die Mehrdeutigkeit ist demnach insofern nicht vollständig beseitigt, als man schätzen muß, wie viele ganze 2000-m-Einheiten in D enthalten sind. Bei dem recht weitreichenden Geodimetermodell 8 werden durch Messung mit einer weiteren Frequenz F_4 alle Strecken innerhalb der Reichweite von 50 km eindeutig erhalten.

Die vorstehend genannten Daten gelten für das Geodimeter-Modell 6 B, das mit einer Quecksilberhöchstdrucklampe ausgestattet ist. Mit dieser beträgt die Reichweite tagsüber etwa 6 km und nachts etwa 25 km. Natürlich sind diese Angaben von den Sichtverhältnissen abhängig.

Bild 27.1. AGA Geodimeter 6 B

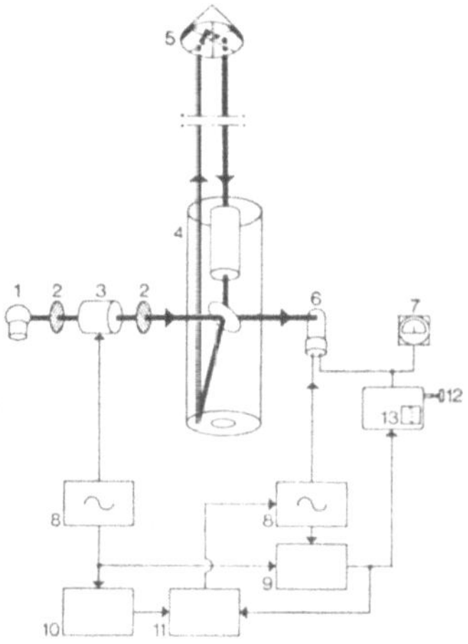

Bild 27.2. Strahlenweg im Geodimeter 6 B

Eine Ansicht des Modells 6 B und eine schematische Darstellung seiner Arbeitsweise enthalten die Bilder 27.1 und 27.2. Ein von der Lampe (1) ausgestrahlter Lichtstrahl wird von der Kerrzelle, die aus den gekreuzten Polaroidfiltern (2) und dem Kerrtopf (3) besteht, moduliert und von der Koaxialoptik (4) auf einen Reflektor (5) geworfen. Der Reflektor spiegelt den Lichtstrom auf das Instrument zurück, wo er durch eine Fotozelle (6) in einen elektrischen Strom der Meßfrequenz umgewandelt wird. Die Phasendifferenz dieses Photostroms gegen den das Senderlicht modulierenden Strom wird durch Einstellen des Phasenschiebers (12) und des Nullindikators (7) bestimmt. Der kristallgesteuerte Generator (8), die Mischdüse (9), der Frequenzteiler (10) und der AFC-Detektor (11) dienen u. a. der Erzeugung der Meßfrequenzen und der Umwandlung von gemessenen Phasendifferenzen in digitale Meßwerte, die in (13) abgelesen werden können. Eine Messung mit dem Geodimetermodell 6 B ist auf den Seiten 105 u. 106 protokolliert.

Streckenmessung mit Geodimeter 6

Standpunkt P1 EGESTORF 55 Zentrum Geod./~~Refl.~~ Stat. Beob. So. Nasm 4/6 Theodolit 010

Gegenstation P2 EGESTORF G 8 ~~Geod.~~/Refl. Stat. Ampl. 0,75 Blende 2,0 Keile —

P1 (1–4)	P2 (6–9)	Tag (11–15)	Beg. (17–21)
0055	0008	02.09	15.00
Sicht	**Dip**	**Bew.**	**Ende**
diesig	—	7/8	15, 10

Kontrolle 1+4=2+3

Phase	F1 +/- C_1 s/o	F1 +/- R_1 s/o	F2 +/- C_2 s/o	F2 +/- R_2 s/o	F3 +/- C_3 s/o	F3 +/- R_3 s/o
1	299 s	157 o	260 s	497 s	323 s	480 o
2	300	154	260	500	324	481
3	313	146	273	503	334	463
4	315 o	145 s	275 o	505 o	334 o	461 s
Summe	1227 s	602 o	1068 s	2005 s	1315 s	1885 o
Mittel						
Korr.	297	211	208	134	156	389
korr. Wert	1524 s	0813 o	1276 s	2139 s	1471 s	2274 o

Erläuterungen:
Den Ablesungen der Phase 1 wird das Beizeichen s angefügt, wenn der Zeiger des Nullindikators mit der Skala des Verzögerers gleichen Drehsinn hat, das Beizeichen o, wenn der Zeiger entgegengesetzt läuft. L' erhält ein doppeltes Beizeichen (z. B. os) nach den Zeichen bei R' und C.

$L' = R - C$ $A = L_2 - L_1$ $B = L_3 - L_1$

$E_1 = 5{,}000$; $E_2 = 4{,}988$; $E_3 = 4{,}762$;

1) Falls C>R, addiere E/2 und ändere das Beizeichen.
2) Falls L' os oder so, addiere E/2
3) Falls $L_1 > L''_2$ bzw. L''_3, addiere E_2 bzw. E_3.

	F1		F2		F3
1)	(2500)	1)	(2494)	1)	(2381)
R'_1	3313 s	R'_2	2139 s	R'_3	2274 o
$-C_1$	1524 s	$-C_2$	1276 s	$-C_3$	1471 s
L'_1	1789 ss	L'_2	0863 ss	L'_3	0803 os
2)	(2500)	2)	(2494)	2)	(2381)
$L_1 =$	1789	L''_2	0863	L''_3	3184
		3)	(4988)	3)	(4762)
		$L_2 =$	5851	$L_3 =$	3184
		$-L_1$	1789	$-L_1$	1789
		A	4062	B	1395
		400A	16248	+ 20B	2790
		D'	1630	21 B	2929
				D"	30

$$\text{Horiz. Korr (mm)} = -\frac{(\Delta H)^2\,(m)}{2D\,(km)} - \frac{125\,(\Delta H)^4\,(hm)}{D^3\,(km)}$$

$$= -D_{123}\,(1 - \sin Z)$$

$$\text{NN-Korr. (mm)} = -\frac{(H_1 + H_2)\ m}{12.74} \cdot D\,(km)$$

$$\text{m-Korr (mm)} = -13.3\ D\,(km)$$

Bemerkungen:

D'	1630,000	D'	1630,000	D'	1630,000
$+L_1$	1789	$+L_2$	5851	$+L_3$	3184
	000,000		1635851		1633184
		$-K_2$	4065	$-K_3$	1429
D_1	1631789	D_2	1631786	D_3	1631755

Mittel: D_{123} 1631777

Geod u Refl. konst. − 0160

NN Höhe 1 (1–7)	i_1 (9–12)	NN Höhe 2 (14–20)	i_2 (22–25)	t [°] (27–29)	Luftdruck mm (–33)	Luftdruck mb (–38)	Z	Y_m (42–45)	Zenitdist. Z_{12} (47–54)	Zenitdist. Z_{21} (56–63)	Geod. zentr. (65–71) / Refl. zentr. (73–79)
8108	160	9644	1,25	+ 18	752		0	3548	994184		

Zenitdistanz

Std pkt 0055 i 1,60 über Zielpkt. 0008 i 1,25 über

I	II	I + II	I − II	1/2 (I − II)
993997	3005627	3999624	1988370	994185
993999	3005631	3999630	1968368	994184
994001	3005633	3999634	1968368	994184
				994184

Std pkt i über Zielpkt. i über

Atm Korr.	+ 0047
Schrägstr.	1631664
Horiz. Korr.	− 0069
NN-Korr.	− 0023
m-Korr.	− 0022
Proj. Verz. (Gauß-Kr.)	+ 0026
endgültige Strecke	1631576

Erläuterungen zur Lochung:
Bei den Ablesungen der Phase 1 wird das Beizeichen s durch das Vorzeichen + ersetzt, das Beizeichen o durch das Vorzeichen − .
Z = Vielfaches der Strecke von 2000 m.
(Z = 0, wenn 0 < Strecke < 2000 m,
Z = 1, wenn 2000 < Strecke < 4000 m)
Y_m = mittl. Rechtswert in km.

1. Karte 2. Karte 3. Karte

Berechnet: Gelocht: Geprüft:

Erläuterung zum Formular Streckenmessung

Man vermerke zuerst oben die allgemeinen Daten und unten links die Zenitwinkel und beginne dann die Streckenmessung mit der Modulationsfrequenz F_1. Dazu bestimme man bei einspielendem Nullindikator den Lichtweg zum Reflektor (R-Messung) und den inneren Lichtweg (C-alibrations-Messung) durch Ablesen der Phasenverschiebung $\Delta\varphi$ am Phasenschieber. Gemessen wird in 2 Phasenlagen, wobei jede Phasenverschiebung aus 2 Richtungen abgetastet wird. Da die Bewegungsrichtung des Nullindikatorzeigers durch den wechselnden Lauf der sinusförmigen Stromkurve gesteuert wird, muß beim Ablesen des Phasenschiebers der Gleichlauf (s = same) bzw. die Gegenläufigkeit (o = opposite) des Nullindikatorzeigers mit dem Phasenverzögererknopf beobachtet und eingetragen werden. Die Beizeichen s und o definieren den Nulldurchgang der Sinuskurve, an dem der Phasenvergleich stattfindet. Es folgen dann in gleicher Weise die Messungen mit den Frequenzen F_2 und F_3. Dabei werden etwaige Fehlmessungen durch Vergleich der Phasensummen 1 + 4 und 2 + 3 entdeckt. Beide Summen sollen um nicht mehr als 10 Einheiten differieren, und es dürfen alle 4 Messungen um höchstens 50 Einheiten streuen.

Die aus den Ablesungen 1 bis 4 erhaltenen Summen verwandle man mit den jedem Instrument zugehörigen, frequenzabhängigen Eichtabellen (Zeile „Korr") in Meterwerte (m-Werte). Der „korr. Wert" (in m) erhält die Beizeichen der Phase 1.

Im nächsten Abschnitt addiert man zum korr. Wert nach den links vermerkten Regeln die halben Einheitsstrecken E_1, E_2, E_3; vergl. hierzu die Fußnote auf S. 102. Dann erhalten R und C gleiche Beizeichen, d. h. sie beziehen sich auf denselben Nulldurchgang der Sinuskurve. Nach (7) werden die $R_i - C_i = L'_i$ gebildet und daraus anhand des Formblattes die L_i abgeleitet.

Nach (8) berechnet man jetzt A und B und hat in 400 A einen Näherungswert, der die Anzahl der in der Strecke enthaltenen 100 m-Abschnitte bestimmt; D'' legt diesen Näherungswert auf volle 5 m fest. Damit ist D' als ein ganzes Vielfaches von 5 m ermittelt. Aus D', L_1, L_2 und L_3 gewinnt man in der letzten Abteilung mit K_2 und K_3, die man einer Tafel entnimmt oder nach $K_2 = D' \cdot 0{,}2\,(E_1 - E_2) = D' \cdot 0{,}0024936$ und $K_3 = D'' \cdot 0{,}2\,(E_1 - E_3) = D'' \cdot 0{,}0476192$ berechnet, die gesuchten Distanzen D_1, D_2 und D_3 sowie ihr Mittel D_{123}.

Abschließend werden zu D_{123} im Formular die Konstanten und Zentrierbeträge für Geodimeter und Reflektor sowie die atmosphärische Korrektion hinzugefügt, womit man die schräge Strecke erhält. Diese wird mit Horizontal-, NN- und m-Korrektion und Anbringen der Projektionsverzerrung [62.4] auf ihren Wert in der Gaußschen Abbildung reduziert.

Weitere Geodimetermodelle sind mit ihren wichtigsten Eigenschaften auf S. 110 in der Tafel III vermerkt. Von diesen ist das Lasergeodimeter 8 (Bild 27.3) mit einem HeNe-Gaslaser ausgestattet. Dieser liefert ein sehr scharf gebündeltes Strahlenbüschel, mit dem nach Angabe der Firma unter günstigen Umständen Entfernungen bis zu 60 km gemessen werden können. Zur Modulation dient ein KDP-Kristall [26.2].

Der mittl. Fehler der mit Geodimeter gemessenen Strecken beträgt unter günstigen Bedingungen etwa $\pm$ (5 mm + 1 mm je km), wenn die Modulationsfrequenzen unter Kontrolle gehalten und Abweichungen von den Sollbeträgen berücksichtigt werden.

Um diese hohe Genauigkeit zu sichern, bedarf es auch einer sorgfältigen Bestimmung des Brechungsindexes n der Atmosphäre im Strahlenverlauf, der von Temperatur, Luftdruck und in sehr geringem Umfang auch vom Dampfdruck abhängt [25.3]. Fehler in der Bestimmung dieser Daten bewirken einen Maßstabsfehler der Strecke von 1 mm je km für einen Fehler von 1,0° C in der Temperatur und von 2,5 Torr im Luftdruck.

27.2 Sonstige elektro-optische Distanzmesser. Weitere mit Lichtwellen arbeitende Geräte werden vor allem in den USA und in der UdSSR gebaut. Einige der neueren Entwicklungen sind in der Tafel III (Seite 111) enthalten.

Mit 10 mW Leistung seines HeNe-Lasers hat der Geodolite der Fa. Spectra Physics (USA) die größte Reichweite dieser Geräteklasse.

27.3 Die Langstrecken-Tellurometer. Die Reichweite der elektro-optischen Entfernungsmesser ist begrenzt durch die Trübungen der Atmosphäre. Schon Seiten von 10 km können oft nur bei Nacht und klarer Sicht gemessen werden. Für lange Strecken benutzt man daher elektrische Wellen als Träger. Gut geeignet sind die Mikrowellen, weil sie von Dunst und Niederschlägen nicht absorbiert werden, ihre Ausbreitungseigenschaften aber denen des Lichts noch ähnlich sind. Bei diesen Verfahren ist außer der Hauptstation (Master) auch die Gegenstation (Remote) mit einem Gerät besetzt, an dem Abstimmungen vor-

Bild 27.3. AGA-Lasergeodimeter 8

genommen und die Signale der Hauptstation verarbeitet und zurückgesandt werden.

Das älteste der Mikrowelleninstrumente, das von T. L. Wadley im Südafrikanischen Forschungsinstitut of Electrical Engineers konstruierte *Tellurometer MRA 1*, benutzte als Träger eine Mikrowelle mit $\lambda = 10$ cm oder $F = 3$ GHz. Die Reichweite dieses Instruments überschritt 100 km, die unter günstigen Umständen auf wenige dm genau gemessen werden konnten.

Wegen der günstigeren Eigenschaften kürzerer Mikrowellen hat die Tellurometer Inc. die Typen MRA 3 mit 3-cm-Trägern (10 GHz) und MRA 4 mit 8-mm-Trägern (35 GHz) entwickelt. Die kurzen Trägerwellen werden zwar in der getrübten Atmosphäre etwas stärker absorbiert. Das kann jedoch hingenommen werden, solange man sich auf mittlere Entfernungen beschränkt. Kürzere Wellen werden aber in geringerem Maße am Erdboden reflektiert, so daß störende Interferenzen des direkten und des reflektierten Strahls (Swing) weitgehend ausgeschaltet werden.

Beim Tellurometerverfahren erzeugt ein Klystron* sowohl

* Elektronenröhre zum Erzeugen, Verstärken und Frequenzvervielfachen von Dezimeter-, Zentimeter- und Millimeter-Wellen.

in der Haupt- wie in der Gegenstation als Trägerwelle Schwingungen, die in annähernd 3 oder 10 MHz frequenzmoduliert werden. Im einzelnen werden die Signalfrequenzen so gewählt, daß von der zu messenden Distanz D nach Ziff. 25 Gl (6) eine Anzahl a runder Längeneinheiten E (z. B. 1 km) abgetrennt und lediglich das Reststück $L = \Delta\varphi\, E$ gemessen wird. Die Laufzeit dieser Welle wird durch ein Phasenvergleichsverfahren bestimmt, bei dem der Phasenunterschied zwischen der im Master erzeugten und der über das Remote geleiteten Welle gemessen wird. Der Phasenunterschied $\Delta\varphi$ wird an einem Zählwerk oder an einer Kreisscheibe abgelesen.

Die Mehrdeutigkeit wird durch Phasenmessung in Dezimalschritten beseitigt. Vergleiche hierzu das in 25.1 gegebene Zahlenbeispiel, in dem der Leser nunmehr unter L_0 bis L'''' mit Tellurometer gewonnene Phasenunterschiede verstehen möge.

L_0 wird unter diesen Voraussetzungen zur Elimination der von der Trägerfrequenz und der Bodenbedeckung abhängigen Reflexionsstörungen (swing) bei mehreren, in der Regel bei 10 unterschiedlichen Trägerfrequenzen gemessen. L' bis L'''' werden wohl durch zweimalige Messung gegen Irrtümer gesichert; eine häufigere Wiederholung ist aber unnötig, da jeweils die 2. und 3. Ziffer durch die 1. und 2. Ziffer des Phasenwinkels für die nächste kleinere Einheit kontrolliert wird.

Die Meßfrequenzen werden durch Schwingquarze in Thermostaten mit hoher Genauigkeit konstant gehalten. Trotzdem müssen sie für Distanzmessungen von etwa 30 km an in regelmäßigen Abständen mit einem Frequenzprüfgerät kontrolliert, und es müssen festgestellte Abweichungen durch entsprechende Korrektur am Messungsergebnis berücksichtigt werden.

Bei manchen Geräten der Tellurometer Inc. sind die Master- und Remotefunktionen in einem Instrument vereinigt. Jedes Instrument kann dann wahlweise auf Master oder auf Remote geschaltet werden.

Bei dem 1972 herausgebrachten preisgünstigen Modell CA 1000 ist dieser Gedanke aufgegeben. Haupt- und Nebenstation sind hier nicht identisch. Das Instrument selbst ist in Festkörpertechnik ausgeführt und hat daher recht kleine Abmessun-

Tafel III. Distanzmesser für mittlere und größere Distanzen

(1) ***Elektro-optische Geräte***

Hersteller	Modell	Reichweite [km]	Strahlungsquelle Trägerwelle	Modulator	Feinmaßstab	Verfahren der Phasenmessung	Mittlerer Fehler [cm]	Instr. Gewicht [kg]	Besonderheiten
AGA Schweden	6 B	10—25	Hg-Lampe	Kerrzelle	5 m	Nullabgleich von Hand	0,5 ± 1 ppm	16	
	6 BL	20—25	HeNe Laser 1 mW 0,6328 μm	KDP Kristall	5 m	Nullabgleich von Hand	0,5 ± 1 ppm	16	
	8	60	HeNe Laser 1 mW 0,6328 μm	KDP Kristall	5 m	Nullabgleich von Hand	>0,5 ± 1 ppm	16	„Laser-geodimeter“
Spectra-Physics USA	Geodolit 3 Gr	65—80	HeNe-Laser 10 mW 0,6328 μm		1 ft	digital automatisch	0,1 ±1 ppm	45	
UdSSR	Kvarts	30—50	HeNe-Laser 0,6328 μm		5 m	Nullabgleich	1,0 ±2 ppm	25	
Laser Syst. and Electron. USA	Ranger II	6—9	HeNe-Laser 3 mW 0,6328 μm	KDP-Kristall	10 m	digital automatisch	0,5 ±2 ppm	16,3	

(2) *Mikrowellengeräte*

Hersteller	Modell	Reichweite [km]	Träger-welle	Anzeige	Fein-maß-stab	Antenne Durch-messer	Antenne Halbw.-breite	Mittl. Fehler [cm]	Instr. Ge-wicht [kg]	Besonder-heiten
Tellurometer Ltd. England	MRA 101	0,1—50	~ 3 cm	digital	10 cm	33 cm	6°	1,5 ±3 ppm	16	
	MRA 3	0,1—50	~ 3 cm	digital	10 cm	33 cm	9°	1,5 ±3 ppm	17	
	CA 1000	0,1—30	~ 3 cm	digital	10 cm	Hornantenne		1,5 ±3 ppm	3,6*	* mit Batterie
	MRA 5	0,1—50	~ 3 cm	digital	10 cm		6°	1,0 ±5 ppm	12	
”	MRB 201	0,1—30	~ 10 cm	digital	10 cm	36 cm	6°	±1,5 m	30	für Hydrographie
Cubic Corp. USA	Electrotape DM 20	0,05—50	~ 3 cm	digital	10 cm	33 cm	6°	1,0 ±3 ppm	11,5	
Siemens Albis u. Wild Schweiz	Sial MD 60	0,02—150	~ 3 cm	digital	10 cm	35 cm	6°	1,0 ±3 ppm	13,5	
UdSSR	Lutsch	0,02—40	~ 3 cm	digital		38 cm	5°	3,0 ±3 ppm	14	

gen und geringes Gewicht, siehe Tafel III (Seite 111). Die Reichweite ist etwas geringer als bei anderen Tellurometermodellen; jedoch können mit einer aufsteckbaren verlängerten Hornantenne bis zu 30 km gemessen werden. Ferner ist die Bedienung sehr vereinfacht. Insbesondere werden die erhaltenen Phasendifferenzen im Master automatisch in metrische Entfernungen umgewandelt, so daß sie unmittelbar am Instrument abgelesen werden können. Nach Ansicht der Firma sind mit diesem Gerät ihre bisherigen Mikrowellen-Geräte überholt.

27.4 Sonstige Mikrowellengeräte. Das erste mit der 3-cm-Trägerwelle ausgestattete Mikrowellengerät war das *Electrotape DM 20* der *Cubic Corporation* in USA, das zwar nach gleichem Prinzip arbeitet, aber in der technischen Ausführung Unterschiede aufweist. Mit vergrößerten Parabolantennen konnte bei sehr günstigen meteorologischen Umständen die Reichweite auf 250 km ausgedehnt werden. Ihm folgten ähnliche Geräte verschiedener Hersteller, die in Deutschland aber kaum zur Anwendung gekommen sind.

Eine wichtige Fortentwicklung stellt der automatische Mikrowellen-Distanzmesser SIAL MD 60 dar, der von der Firma Siemens-Albis in Zürich hergestellt und von der Wild AG

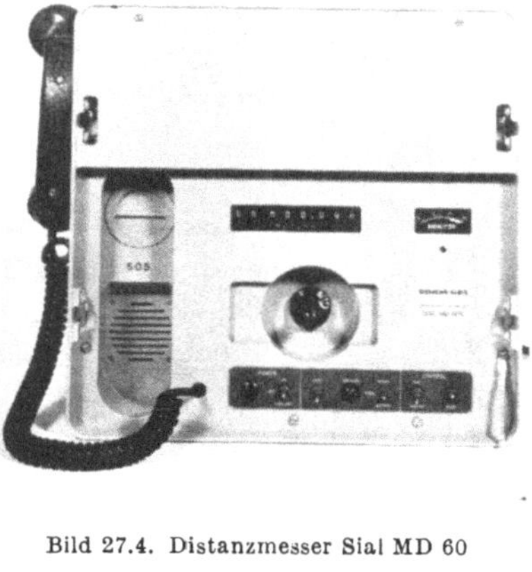

Bild 27.4. Distanzmesser Sial MD 60

vertrieben wird*. Bei diesem ist die Modulationsfrequenz der Feinmessung 10fach vergrößert (150 MHz). Das verringert den Einfluß der Bodenreflexionen, so daß hier die sonst zur Verminderung dieses Einflusses erforderliche Variation der Trägerfrequenz (2~3 cm) nicht nötig ist. Nach Ausrichtung der Geräte läuft die Messung in ca. 30 sek. vollautomatisch ab. Die Reichweite wird mit 150 km, die Genauigkeit mit $\pm$ (1 cm + $3 \cdot 10^{-6} D$) angegeben. Weitere Mikrowellengeräte sind in der Tafel III (Seite 111) vermerkt.

28 Distanzmessungen vom Flugzeug aus

28.1 Beim Aerodistverfahren, das von der Tellurometer Ltd. zu hoher technischer Vollkommenheit fortentwickelt ist, mißt die im Flugzeug befindliche Hauptstation im Turnus die Entfernungen zu drei oder vier Bodenstationen nach einem Verfahren, das dem Tellurometer ähnelt, aber vollautomatisch in 1 sec abläuft. — Aerodist kann, im Hubschrauber montiert, dessen geringe Eigenbewegung durch den schnellen Messungsablauf fast völlig kompensieren und ist vielseitig verwendbar:

a) Neupunktbestimmung in schwierigem Gelände gegen 3 bekannte Punkte. Jeder Turnus liefert einen (räumlichen) geometrischen Ort für den Neupunkt.

b) Bestimmung des Aufnahmeortes bei Luftbildern.

c) Recht genaue Messung der Abstände zwischen Bodenpunkten nach dem line crossing-Verfahren [28.2].

Mit einer Reichweite von ca. 120 km ist Aerodist hervorragend geeignet, in unerschlossenen Gebieten geodätische Grundnetze durch Trilateration oder Paßpunkte für kleinmaßstäbige Luftbildmessung einzurichten.

28.2 Impulsverfahren. Sehr große Reichweiten bis nahezu 1000 km können erzielt werden, indem man die Strecken etwa in der Mitte in ausreichender Höhe mit einem Flugzeug überquert und dabei fortlaufend nach beiden Endpunkten mißt. Offenbar befindet das Flugzeug sich, wenn die Summe der beiden Schrägentfernungen ein Minimum ist, in der Lotebene der Strecke. Für die Reduktion in die Horizontale wird die Flughöhe barometrisch bestimmt.

* M. Hossmann und H. P. Kupfer: Die Konzeption des neuen Mikrowellen-Distanz: messers Distomat DI 60, Allgem. Verm.-Nachrichten 1971 S. 50. — H. R. Schwendenert Erste praktische Erfahrungen mit dem Mikrowellen-Distanzmesser AWZ-Wild Distoma-Di 60. XIII. FIG Kongreß. Wiesbaden 1971.

Zur Durchführung solcher Messungen bedarf es weitgehend automatisierter Ausrüstungen. Besonders erfolgreich ist das amerikanische HIRAN-Verfahren (high precision ranging), das durch Weiterentwicklung aus dem Bombernavigationsgerät SHORAN (short range navigation) hervorgegangen ist.

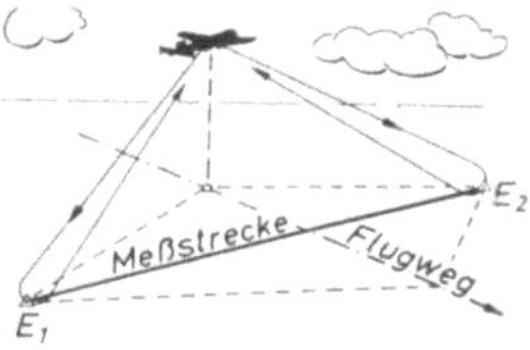

Bild 28.1. Linienkreuzung.

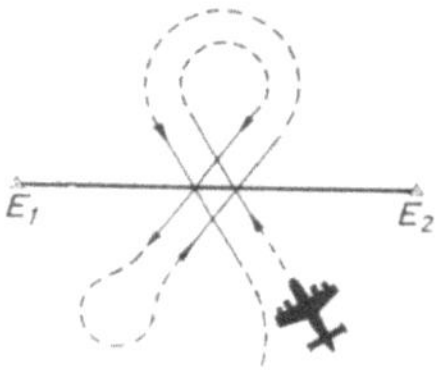

Bild 28.2. Achterfigur.

Eine 400 km lange Strecke, die mit HIRAN zweimal bei unterschiedlichem Wetter in einem nach Bild 28.1 und 28.2 angeordneten Flug gemessen wird, erhält man auf etwa 1 : 100000.

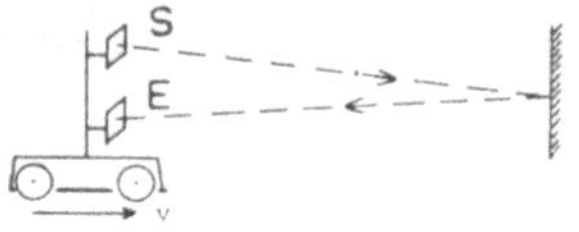

Bild 28.3. Dopplereffekt.

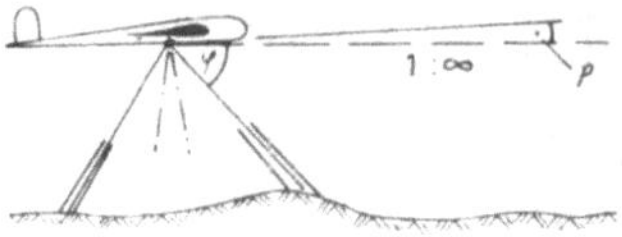

Bild 28.4. Janus-Antenne, Aufriß.

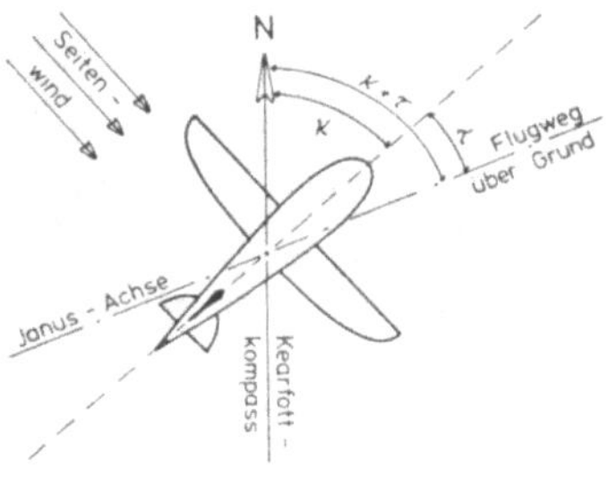

Bild 28.6. Flugwegrorientierung.

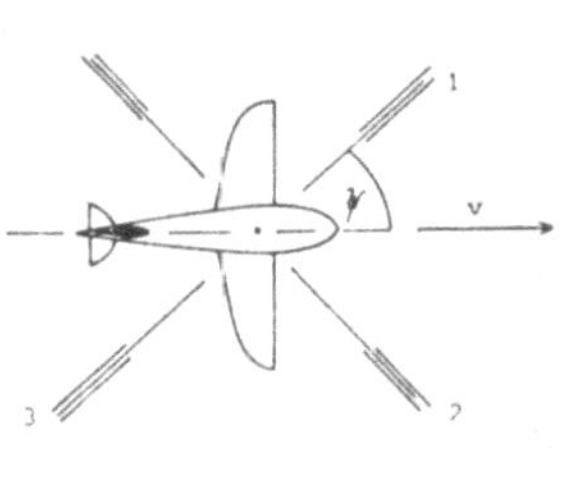

Bild 28.5. Janus-Antenne, Grundriß.

28.3 Die Dopplerverfahren gestatten primär die Messung von Geschwindigkeiten, aus denen dann durch Integration über die Zeit auch Entfernungen abgeleitet werden.

Ein mit dem Sender S und dem Empfänger E ausgerüstetes Fahrzeug rolle mit der Geschwindigkeit v in Richtung auf eine reflektierende Wand (Bild 28.3).

Die Frequenz des Senders sei $f_S = \frac{c}{\lambda}$ mit der Ausbreitungsgeschwindigkeit c und der Wellenlänge λ des Senders. An der Wand würde die Frequenz $\frac{c + v}{\lambda}$ empfangen werden, auf dem Fahrzeug $f_E = \frac{c + 2v}{\lambda}$.

Durch Mischung von Sende- und Empfangsfrequenz entsteht eine Schwebung in der „Dopplerfrequenz" $f_D = f_E - f_S = \frac{2v}{\lambda}$. f_D wird gemessen und liefert $v = 0{,}5\, f_D\, \lambda$. So wird die Messung einer Geschwindigkeit auf die Messung einer Frequenz zurückgeführt.

Bei Dopplersystemen zur Flugnavigation ist unter dem Rumpf des Flugzeugs eine „Janus"-Antenne angebracht, die vier eng gebündelte Strahlkegel gegen den Erdboden aussendet (Bilder 28.4 und 5). Gemessen werden die beiden Dopplerfrequenzen $f_1 - f_3$ und $f_2 - f_4$, und ein Servomotor dreht die Systemachse in die Flugrichtung über Grund; dann ist nämlich mit p als Anstiegwinkel

$$f_1 - f_3 = f_2 - f_4 = \frac{4 v_H}{\lambda} \cos\varphi \cos\psi \cos p\,,$$

und es ist nach 25 (4) mit $\lambda = \frac{c_0}{n\, f_S}$

$$v_H = \frac{c_0\, f_0}{4n\, f_S \cos_{\varphi} \cos\psi \cos p}$$

die horizontale Fluggeschwindigkeit.

Ein Präzisionskompaß zeigt das Azimut $\varkappa$ der Flugzeugachse an; die Achse des Antennensystems ist gegen die des Flugzeugs um den Driftwinkel τ verdreht. Dann ist $\varkappa + \tau$ der Kurswinkel. Ein automatischer Kursschreiber zeigt fortlaufend die Komponenten des zurückgelegten Weges an:

$$\text{Nord: } \int v_H \cos(\varkappa + \tau)\, dt; \text{ Ost: } \int v_H \sin(\varkappa + \tau)\, dt.$$

Weil dieses Verfahren keine Bodenstationen benötigt, ist es besonders geeignet für die Navigation von Bildflügen und ähnlichen Aufgaben, die der Kartenherstellung dienen*.

3 Polygonometrische Punktbestimmung

Als Aufnahmerahmen für die Vermessung kleinerer Flächen nach dem Rechtwinkelverfahren und dem Einbindeverfahren diente bei den in Band I 31 gebrachten Beispielen ein aus Messungslinien gebildetes Netz. Im Hügelland, in bedecktem Gelände, bei städtischer Bebauung und vor allem, wenn die Flächen größer sind, legt man der Aufnahme ein Vielecks- oder Polygonnetz, und, wenn es sich um sehr ausgedehnte Flächen handelt, ein Dreiecks- oder trigonometrisches Netz zugrunde.

Nachstehend wird zuerst das Verfahren der Polygonierung besprochen. Doch muß dabei des öfteren bereits auf die in den Abschnitten 4 und 5 dargestellte trigonometrische Punktbestimmung Bezug genommen werden, weil die Polygonierung nicht nur für sich allein zur Anwendung kommt, sondern auch zur Verdichtung eines trigonometrischen Netzes zu dienen hat.

31 Anlage und Messung von Polygonnetzen

31.1 Ringpolygone und Polygonzüge. Bei einer selbständigen Vielecksmessung oder Polygonierung ist der Aufnahmerahmen ein unregelmäßiges Vieleck oder Polygon (griech. polys = viel; gony = Knie, Ecke), in dem die Brechungswinkel auf den Polygonpunkten (Polygonwinkel) und die Strecken zwischen benachbarten Polygonpunkten (Polygonseiten) gemessen und rechtwinklige Koordinaten für die Polygonpunkte berechnet werden; siehe hierzu Ziff. 33. Je nach der

* Literatur zum Dopplerverfahren: Gray, T.: Doppler Air Navigation, Zs. The Photogrammetric Record. Vol. III No. 14, S. 97 Okt. 59. — Meier, H. The use of Doppler Radar in present and future mapping operations. Zs. Photogr. Engineering. Vol. XXV No. 4 Sept. 59. — Lietzmann, H. und Pedersen, E.: Doppler-Navigation in der Luftfahrt. Zs. Umschau in Wissenschaft und Technik. 1960, S. 149—151.

Anordnung der Polygonierung unterscheidet man Ringpolygone und Polygonzüge.

Ein *Ringpolygon* oder geschlossenes Polygon ist ein Vieleck, in dem die letzte Seite an die erste anschließt. Ein Beispiel dafür ist im Bild 31.1 das Polygon 1 2 3 4 5 6. Das Ringpolygon ist ein geeigneter Rahmen für die Aufnahme eines abgeschlossenen Bezirks, z. B. eines Baublocks, einer Dorflage, eines Parks u. dgl.

Ein *Polygonzug* oder Streckenzug ist ein gebrochener Linienzug, der verschiedenartig angeordnet werden kann. Beginnt

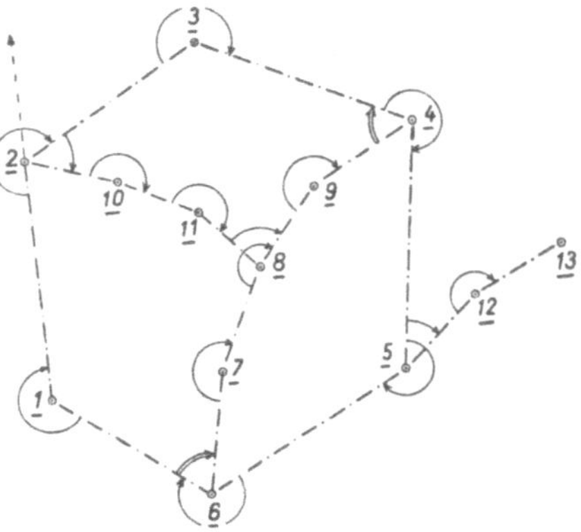

Bild 31.1. Polygonnetz.

und endet ein Polygonzug, wie im Bild 31.1 der Zug 6 7 8 9 4, auf einem bereits vorher durch Polygonierung oder Dreiecksmessung bestimmten festen Punkt, so ist er ein beiderseits *angeschlossener Polygonzug*; in ihm werden außer den Seiten und den Brechungswinkeln die im Bild 31.1 mit einem Doppelpfeil bezeichneten Anschlußwinkel beobachtet. Durch angeschlossene Züge werden vornehmlich die für die Einzelaufnahme erforderlichen Festpunkte im Innern eines Bezirks geschaffen.

Ein *toter Polygonzug* ist, wie im Bild 31.1 der Zug 5 12 13, nur einseitig angeschlossen. Solche Züge weisen eine sehr ungünstige Fehlerfortpflanzung auf [34.1]. Man kann sie aber zur Aufnahme von Innenhöfen und Sackgassen, für die Absteckung von Tunnels u. dgl. nicht entbehren.

Ein *freier Polygonzug* hat keinerlei Anschlüsse; man braucht ihn zur Absteckung von Geraden, deren Endpunkte gegenseitig nicht sichtbar sind, zur Aufnahme und Absteckung von Verkehrslinien usw. Vgl. Band III 64.

Ein *Polygonnetz* besteht aus mehreren Polygonzügen. Damit kann praktisch jedes noch so unübersichtliche Aufnahmegebiet erschlossen werden.

Im Hinblick auf die Genauigkeit der Messung unterscheidet man die *einfache und die Feinpolygonierung*. Einfache Polygonzüge bilden die Grundlage für die Stückvermessung in ländlichen Bezirken. Feinpolygonzüge, die im Regelfall nur an trigonometrisch bestimmte Punkte [4 u. 5] angeschlossen werden, benutzt man in den Innenbezirken der Großstädte, für bautechnische Feinabsteckungen und vielfach auch als Ersatz für die trigonometrische Punkteinschaltung [31.3].

Die zeichnerische Darstellung eines Polygonnetzes heißt Polygonnetzriß. In diesem werden die Polygonpunkte mit Kreisen von 2 mm ∅ und mit einer Ziffer, der Polygonpunktnummer, bezeichnet. Die Polygonseiten werden strichpunktiert dargestellt. Als Polygonwinkel gelten immer die Winkel, die links von der durch die Folge der Polygonpunktnummern gegebenen Richtung des Fortschreitens liegen. Im Ringpolygon des Bildes 31.1 sind es die Außenwinkel der Figur.

31.2 Auswahl der Polygonpunkte. Die Polygone folgen im allgemeinen den Verkehrswegen, Wasserläufen und Eigentumsgrenzen. Zweckmäßig legt man sie so, daß von den Polygonseiten aus möglichst viele Einzelheiten aufgenommen werden können. Für die Polygonpunkte sucht man geschützte Standorte aus, auf denen der Theodolit sich sicher aufstellen läßt und die Zielmarken auf den Nachbarpunkten dicht über dem Boden angezielt werden können. Die Polygonseiten sollen nach Möglichkeit in ebenem oder gleichmäßig geneigtem Gelände liegen. Im Hinblick auf den Arbeitsfortschritt macht man sie möglichst lang. Bei einfachen Polygonen gilt als untere Grenze 50 m, als obere je nach Geländegestaltung 200 bis 300 m. Bei Feinpolygonzügen ist man freier; doch sollen kurze und lange Seiten nicht unmittelbar aneinanderstoßen.

Alle Polygonpunkte werden sorgfältig vermarkt. In ländlichen Gebieten läßt man zwei Dränrohre oder Hohlziegel senkrecht übereinander so tief ein, daß ihre obere Kante 30 cm unter der Geländeoberfläche liegt. Jeder 3. bis 4. Polygonpunkt soll zum leichteren Wiederauffinden durch einen mit einem Kreuz versehenen Stein vermarkt werden. In kleineren Ortschaften und Vorstädten haben sich bodengleich geschlagene Gasrohre von $^1/_2$ m Länge bewährt. In Großstädten sind gußeiserne Kästen u. dgl. zweckmäßig. Polygonpunkte an gefährdeten Stellen versichere man, etwa indem man in 5 bis 10 m Entfernung vom Polygonpunkt in die anschließenden Polygonseiten Sicherungsmarken (Dränrohre, Gasrohre u. dgl.) einbringt. Unterirdische Marken werden zum Wiederauffinden in geometrische Verbindung mit benachbarten Grenzsteinen, Hausfluchten u. dgl. gebracht.

31.3 Messen der Seiten und Winkel. Die *Polygonseiten* werden bei einfachen Polygonen in ebenem oder schwachgeneigtem Gelände gem. Band I 23 bis 26 mit abgeglichenen und gleichmäßig gespannten Meßbändern unter Berücksichtigung der Bandtemperatur gemessen. Im Berg- und Hügelland setzt man zweckmäßig eine 2 m-Basislatte oder ein Doppelbildtachymeter ein [22; 23]. Jede Polygonseite wird zweimal möglichst in verschiedenen Richtungen beobachtet.

Bei der Feinpolygonierung mißt man besser mit 100 m-Bändern aus Schwedenstahl nach dem in [21] beschriebenen Verfahren. Soweit 2 m-Basislatten und Doppelbildtachymeter Anwendung finden, wird die Anzahl der Beobachtungen erhöht, und es wird möglichst an zwei Tagen mit unterschiedlichen meteorologischen Verhältnissen gemessen. Am schnellsten und genauesten ist die Messung mit den in 26 beschriebenen elektrooptischen Kurzstreckenmessern.

Für die *Polygonwinkelmessung* nimmt man bei der einfachen wie bei der Feinpolygonierung einen Ingenieurtheodoliten [14.32]. Man beobachtet die Winkel einmal in jeder Fernrohrlage; dabei kann man, um Ablesefehler aufzudecken, den Limbus in der II. Fernrohrlage um 1 bis 2 Grad oder *gon* verstellen.

Die für die Feinpolygonierung erforderliche Genauigkeitssteigerung erreicht man in erster Linie durch genauere Zentrierung. Beim Zentrieren des Instruments und beim Einloten der Zielstäbe mit bloßem Auge kann leicht ein Zentrierfehler von 0,5 cm entstehen. Dieser verschwenkt, wenn er rechtwinklig zur Zielrichtung verläuft, nach der Formel $b:r = \alpha:\varrho$ eine Seite von 150 m Länge um 2,1 *mgon*. Also verfälschen drei Zentrierfehler dieser Größe, wenn zufällig die im Bild 31.2 angenommene Fehlerhäufung eintritt, einen gestreckten Winkel um 8,4 *mgon*.

Bild 31.2. Zentrierungsfehler.

Die Auswirkungen der Zentrierfehler übersteigen daher bei weitem die Ungenauigkeiten bei der Ablesung am Instrument.

Eine spürbare Verbesserung läßt sich erzielen, wenn man ein Instrument mit starrem Lot benutzt und die Zielstäbe in Fluchtstabhaltern einlotet. Wirkliche Abhilfe aber bringt erst die Zwangszentrierung [15.2].

Dabei brauchen, wenn nicht noch nachgeordnete Polygonzüge angeschlossen werden sollen, die Dreifüße nur auf den An- und Abschlußpunkten mit dem optischen Abloter zentriert zu werden, während auf den Neupunkten das Fadenlot genügt. Denn es kommt auch bei der Feinpolygonierung nicht so sehr auf die Lage des einzelnen Punktes an, als vielmehr darauf, daß beim Austausch von Zielmarke und Instrument Zentrierungsdifferenzen und damit Zugverschwenkungen vermieden werden.

32 Grundaufgaben der ebenen Koordinatenrechnung

Um die Berechnung der Polygonpunktskoordinaten vorzubereiten, werden nachstehend einige allgemeine Grundformeln der Koordinatenrechnung abgeleitet.

32.1 Der Richtungswinkel. Ein ebenes geodätisches Koordinatensystem ist, wie bereits in Band I 32.1 gezeigt wurde, ein kartesisches xy-System, in dem der positive Ast der Abszissenachse nach Norden weist, während die Ordinaten nach

Osten positiv genommen werden. Der Winkel, den eine Strecke *A B* mit einer Parallelen zur Abszissenachse bildet, heißt der (geodätische) Richtungswinkel der Strecke; er wird von dem

Bild 32.1. Richtungswinkel.

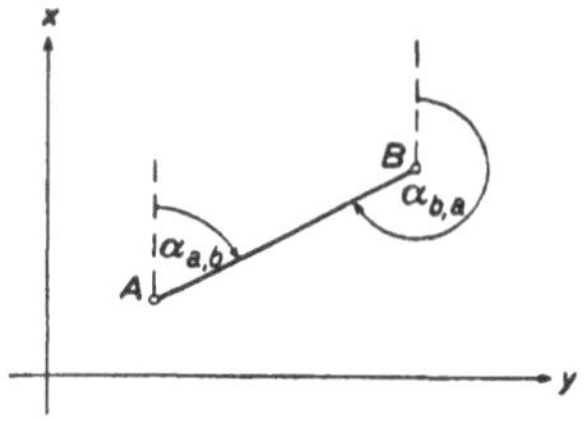

nach Norden weisenden Ast der Parallelen an im Uhrzeigersinne gezählt und mit $\alpha_{a,b}$ oder auch mit (AB) bezeichnet.* Entsprechend ist $\alpha_{b,a}$ oder (BA) der Richtungswinkel der Strecke *BA* im Punkte *B*. In der Ebene ist

$$\left.\begin{aligned} \alpha_{b,a} &= \alpha_{a,b} \pm 200 gon \\ \text{oder} \qquad (BA) &= (AB) \pm 200 gon\,. \end{aligned}\right\} \qquad (1)$$

Ein Richtungswinkel kann alle Werte von 0 bis 400 *gon* annehmen. Die Regeln zur Ermittlung der trigonometrischen Funktionen von Winkeln, die größer als 100 *gon* sind, merkt man sich am einfachsten an einem Kreis mit dem Halbmesser 1:

a) Der Sinus eines Richtungswinkels α ist die Projektion seines freien Schenkels auf die Ordinatenachse, der Cosinus die Projektion auf die Abszissenachse. Die Vorzeichen der Funktionen ergeben sich aus den Richtungen der betroffenen Achsenabschnitte.

b) Ist φ der die vollen Rechten übersteigende Teil des Winkels α, so ist der Absolutwert von $\sin\alpha$ und $\cos\alpha$ im I. und III. Quadranten gleich dem der entsprechenden Funktion von φ, im II. und IV. Quadranten gleich dem der Cofunktion. Also ist

$\alpha =$	φ	$100 gon + \varphi$	$200 gon + \varphi$	$300 gon + \varphi$
$\sin\alpha =$	$+\sin\varphi$	$+\cos\varphi$	$-\sin\varphi$	$-\cos\varphi$
$\cos\alpha =$	$+\cos\varphi$	$-\sin\varphi$	$-\cos\varphi$	$+\sin\varphi$

c) Die Vorzeichen und Funktionswerte von Tangens und Cotangens folgen aus tan = sin : cos, cot = cos : sin.

* Bei konformen Abbildungen, z. B. in den deutschen Gauß-Krügerschen Meridianstreifensystemen [62.5] wird für die Richtungswinkel meistens die Bezeichnung $t_{a,b}$ benutzt.

32.2 Rechtwinklige Koordinaten aus Strecke und Richtungswinkel (Erste Grundaufgabe). Gegeben x_1, y_1, s, $\alpha_{1,2}$; gesucht x_2, y_2, $\alpha_{2,1}$. Aus

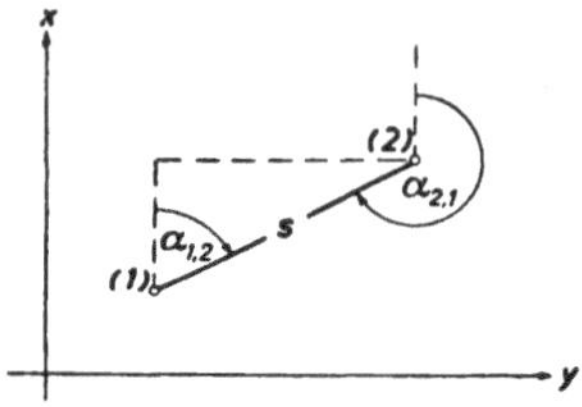

Bild 32.2. Koordinatenübertragung.

$$\sin \alpha_{1,2} = \frac{y_2 - y_1}{s}$$

$$\cos \alpha_{1,2} = \frac{x_2 - x_1}{s} \quad \text{folgt}$$

$$y_2 = y_1 + s \sin \alpha_{1,2} \tag{2}$$

$$x_2 = x_1 + s \cos \alpha_{1,2} \tag{3}$$

$$\alpha_{2,1} = \alpha_{1,2} \pm 200\,gon\,. \tag{4}$$

Diese Aufgabe heißt auch „Übertragung der Koordinaten des Punktes (1) nach (2)“ oder „Polares Anhängen des Punktes (2) an (1)“.

Zahlenbeispiel:

Gegeben: y_1, x_1, $s = 135{,}25$ m und $\alpha_{1,2} = 32{,}9645\,gon$

$\sin \alpha_{1,2}$	$= +$	0,49497	$\cos \alpha_{1,2}$	$= +$	0,86891
$s \sin \alpha_{1,2}$	$= +$	66,95 m	$s \cos \alpha_{1,2}$	$= +$	117,52 m
y_1	$=$	713,64 m	x_1	$=$	496,72 m
y_2	$=$	780,59 m	x_2	$=$	614,24 m

32.3 Strecke und Richtungswinkel aus rechtwinkligen Koordinaten (Zweite Grundaufgabe). Gegeben x_1, y_1, x_2, y_2; gesucht $\alpha_{1,2}$, $\alpha_{2,1}$, s.

Mit Bild 32.3 berechnet man $\alpha_{1,2}$ und s (mit Probe) aus

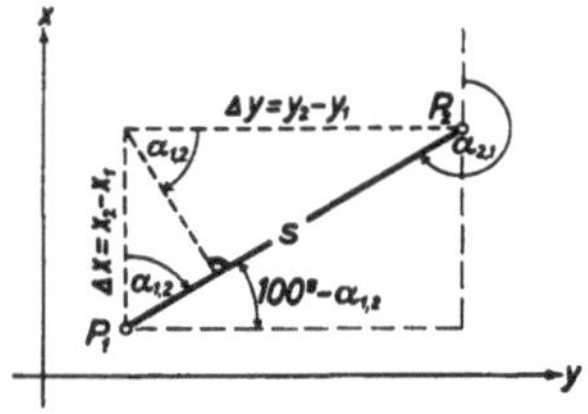

Bild 32.3. Strecke und Richtungswinkel.

$$\tan \alpha_{1,2} = \frac{y_2 - y_1}{x_2 - x_1}\,; \tag{5}$$

$$s = \frac{y_2 - y_1}{\sin \alpha_{1,2}} = \frac{x_2 - x_1}{\cos \alpha_{1,2}}\,. \tag{6}$$

Da s stets positiv ist, haben in (6) einerseits $\sin \alpha_{1,2}$ und $y_2 - y_1$, andererseits $\cos \alpha_{1,2}$ und $x_2 - x_1$ gleiche Vorzeichen. Also liegt das nach (5) berechnete α in den Fällen

$$\frac{+}{+}\text{ im I.,}\quad \frac{+}{-}\text{ im II.,}\quad \frac{-}{-}\text{ im III.,}\quad \frac{-}{+}\text{ im IV. Quadranten.}$$

Wird $y_2 - y_1 = \Delta y$ und $x_2 - x_1 = \Delta x$ gesetzt, so folgt aus (6) der genauere Wert für s im Falle $\Delta y > \Delta x$ aus dem ersten, im Falle $\Delta y < \Delta x$ aus dem zweiten Bruch. Die schärfsten Werte liefern die beiden Formeln

$$s = \Delta y \sin \alpha_{1,2} + \Delta x \cos \alpha_{1,2} = +\sqrt{\Delta y^2 + \Delta x^2}\,. \tag{7}$$

Zur Verprobung von α berechnet man den Winkel (50 *gon* + α) nach der aus dem Additionstheorem folgenden Formel

$$\tan\,(50\,gon + \alpha) = \frac{1 + \tan\alpha}{1 - \tan\alpha} = \frac{1 + \Delta y/\Delta x}{1 - \Delta y/\Delta x} = \frac{\Delta x + \Delta y}{\Delta x - \Delta y}, \tag{8}$$

während s mit (7) gesichert werden kann.

Zahlenbeispiel zu (5) und (6):

Gegeben:		
	$y_2 = 795{,}17$	$x_2 = 525{,}10$
	$y_1 = 528{,}15$	$x_1 = 407{,}65$
	$\Delta y = +267{,}02$	$\Delta x = +117{,}45$
	$\tan\alpha = 2{,}27348$	$\alpha = 73{,}6194^g$

$$s = \frac{+267{,}02}{0{,}91536} = \frac{+117{,}45}{0{,}40263} = 291{,}71\text{ m}\,.$$

Proben nach (7):

$$s = 267{,}02 \cdot 0{,}91536 + 117{,}45 \cdot 0{,}40263 = 291{,}71\text{ m}$$
$$= +\sqrt{267{,}02^2 + 117{,}45^2} = 291{,}71\text{ m}$$

33 Berechnung der Polygone

33.1 Berechnung eines Ringpolygons. Das Ringpolygon 1 2 3 4 5 6 des Bildes 33.1, in dem alle Seiten und Winkel gemessen sind, habe keinerlei Anschlüsse an ein festes Koordinatensystem. Man führt daher ein örtliches System ein, in dem man etwa als Abszissenachse die Polygonseite 1-2 und als Koordinatenanfangspunkt den Punkt 1 wählt. Doch setze man, um negative Abszissen zu vermeiden, $x_1 = 500$ m.

Wenn man das Ringpolygon mit Maßstab und Transporteur aufträgt, erkennt man, daß zur eindeutigen Bestimmung der Figur auf die Beobachtung der Winkel auf 6 und 1, sowie auf die Messung der Seite 6—1 hätte verzichtet werden können. Als Folge der 3 überschüssigen Messungen und der Messungsungenauigkeiten werden also im Zuge der Rechnung 3 Abschlußfehler (richtiger Widersprüche) auftreten. Um diese zu erkennen und zu beseitigen, wird die Rechnung schrittweise durchgeführt.

1. Schritt: Die Summe der Außenwinkel eines n-Ecks beträgt $(n + 2) \cdot 200$ *gon*. Diesen Betrag sollte auch die Summe der be-

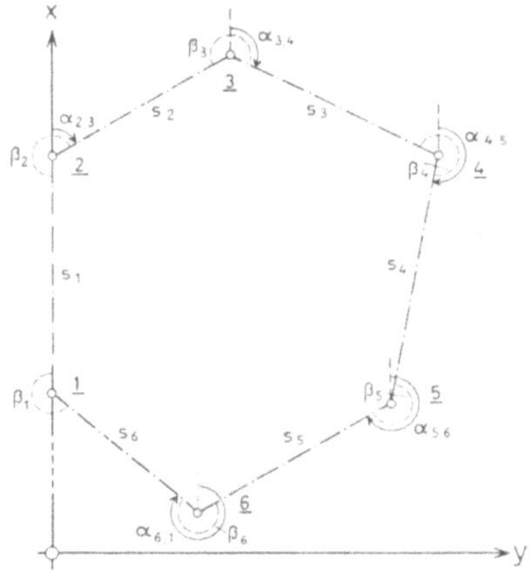

Abb. 33.1 Ringpolygon.

obachteten Brechungswinkel β_i ergeben. Um das zu prüfen, trägt man die β_i in Sp. 2 des Formblattes auf S. 126 ein, addiert sie auf und stellt die Summe dem Sollbetrag gegenüber; die Differenz ist der Winkelabschlußfehler

$$f_\beta = (n + 2) \cdot 200\,gon - [\beta]\,. \qquad (1)$$

Falls f_β die erfahrungsgemäß leicht innezuhaltende Grenze $2^c \sqrt{n}$ nicht übersteigt, wird f_β im Sinne einer Verbesserung gleichmäßig auf alle Brechungswinkel verteilt.

2. Schritt: Man bildet in Sp. 2 aus dem Richtungswinkel α_i einer gegebenen Polygonseite den Richtungswinkel α_{i+1} der nächsten, indem man zu α_i den auf P_{i+1} beobachteten und im ersten Schritt verbesserten Brechungswinkel β_{i+1}, verändert um $\pm$ 200^g hinzuzählt. Dabei ergibt sich die Probe, daß nach der letzten Addition der Sollrichtungswinkel der ersten Seite fehlerfrei herauskommen muß. In unserem Fall ist der vorgegebene Richtungswinkel der Seite 1—2 gleich Null. Man erhält also nacheinander

$$\begin{aligned} \alpha_{1,2} &= 0 \\ \alpha_{2,3} &= \alpha_{1,2} + \beta_2 \pm 200\,gon \\ \alpha_{3,4} &= \alpha_{2,3} + \beta_3 \pm 200\,gon \qquad (2) \\ \ldots\ &\ \ \ldots\quad .\quad \ldots \end{aligned}$$

Probe: $\alpha_{1,2} = \alpha_{6,1} + \beta_1 \pm 200\,gon = 0\,.$

3. Schritt: Mit diesen Richtungswinkeln und den beobachteten Seiten wird der Zug vorläufig durchgerechnet. Man trägt die beobachteten Seiten s_i in Sp. 3 ein, vermerkt dort auch die Sinus und Cosinus der zugehörigen Richtungswinkel, bildet in Sp. 4 und 5 nach 32.2 die vorläufigen Ordinaten- und Abszissenunterschiede $s \sin \alpha$ und $s \cos \alpha$ und addiert sie auf. Bei fehlerfreier Messung müßte jede der beiden Summen Null ergeben. Statt dessen erhält man die Koordinatenabschlußfehler

$$f_y = 0 - [s \sin \alpha]; \quad f_x = 0 - [s \cos \alpha] \qquad (3)$$

und bildet damit den Streckenabschlußfehler

$$f_s = \sqrt{f_x^2 + f_y^2}\,. \qquad (4)$$

Wenn dieser rund zwei Drittel der nach Band I 26.2 für die Gesamtlänge $[s]$ des Zuges zugelassenen Fehlergrenze nicht

Berechnung eines Ringpolygons

Pkt.	β				y	x
	α	$\sin\alpha$ s $\cos\alpha$	$s\sin\alpha$	$s\cos\alpha$	Δy	Δx
1	2	3	4	5	6	7
1	*gon*		m	m	0,00	500,00
		0,0000	+ 4	— 3		
	0,0000	*294,13*	0,00	+294,13	+ 0,04	+294,10
	+ 4	+1,0000				
2	*268,0269*				0,04	794,10
		+0,8765	+ 4	— 3		
	68,0273	*255,25*	+223,73	+122,88	+223,77	+122,85
	+ 4	+0,4814				
3	*261,9111*				223,81	916,95
		+0,8914	+ 4	— 3		
	129,9388	*271,84*	+242,32	—123,17	+242,36	—123,20
	+ 4	—0,4531				
4	*278,1518*				466,17	793,75
		—0,1268	+ 5	— 4		
	208,0910	*308,14*	—39,07	—305,64	—39,02	—305,68
	+ 4	—0,9919				
5	*260,1032*				427,15	488,07
		—0,8778	+ 4	— 3		
	268,1946	*282,51*	—247,99	—135,35	—247,95	—135,38
	+ 4	—0,4791				
6	*275,6066*				179,20	352,69
		—0,7725	+ 4	— 3		
	343,8016	*232,03*	—179,24	+147,34	—179,20	+147,31
	+ 4	+0,6350				
1	*256,1980*				0,00	500,00
		Ist =	— 0,25	+ 0,19	0,00	0,00
2	0,0000	Soll =	0,00	0,00		
Ist =	399,9976	f_y =	+ 0,25	— 0,19	$= f_x ; f_s =$	0,31
f_β =	+0,0024					

übersteigt, verteilt man f_x und f_y mit Hilfe des Rechenschiebers im Verhältnis s_i: $[s]$ auf die den s_i entsprechenden Koordinatenunterschiede und vermerkt die Verbesserungen über den Zahlenwerten von $s \sin \alpha$ und $s \cos \alpha$, vergl. auch 34.2.

Da beim Bilden von $s \sin \alpha$ und $s \cos \alpha$ leicht Rechenfehler unterlaufen, kontrolliert man sie zweckmäßig durch eine unabhängige zweite Rechnung. Diese kann man z. B. stützen auf die Formeln

$$\begin{aligned} s \sin \alpha &= s/\sqrt{2}\,\{\sin(50\,gon + \alpha) - \cos(50\,gon + \alpha)\} \\ s \cos \alpha &= s/\sqrt{2}\,\{\sin(50\,gon + \alpha) + \cos(50\,gon + \alpha)\}\,. \end{aligned} \tag{5}$$

4. Schritt. Nachdem in der 1. Zeile der Sp. 6 und 7 die Ordinate und die Abszisse des Zuganfangspunktes vermerkt sind, werden in der 2., 4., 6. . . Zeile die im 3. Schritt verbesserten Koordinatenunterschiede

$$\begin{aligned} \Delta y_{ik} &= s_{ik} \sin \alpha_{ik} + \frac{f_y}{[s]}\, s_{ik} \\ \Delta x_{ik} &= s_{ik} \cos \alpha_{ik} + \frac{f_x}{[s]}\, s_{ik} \end{aligned} \tag{6}$$

eingetragen und ausgehend von der 1. Zeile von Punkt zu Punkt aufaddiert; dann erscheinen in der 3., 5., 7. .. Zeile die Koordinaten der Polygonpunkte, wobei die Rechenprobe besteht, daß nach dem Hinzufügen der letzten Koordinatenunterschiede genau die Sollkoordinaten des Anfangspunktes herauskommen müssen.

Zahlenbeispiel: Beobachtet sind die auf S. 126 kursiv eingetragenen Seiten und Winkel s_i und β_i des Ringpolygons in Bild 33.1.

33.2 Beiderseits angeschlossene Polygonzüge. Als Beispiel werde der in Bild 31.1 dargestellte Polygonzug 6 7 8 9 4 berechnet. Zu seiner Bestimmung sind neben den 4 Polygonseiten und den Brechungswinkeln auf 7, 8 und 9 die bei 6 und 4 durch Doppelpfeil bezeichneten Anschlußwinkel beobachtet worden. Zur eindeutigen Festlegung der Punkte hätten bei fehlerfreier Messung die Winkel in 6, 7 und 8 und die Seiten 6—7, 7—8 und 8—9 genügt. Mit dem Messen der Seite 9—4 und der Winkel auf 9 und 4 sind also 3 überschüssige Beobachtungen gemacht, die wie beim Ringpolygon einen Winkelabschlußfehler und zwei Koordinatenabschlußfehler zur Folge haben.

Um zu einer allgemeineren Darstellung zu kommen, ist in Bild 33.2 der Zug 6 7 8 9 4 — zur Platzersparnis etwas verschwenkt — neu gezeichnet und durchlaufend numeriert, wobei die Anschlußseite am Anfang des Zuges mit AB und die am Ende mit EF bezeichnet worden ist. Von A, B, E und F wird lediglich vorausgesetzt, daß sie koordinierte Punkte sind; vgl. den Zusatz auf S. 130.

Um die Durchrechnung des Polygonzuges vorzubereiten, vermerkt man in Spalte 1 des Zahlenbeispiels S. 129 in der dort angegebenen Weise die Punktbezeichnungen B, A, 1, 2, 3, E und F, die identisch sind mit den Punkten 1, 6, 7, 8, 9, 4 und 3

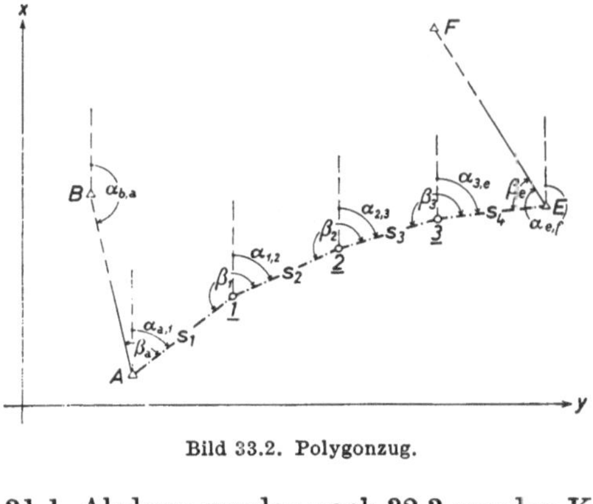

Bild 33.2. Polygonzug.

des Bildes 31.1. Alsdann werden nach 32.3 aus den Koordinaten von B und A bzw. E und F die Richtungswinkel $\alpha_{b,a}$ und $\alpha_{e,f}$ errechnet. Damit verläuft die Rechnung folgendermaßen:

1. Schritt: In Sp. 2 trägt man in die zweite Zeile den Richtungswinkel $\alpha_{b,a}$ und in Höhe der Punktbezeichnungen die zugehörigen Brechungswinkel β_i ein und addiert alle Eintragungen in dieser Spalte auf. Die Summe $\alpha_{b,a} + [\beta]$ sollte bis auf

Berechnung eines beiderseits angeschlossenen Polygonzugs

Pkt.	β				y	x
	α	$\sin\alpha$ s $\cos\alpha$	$s\sin\alpha$	$s\cos\alpha$	Δy	Δx
1	2	3	4	5	6	7
B	*gon*		m	m	0,00	500,00
	143,8016					
	— 12					
A	*71,1530*				179,20	352,69
		+0,2327	— 3	— 1		
	14,9534	*148,11*	+ 34,47	+144,04	+ 34,44	+144,03
	— 12	+0,9725				
1	*218,0123*				213,64	496,72
		+0,4950	— 2			
	32,9645	*135,25*	+ 66,95	+117,52	+ 66,93	+117,52
	— 12	+0,8689				
2	*211,5327*				280,57	614,24
		+0,6434	— 2			
	44,4960	*121,17*	+ 77,96	+ 92,76	+ 77,94	+ 92,76
	— 12	+0,7655				
3	*212,3319*				358,51	707,00
		+0,7787	— 2	— 1		
	56,8267	*138,28*	+107,68	+ 86,76	+107,66	+ 86,75
	— 12	+0,6274				
E	*73,1133*				466,17	793,75
	329,9388					
F					223,81	916,95
Ist =	186,1432		+287,06	+441,08	+286,97	+441,06
Soll =	186,1372		+286,97	+441,06		
f_β =	—0,0060	$f_y =$	— 0,09	— 0,02	$= f_x; f_s =$	0,09

ein Vielfaches von 400*gon* gleich dem errechneten Richtungswinkel $\alpha_{e,f}$ sein. Infolge der Messungsungenauigkeiten erhält man jedoch den Winkelabschlußfehler

$$f_\beta = (\alpha_{e,f} - \alpha_{b,a}) - [\beta] \pm n \cdot 200\ gon,$$

der, falls $f_\beta < 2\ cgon\sqrt{n}$ ist, zu gleichen Teilen auf die Brechungswinkel von A bis E verteilt wird.

2. Schritt: Zur Berechnung der Richtungswinkel werden von Punkt zu Punkt fortschreitend zu dem in der 2. Zeile stehenden Wert von $\alpha_{b,a}$ die verbesserten Brechungswinkel $\beta_i \pm 200\,gon$ folgendermaßen hinzugezählt:

$$\begin{aligned} \alpha_{a,1} &= \alpha_{b,a} + \beta_a \pm 200\,gon \\ \alpha_{1,2} &= \alpha_{a,1} + \beta_1 \pm 200\,gon \\ \ldots & \quad \ldots \quad .. \quad \ldots \end{aligned}$$

Probe: $$\alpha_{e,f} = \alpha_{3,e} + \beta_e \pm 200\,gon.$$

3. Schritt: Nachdem in Sp. 3 die Polygonseiten (kursiv) und darüber und darunter die Sinus und Cosinus der Richtungswinkel eingetragen sind, werden in Sp. 4 und Sp. 5 die vorläufigen Ordinaten- und Abszissenunterschiede $s \sin\alpha$ und $s \cos\alpha$ berechnet und aufaddiert. Dann werden die Koordinatenabschlußfehler

$$f_y = (y_e - y_a) - [s \sin\alpha]; \quad f_x = (x_e - x_a) - [s \cos\alpha]$$

gebildet und, sofern die in 33.1 bzw. 34.2 angegebenen Fehlergrenzen innegehalten sind, proportional den s_i auf die Δy_i und Δx_i verteilt; nebenher wird gem. (4) f_s berechnet.

4. Schritt: Ausgehend von y_a und x_a werden schließlich in Sp. 6 und 7 durch schrittweises Aufaddieren der verbesserten Koordinatenunterschiede die Koordinaten der Polygonpunkte erhalten, wobei nach Hinzuzählen der letzten Koordinatenunterschiede die Werte y_e und x_e herauskommen müssen.

Zusatz: Die Polygonzüge spielen in der Praxis eine sehr viel größere Rolle als die Ringpolygone. Die Anschlußpunkte sind dann allerdings meistens nicht wie im Falle unseres Bildes 31.1 durch Polygonieren, sondern trigonometrisch ([4], [5]) bestimmt. Auf die Messung und Rechnung der Züge hat das jedoch keinen Einfluß. Die Vermessungsverwaltungen bezeichneten früher Polygonzüge mit trigonometrisch bestimmten Anschlüssen als Hauptzüge und die mit polygonometrischen Anschlüssen als Nebenzüge. Wegen der heutigen Regelung vgl. 34.2.

33.3 Einseitig angeschlossene und freie Polygonzüge. Bei einem *einseitig angeschlossenen Polygonzug* (Bild 31.1 Zug 5, 12, 13) wird am Anfangspunkt ein Richtungsanschluß beobachtet. Mit diesem kann der einseitig angeschlossene Zug ebenso gerechnet werden wie der beiderseits angeschlossene Zug; nur treten keine Abschlußfehler auf. Damit entfällt aber auch die durch die Abschlußfehler bewirkte Verprobung von Messung und Rechnung. Man wende also bei der Messung, besonders bei der Zentrierung, und bei der Rechnung doppelte Sorgfalt an [34.1].

Bei einem *freien Polygonzug* wählt man eine passende Polygonseite als Abszissenachse und rechnet im übrigen den Zug ebenso wie einen einseitig angeschlossenen Zug.

Der *Einrechnungszug* ist ein Polygonzug, bei dem zwar beiderseits Koordinatenanschlüsse vorliegen, jedoch keine Anschlußwinkel beobachtet sind. In solchen Fällen wird der Zug zunächst als freier Zug berechnet und dann durch Koordinatentransformation über die beiden Anschlußpunkte in das für die Anschlußpunkte maßgebliche System umgeformt [63].

33.4 Auffinden grober Beobachtungsfehler. In geschlossenen Polygonen oder beiderseits angeschlossenen Polygonzügen werden grobe Winkelfehler sich im Winkelabschlußfehler, grobe Streckenfehler in den Koordinatenabschlußfehlern zeigen. In beiden Fällen ist es oftmals möglich, den Ort der Fehler durch Rechnung zu finden.

Um einen *groben Winkelfehler* zu finden, hat man den Zug, ohne den Abschlußfehler zu verteilen, zuerst vorwärts von A aus, dann rückwärts von E aus zu berechnen oder in einer großmaß-

Bild 33.3. Grober Winkelfehler.

stäbigen Karte mit Maßstab und Transporteur aufzutragen. Der Punkt, in dem der vorwärts- und der rückwärtsgerechnete Zug einander schneiden, ist, falls nur ein Winkel unrichtig ist, der Ort, auf dem der Winkel nachzumessen ist.

Wenn ein *grober Streckenfehler* unterlaufen ist, wird der Zugteil, der auf die Fehlerstelle folgt, in der Richtung der fehlerhaften Seite um den Fehlerbetrag verschoben, was einen Streckenabschlußfehler f_s entsprechender Größe zur Folge hat [33.1 (4)]. Man untersucht dann zunächst, ob f_s nahezu gleich einem runden Maß, etwa 5 m bzw. 20 m ist. Alsdann prüft man, ob der Richtungswinkel des Abschlußfehlers ungefähr dem einer Polygonseite entspricht. Ist das der Fall, so wird der Fehler bei der Messung dieser Seite unterlaufen sein und damit durch Nachmessung dieser Seite beseitigt werden können. Das Kriterium versagt, wenn mehrere Strecken nahezu gleiche Richtungswinkel aufweisen.

34 Die Genauigkeit der Polygonierung

Die Untersuchungen in 34 bis 36 beziehen sich in der Hauptsache auf beiderseits angeschlossene Polygonzüge, bei denen die Anschlußpunkte auf trigonometrischem Wege bestimmt sind.

34.1 Die Fehlertheorie des gestreckten Zuges*. Die Auswirkungen der Messungsungenauigkeiten sind beim Polygonzug schwer zu verfolgen, weil zahlreichen verschieden gearteten Messungselementen nur 3 überschüssige Beobachtungen gegenüberstehen. Zweckmäßig faßt man zunächst nur gestreckte Züge ins Auge, weil bei ihnen die Fehler der Längenmessung sich hauptsächlich in der Längsrichtung des Zuges, die der Winkelmessung in der Querrichtung bemerkbar machen.

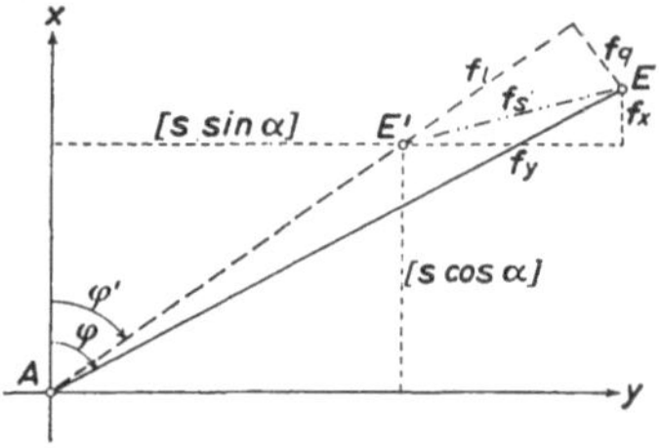

Bild 34.1. Längs- und Querverfehlung.

Als Grundlage für diese Untersuchung berechnet man aus dem Koordinatenabschlußfehler die (wahre) Längsverfehlung f_l und die (wahre) Querverfehlung f_q entweder nach den anhand des Bildes 34.1 abzuleitenden Formeln

* Vgl. Ziff. 9a des Lit.-Verz. § 94.

$$f_l = \frac{f_y[s \sin\alpha] + f_x[s \cos\alpha]}{\sqrt{[s \sin\alpha]^2 + [s \cos\alpha]^2}}\,; \quad f_q = \frac{f_y[s \cos\alpha] - f_x[s \sin\alpha]}{\sqrt{[s \sin\alpha]^2 + [s \cos\alpha]^2}}\,, \tag{1}$$

in denen die eckigen Klammern Summenzeichen sind. Oder man ermittelt sie graphisch. Dazu trägt man in einer Karte (etwa 1:5000) von A aus $[s \sin\alpha]$ und $[s \cos\alpha]$ auf und erhält damit E'. Von E' aus werden f_x und f_y in 1:5 oder 1:10 abgetragen. Den so gefundenen Punkt E projiziert man auf die Gerade AE' oder ihre Verlängerung und kann dann f_l und f_q in dem vergrößerten Maßstab abgreifen.

In der *Längsverfehlung* kommen in erster Linie die regelmäßigen und die unregelmäßigen Fehleranteile der Streckenmessung zum Ausdruck. Die regelmäßigen Fehleranteile sind den Längen der Seiten proportional, und zweifelsohne müssen die in den Abschlußfehlern enthaltenen regelmäßigen Fehleranteile proportional verteilt werden. Die unregelmäßigen Fehleranteile wachsen nach Band I 14 (11) zwar mit der Wurzel aus der Strecke; falls aber, wie hier, die Endpunkte festliegen, müssen, wie eine strenge Ausgleichung ergibt, auch die unregelmäßigen Fehleranteile proportional den Strecken verteilt werden. Also gelten für die Verteilung der regelmäßigen und unregelmäßigen Fehleranteile der Längenmessung dieselben Grundsätze, womit sich eine Trennung dieser Anteile erübrigt.

Mithin entspricht die in 33.2 3. Schritt vorgenommene Verteilung der Koordinatenabschlußfehler proportional den Längen der Polygonseiten, sofern alle Polygonseiten mit denselben Meßwerkzeugen gemessen sind, bezüglich der Fehler der Streckenmessung der Theorie.

Die *Querverfehlung* ist bei gestreckten Zügen vor allem auf die Ungenauigkeiten bei der Winkelbeobachtung zurückzuführen. Um dies verfolgen zu können, betrachte man zunächst einen gestreckten Polygonzug, der nur einseitig angeschlossen ist. Ein fehlerhafter Winkel verschwenkt in diesem Fall den gesamten darauffolgenden Restteil des Zuges. Infolgedessen sind Beobachtungsungenauigkeiten im Anfang eines Zuges besonders schädlich, während sie an seinem Ende nur noch wenig Einfluß haben.

Bei beiderseitigem Anschluß — also im Regelfall — wird der Winkelabschlußfehler vorweg gleichmäßig auf die beobachteten Winkel verteilt. Der Zug wird also zunächst so gerechnet, als wenn wohl ein Richtungsabschluß, aber kein Koordinatenabschluß vorhanden wäre. Auf Grund fehlertheoretischer Untersuchungen hat man dann am Ende eines gestreckten Zuges mit gleich langen Seiten eine mittlere Querverfehlung m_q zu erwarten, die, wenn m der mittlere Fehler und n die Anzahl der Brechungswinkel ist, sich errechnet aus

$$m_q = [s]\frac{m}{\varrho}\sqrt{\frac{n(n+1)}{12(n-1)}}\,. \tag{2}$$

Dieser Ausdruck liefert die theoretische Grundlage zur Festsetzung einer Fehlergrenze für die Querverfehlung [34.2].

Durch die Verteilung der Koordinatenabschlußfehler gemäß 33.2 wird neben der Längsverfehlung auch die Querverfehlung zum Verschwinden gebracht. Die dann in der Mitte des Zuges noch verbleibende mittlere Lageunsicherheit quer zur Zugrichtung beträgt überschlägig

$$m_{qm} = [s] \frac{m}{\varrho} \sqrt{\frac{n}{192}}. \tag{3}$$

Das ist in Zahlen rund ein Viertel des aus (2) folgenden Betrages. Das in 33.2 gelehrte einfache Verfahren der Fehlerverteilung befindet sich also auch im Hinblick auf die Querverfehlung in hinreichender Übereinstimmung mit der Fehlertheorie. Die Ergebnisse werden allerdings um so unsicherer, je mehr der Zug von der Idealform des gestreckten Zuges mit gleich langen Seiten abweicht und je größer die Abschlußfehler sind.

34.2 Die amtlichen Fehlergrenzen sollen dem Stand der Technik und den Bedürfnissen nach Rechtssicherheit entsprechen. Sie müssen daher von Zeit zu Zeit neu festgestellt werden. Bei ihrer Konzeption werden selbstverständlich die mannigfachen praktischen Erfahrungen der Vermessungsdienststellen berücksichtigt. In der großen Linie aber entsprechen die Fehlergrenzen, wie es in Bd. I 14.9 theoretisch begründet wurde, dem dreifachen Betrag des zu erwartenden mittleren Fehlers; sie sollten daher im allgemeinen nur zu einem Drittel in Anspruch genommen werden.

Die Arbeitsgemeinschaft der Vermessungsverwaltungen der Länder der Bundesrepublik Deutschland (AdV) hat — als Rahmenordnung für die Bundesländer — am 8. und 9. Juni 1970 für Polygonzüge folgende Fehlergrenzen beschlossen:

I. Allgemeine Festsetzungen.

a) Die früher übliche Unterscheidung zwischen günstigen, mittleren und ungünstigen äußeren Verhältnissen bei der Streckenmessung sowie die Unterteilung in Haupt- und Nebenpolygonzüge wird aufgegeben.

b) Für bestimmte Gebiete (z. B. Großstädte) können die Fehlergrenzen auf $^2/_3$ oder $^1/_2$ der nachfolgenden Grenzwerte verengt werden.

c) In begründeten Einzelfällen können Abweichungen (nach oben) bis zum 1,5fachen Betrag zugelassen werden.

II. Spezielle Fehlergrenzformeln für Polygonzüge bis zu 2 km Länge.

(1) Fehlergrenzformel *FW* für den Winkelabschlußfehler

$$FW \text{ in } cgon = 1{,}0 + 150/[s] \cdot (n - 1)\sqrt{n}$$

mit $[s]$ = Summe der Polygonseitenlängen und n = Anzahl der Brechpunkte einschließlich Anfang- und Endpunkt. Im 1. Glied soll 1 *cgon* die untere und im 2. Glied 150 *cgon* die obere Grenze sein. Diese Abweichungen sollen zugelassen werden, um unterschiedliche Verhältnisse in den einzelnen Ländern berücksichtigen zu können.

(2) Fehlergrenzformel FL für den Längsfehler:

$$FL \text{ in m} = 0{,}06 + 0{,}000\,15\, S + 0{,}004 \sqrt{S}$$

mit S = Strecke zwischen Anfangs- und Endpunkt in m.

(3) Fehlergrenzformel FQ für den linearen Querfehler:

$$FQ \text{ in m} = 0{,}06 + 0{,}000\,07\, S + 0{,}007\, n \sqrt{n}$$

mit S wie in (2) und n wie in (1).

(4) Fehlergrenzformel für die größte zulässige Differenz bei zweimaliger Messung derselben Polygonseite s:

$$Ds \text{ in m} = 0{,}02 + 0{,}006 \sqrt{s}$$

III. Fehlergrenzformel für die größte zulässige Differenz bei zweimaliger Messung derselben (beliebigen) *Strecke s*:

$$D \text{ in m} = 0{,}05 + 0{,}000\,3\, s + 0{,}08 \sqrt{s}\,.$$

Die Ziffern Ib und Ic gelten hier ebenfalls. Nur ist in Ic 1,5fach durch 2fach zu ersetzen.

Eine Fehlergrenzformel für Lageabweichungen polar bestimmter Punkte ist noch nicht erarbeitet.

35 Sonderfälle der Polygonierung

35.1 Anschluß an unzugängliche Punkte. Der Anfangspunkt A eines Polygonzuges sei unzugänglich, so daß der Anschlußwinkel BA 1 in A und die Polygonseite A—1 nicht gemessen werden können. Man hilft sich, indem man die Koordinaten des Punktes A auf den Polygonpunkt 1 überträgt.

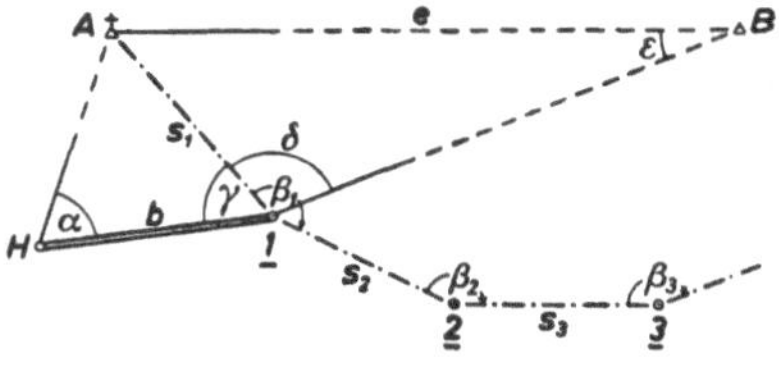

Bild 35.1.
Unzugänglicher Anschlußpunkt.

Diese Aufgabe wird, wenn der unzugängliche Punkt A ein Hochpunkt ist, als *Herablegen* bezeichnet. Zur Lösung der Aufgabe wählt man einen Hilfspunkt H, mißt die Hilfsbasis b, beobachtet auf H den Winkel α und auf Punkt 1 die Richtungen nach H, A, B und 2, aus denen man die Winkel β_1, γ und δ ableitet. Mit diesen Messungen errechnet man zunächst die Strecke s_1 aus

$$s_1 = b \frac{\sin \alpha}{\sin(\alpha + \gamma)} . \tag{1}$$

Dann bestimmt man, nachdem man nach 32.3 aus den Koordinaten von A und B die Strecke e und den Richtungswinkel $\alpha_{a,b}$ abgeleitet hat, den Winkel ε bei B aus

$$\sin \varepsilon = \frac{s_1}{e} \sin \delta \tag{2}$$

und erhält den Richtungswinkel $\alpha_{a,1}$ aus

$$\alpha_{a,1} = \alpha_{a,b} - (\delta + \varepsilon) \pm 200\,gon . \tag{3}$$

Gemäß 32.2 findet man schließlich

$$y_1 = y_a + s_1 \sin \alpha_{a,1}; \quad x_1 = x_a + s_1 \cos \alpha_{a,1} . \tag{4}$$

Als Probe kann man die Koordinaten des Punktes 1 aus einem zweiten Hilfsdreieck ermitteln.

35.2 Ausschalten kurzer Seiten. Kurze Seiten beeinflussen die Winkelmessung sehr ungünstig, weil der Einfluß der gefährlichen Zentrierfehler mit abnehmender Seitenlänge wächst. Um im Bild 35.2 die kurze Seite 2—3 auszuschalten, beobachtet man daher, wenn die Sicht vorhanden ist, auf den Punkten 2 und 5 außer den Richtungen nach den Nachbarpunkten auch die Richtungen nach 5 bzw. 2. Häuslich ermittelt man aus dem Zugteil 2 3 4 5 die Länge der Hilfsseite 2—5 und rechnet dann zuerst den Zug 1 2 5 6 . . . durch. An diese Seite wird der Zug 2 3 4 5 nachträglich angeschlossen.

Ein weiteres Hilfsmittel zum Vermeiden von Zugverschwenkungen ist die *Zwischenorientierung*. Dazu ist im Bild 35.2 in 2 und 3 ein nach Koordinaten bekannter weit entfernt liegender Festpunkt F angezielt. Häuslich rechnet man den Zug 1 2 3 4 5 6 . . . zunächst wie üblich durch. Man gewinnt daraus vorläufige Koordinaten für 2 und 3 und berechnet damit nach 32.3 die

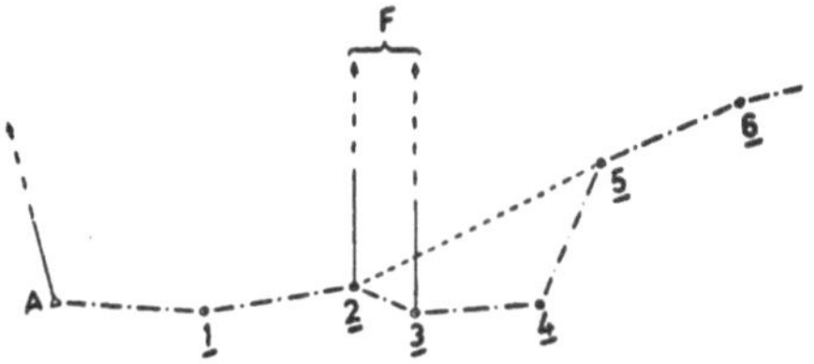

Bild 35.2. Ausschalten kurzer Seiten.

praktisch fehlerfreien Richtungswinkel $\alpha_{2,F}$ und $\alpha_{3,F}$. Hiervon ausgehend erhält man mit Hilfe der Winkel F 2 1 und F 3 4 vorläufige Richtungswinkel beider anschließenden Seiten und stimmt bei einer neuen Durchrechnung des Zuges die auf allen übrigen Punkten beobachteten Brechungswinkel auf diese Richtungswinkel ab. Dabei erhalten die Richtungswinkel der beiden anschließenden Seiten zweite Verbesserungen, die in der Regel halb so groß sind wie die der anschließenden Brechungswinkel.

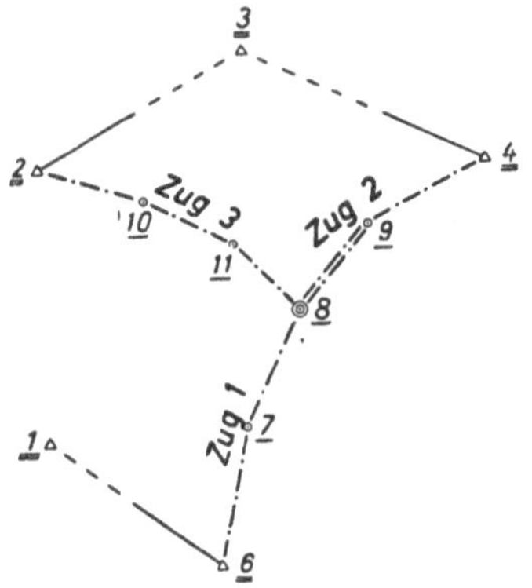

Bild 35.3. Zugverknotung.

Werden die Winkel mit Zwangszentrierung beobachtet, so bringt man die obigen Hilfsmittel nur in ganz extremen Fällen zur Anwendung.

35.3 **Polygonzugverknotung.** Wenn auf einem Polygonpunkt drei oder mehr gleichrangige Polygonzüge zusammentreffen wie im Bild 35.3 auf dem Punkt 8, so erhält man günstigste Werte für die Koordinaten dieses Punktes, wenn man sie aus jedem der Züge berechnet und die Ergebnisse mit Hilfe des gewogenen Mittels [Band I 14.62] zusammenfaßt. Der betreffende Punkt wird dann als Knotenpunkt bezeichnet.

Man bestimmt zuerst einen Mittelwert für den Richtungswinkel einer von dem Knotenpunkt ausgehenden Seite, z. B. der Seite 8—9. Dazu überträgt man in jedem der drei Züge den

Richtungswinkel der gegebenen Anschlußseite über die beobachteten Brechungswinkel auf die Seite 8—9 und bildet, wenn α_1, α_2 und α_3 die aus den Zügen 1 bis 3 gewonnenen vorläufigen Richtungswinkel dieser Seite sind, den Mittelwert

$$\alpha_{8,9} = \frac{\alpha_1 p_1 + \alpha_2 p_2 + \alpha_3 p_3}{p_1 + p_2 + p_3}, \tag{5}$$

wobei die Gewichte der Züge umgekehrt proportional der Anzahl der zur Übertragung benötigten Brechungswinkel sind, also

$$p_1 = {}^1/_3\,,\ p_2 = {}^1/_2\,,\ p_3 = {}^1/_4\,.$$

Nunmehr werden die gemessenen Brechungswinkel auf $\alpha_{8,9}$ abgestimmt, und es werden in den drei Zügen die vorläufigen Koordinatenunterschiede gebildet, aufsummiert und zu den Koordinaten des Ausgangspunktes hinzugezählt. Dann ergeben sich für den Knotenpunkt 8 drei Koordinatenpaare, die wieder nach dem Prinzip des allgemeinen arithmetischen Mittels zusammengefaßt werden. Als Gewichte für diesen Schritt werden die Kehrwerte der betreffenden Zuglängen eingeführt.

Zahlenbeispiel: Die Seiten und Winkel der Züge 1 und 2 entnehme man dem Beispiel auf S. 129 und beachte die Punktidentitäten von S. 128, Zeile 14-16. Im Zug 3 ergab die Messung der Winkel auf 2, 10, 11 und 8 der Reihe nach 52,0215 *gon*, 207,5132 *gon*, 232,3948 *gon* und 84,5381 *gon*, die der Seiten 2—10, 10—11, 11—8, 113,98 m, 111,26 m 121,07 m. Daraus folgt nach (5)

$$\alpha_{8,9} = 44{,}49\,gon + \frac{{}^1/_3 \cdot 9{,}6cgon + {}^1/_2 \cdot 3{,}6cgon + {}^1/_4 \cdot 4{,}8cgon}{{}^1/_3 + {}^1/_2 + {}^1/_4} = 44{,}4957gon\,.$$

Die vorläufige Durchrechnung der Züge ergab als Gesamtlänge $[s]$ des 1., 2. und 3. Zuges 0,283 km, 0,259 km und 0,346 km und damit als Zuggewichte $p_1 = 3{,}5$, $p_2 = 3{,}9$ und $p_3 = 2{,}8$. Für die Ordinate von 8 erhielt man 280,63 . . , 53 . . , 63 und für die Abszisse 614,27 . . , 23 . . , 22. Die günstigsten Werte sind dann

$$y_8 = 280{,}00 + \frac{3{,}5 \cdot 0{,}63 + 3{,}9 \cdot 0{,}53 + 2{,}8 \cdot 0{,}63}{3{,}5 + 3{,}9 + 2{,}8} = 280{,}59 \text{ m}\,,$$

$$x_8 = 614{,}00 + \frac{3{,}5 \cdot 0{,}27 + 3{,}9 \cdot 0{,}23 + 2{,}8 \cdot 0{,}22}{3{,}5 + 3{,}9 + 2{,}8} = 614{,}24 \text{ m}\,.$$

35.4 Feinpolygonzüge in Netzen mit Spannungen. Bei einer Feinpolygonierung werden in der Regel die Seiten mit 100 m-Band [21], mit optischer Präzisionsdistanzmessung [22—24] oder elektronisch [26] gemessen und die Winkel in Zwangszentrierung [15.2 u. 31.3] bei scharfer Zentrierung über den Anschlußpunkten beobachtet. Die in älteren Netzen auftretenden Polygonzugsabschlußfehler [33.2] sind daher in der Regel nicht auf Messungsungenauigkeiten, sondern auf die Lageunsicherheit der Anschlußpunkte zurückzuführen. Das gilt insbesondere für den Winkelabschlußfehler f_β. Zweckmäßig verzichtet man daher, zumal wenn der Zug nicht allzusehr ausgebogen ist, auf die Vorwegverteilung von f_β, rechnet den Zug von einem Endpunkt aus als einseitig angeschlossenen Zug [33.3] mit den beobachteten Seiten und Winkeln durch und paßt ihn schließlich mit Hilfe einer Ähnlichkeitstransformation [63] zwischen die beiden Anschlußpunkte ein. f_β bilde man trotzdem als Schutz gegen grobe Fehler bei der Winkelmessung.

35.5 Polare Bestimmung von Polygonpunkten. Zum Aufschließen von allseits umfriedeten Flächen — z. B. der Innenhöfe von Gebäudekomplexen — empfiehlt sich oftmals

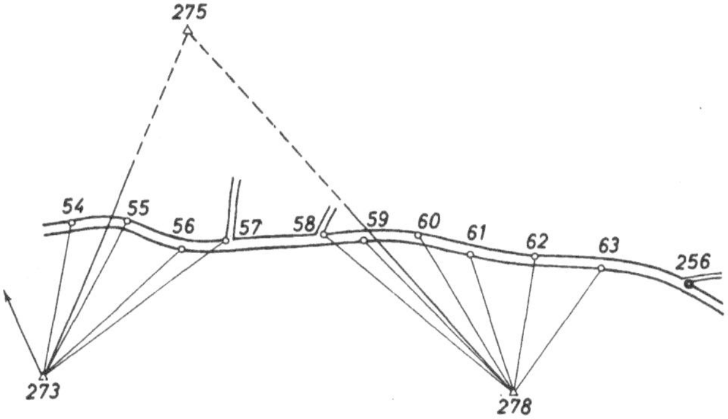

Bild 35.4. Polare Bestimmung von Polygonpunkten.

der bereits in 31.1 eingeführte sogenannte tote Polygonzug, der seine Orientierung durch einen von einem nahen Festpunkt aus polar festgelegten Strahl erhält. Darüber hinaus lassen sich aber wie Bild 35.4. zeigt, mit Hilfe der in 26 und 27 beschriebenen Distanzmesser in übersichtlichem Gelände die Brechpunkte ganzer Polygonzüge von koordinatenmäßig bekannten Punkten aus durch Beobachtung der Richtungen und Entfernungen polar bestimmen, ohne daß die Brechungswinkel und Polygonseiten direkt gemessen werden. Dabei sind die Richtungen durch das übliche Messungsverfahren [17.3] ohnehin gesichert. Die Streckenmessung und die Koordinatenrechnung können z. B. durch das direkte Messen der Polygonseiten verprobt werden. Zur Berechnung rechtwinkliger Koordinaten der Brechpunkte stehen die Formeln 32 (1) bis (4) zur Verfügung.

36 Polare Aufnahme von Einzelpunkten

36.1 Orthogonal- und Polarverfahren. Zur *Einzelaufnahme in der Ebene* bevorzugt man das in Band I 31 beschriebene und als Orthogonalverfahren bezeichnete Aufnahmeverfahren mit Latten, Bändern und Rechtwinkelgeräten. Dazu genügt ein weitmaschiges Polygonnetz, das durch Messungslinien verdichtet wird. Die Endpunkte der Messungslinien bindet man in die Polygonseiten ein und berechnet für die Bindepunkte Kleinpunktkoordinaten gemäß Band I 32.3. Für die Grenzpunkte usw., die man ggf. mit einem Prisma auf die Messungslinsen bezieht, werden heute in der Regel ebenfalls Koordinaten gerechnet.

Im *Berg- und Hügelgelände* hat sich das Polarverfahren als günstiger erwiesen, bei dem die aufzunehmenden Gegenstände mit Präzisionstachymetern [23, 26] von den Polygonpunkten aus polar aufgenommen werden. Beim Einsatz optischer Tachymeter sollen die Polygonpunkte dazu höchstens 200 m voneinander entfernt sein. Zur Einzelaufnahme beobachtet man zunächst die Anschlußrichtung nach einem Nachbarpolygonpunkt und dann die Richtungen und die Entfernungen nach den aufzunehmenden Grenz- und Geländepunkten. Zur Verprobung schneidet man wichtige Punkte von 2 Ständen aus an und mißt die Kopfbreiten der Grundstücke, die Steinbreiten usw. mit einem Meßband. Häuslich trägt man die Punkte entweder mit einem Polarkoordinatographen auf, oder man bildet ausgehend vom Richtungswinkel der Anschlußseite für jede Visur den Richtungswinkel, errechnet nach 32.2 die rechtwinkligen Koordinaten der Punkte und überträgt sie mittels des Quadratnetzes in die Karte.

Einige Schwierigkeiten bestehen z. Z. noch bei der Fortführung* großmaßstäbiger Karten mit Hilfe polarer Messungselemente**.

36.2 Polaraufnahme mit elektronischen Registriertachymetern***.

36.21 *Das Aufnahmeverfahren.* Die Polaraufnahme wird besonders einfach, wenn ein elektronisches Tachymeter oder ein Kombigerät zur Verfügung steht [26]. Da hierbei für die Visuren nach den mit Reflektoren bestückten Grenz- oder Geländepunkten nur schmale Sichtschneisen benötigt werden und die Genauigkeit der Streckenmessung weitgehend unabhängig von der Streckenlänge ist, kann mit den weitreichenden elektronischen Tachymetern ein wesentlich größeres Gebiet erfaßt werden als mit optischen Tachymetern. Der Einblick in das Gelände wird jedoch oft durch Anhöhen und Mulden sowie Bewachsung und Bebauung eingeschränkt. Das menschliche Auge kann ferner die aufzunehmenden Punkte bei durchschnittlichen Sichtverhältnissen nur bis etwa 500 m Entfernung identifizieren. In der Praxis ist also das von einem Stand zu erfassende Gebiet geringer als die Reichweite der elektronischen Distanzmesser. Trotzdem können die Maschen des der Aufnahme zugrundeliegenden Festpunktnetzes wesentlich größer sein, als beim Orthogonalverfahren und bei der Aufnahme mit optischen Tachymetern. Im Hinblick auf die obengenannte 500 m-Grenze

* H. Apel, Ausführung von Fortführungsmessungen mit Hilfe polarer Messungselemente. Allgem. Verm. Nachrichten 1968, S. 465.

** Der Abschnitt „Schnitt zweier Geraden", der in den früheren Auflagen seit 1959 unter 36.2 gebracht worden ist, wird in die 15. Aufl. von Band I unter 36.5 eingefügt werden.

*** Knoop, H.: Leistung und Anwendung von automatisch registrierenden Tachymetern. Wissenschaftl. Arbeiten der Lehrstühle für Geodäsie, Photogrammetrie und Kartographie der T. U. Hannover, Heft 46 (1971). — Ders.: Messungs- und Rechenkontrollen beim Einsatz elektronischer Tachymeter, Allgem. Verm. Nachr. (AVN) 1973 S. 63. — Rose, W.: u. Zentgraf K.: Die Polaraufnahme, ihre Genauigkeit und der Wert ihrer Kontrollen. AVN 1972 S. 104.

wird man daher im Normalfall die Tachymeterstandpunkte in gegenseitigen Entfernungen von 500 bis 700 m anordnen; unter günstigen äußeren Verhältnissen kann man noch etwas weitergehen; in ungünstigen Fällen muß man darunterbleiben.

Die Tachymeterstandpunkte werden von Dreiecks- oder Hauptpolygonpunkten aus mittels besonderer Aufnahmezüge oder als Einzelpunkte durch Richtungs- und Entfernungsmessungen so festgelegt, daß sie einen guten Einblick in das Gelände gewähren. Von den Standpunkten aus werden dann die polar festzulegenden Grenz- und Geländepunkte („Polarpunkte") aufgenommen; dazu gegebenenfalls auch Netzpunkte eines bereits früher bestimmten Aufnahmenetzes, die, wenn Teile einer älteren Karte in die neue Karte — oder umgekehrt — eingepaßt werden sollen, als Paßpunkte und Koordinatenträger dienen können.

In der Regel können, anders als beim Orthogonalverfahren, nicht alle Messungselemente durch unmittelbar im Felde wirksame Kontrollen verprobt werden; doch sollten die Tachymeterstandpunkte sowie wichtige Grenz- und Absteckungspunkte schon bei der Aufnahme in irgendeiner Weise gesichert sein. Die zweimalige Bestimmung der Messungselemente vom gleichen Standpunkt aus ist bekanntlich nur für die Richtungsmessung einigermaßen wirksam. Zur Sicherung der Streckenmessung kommen Steinbreiten und Spannmaße in Frage, und erst wenn diese entfallen, könnte die Strecke ein zweites Mal beobachtet werden. Besser nimmt man den zu sichernden Punkt von zwei benachbarten Standpunkten desselben Aufnahmezuges auf, und noch besser von Standpunkten verschiedener Aufnahmezüge. Ein etwaiger Aufnahmefehler zeigt sich dann allerdings erst bei der Koordinatenberechnung.

Aufs ganze gesehen ist die Polaraufnahme, zumal mit elektronischen Distanzmessern, wesentlich weniger schematisch und beweglicher als die Orthogonalmethode. Die Vorzüge der Polaraufnahme lassen sich um so besser ausnutzen, je sorgfältiger die Messung örtlich und häuslich vorbereitet wird. Das gilt insbesondere beim Einsatz von Registriertachymetern, weil bei diesen der Datenfluß möglichst nicht unterbrochen werden soll.

36.22 Die *Vorbereitung der Messung.* Maßgebend für die Art der Aufnahme ist einerseits ihr Zweck, zum anderen das zur Verfügung stehende Instrumentarium. Nachstehend sei als Mittel zwischen den Genauigkeitsanforderungen einer topographischen Aufnahme (Band III Abschnitt 4) und denen genauer Ingenieurvermessungen (Band III Abschnitt 6) die Anordnung einer größeren Katastervermessung mit einem Registriertheodolit betrachtet.

Wie bei einer Kleintriangulation beginnt die Arbeit mit der Erkundung. Diese umfaßt:

1. das Aufsuchen der vorhandenen trigonometrischen und polygonometrischen Altpunkte,
2. das Erkunden und Vermarken der etwa erforderlichen Neupunkte und der Tachymeterstandpunkte,
3. das Erkunden der polar zu erfassenden Grenz- und Geländepunkte („Polarpunkte") und ihre Markierung im Gelände,
4. die Zuordnung dieser Polarpunkte zu den Tachymeterstandpunkten nebst Hinweisen auf etwaige Sicherungsmöglichkeiten,
5. die Zuteilung der Punktnummern einschließlich der Kennziffern zur Unterscheidung der Punktarten,
6. die Übernahme der Erkundungsergebnisse in eine möglichst lagerichtige Skizze oder in eine Liste.

Die Punktnumerierung dient zur eindeutigen Kennzeichnung jedes einzelnen Punktes und zur schnellen Identifizierung der Punkte im Gelände. Sie ist bedingt einerseits durch den Umfang des jeweiligen Einstellwerkes am Tachymeter, zum anderen meistens auch durch Vorschriften der betreffenden amtlichen oder privatwirtschaftlichen Dienst- oder Aufsichtsstelle. Die Punkte sollen möglichst so numeriert werden, wie sie örtlich aufeinanderfolgen.

Häuslich wird aufgrund der vorhandenen Unterlagen und der Ergebnisse der Erkundung eine *Polygon- und Standpunktübersicht* etwa in 1:5000 entworfen, in die die vorhandenen Festpunkte und die neu zu bestimmenden Polygon- und Tachymeterstandpunkte sowie etwa erforderliche Anschlußpunkte in der Umgebung des aufzunehmenden Gebietes eingetragen werden. Ferner ist eine großmaßstäbige *Aufnahmeübersicht* (1:1000 bis 1:2000) zu fertigen, die die Zuordnung der Polarpunkte zu den Standpunkten unter Berücksichtigung der vorgesehenen Kontrollen nachweist. Die Aufnahmeübersicht sollte im Hinblick auf die Feldarbeiten soweit unterteilt werden, daß der Beobachter bei der Feldarbeit immer nur ein Blatt einzusehen braucht. Wünschenswert ist schließlich für jeden Standpunkt ein *Laufzettel,* auf dem alle auf dem betreffenden Standpunkt vorzunehmenden und für die automatische Registrierung und Berechnung erforderlichen Arbeitsgänge in der richtigen Reihenfolge zusammengestellt sind.

36.23 *Örtliche Arbeiten.* Entsprechend den Aufgabenbereichen an den Stand- und Zielpunkten setzt ein Meßtrupp sich zweckmäßig folgendermaßen zusammen:

1. ein Truppführer — als Aufnahmeleiter und Beobachter am Instrument — mit PKW (ausreichender Kofferraum) zum Transport der Messungsunterlagen und des Geräts nebst Stativ und Batterie,
2. mehrere Meßgehilfen zum Besetzen der Polarpunkte mit Strebenstativen und in der Höhe verstellbaren Reflektoren,
3. ein Meßgehilfe (zugleich Fahrer) mit Kraftfahrzeug zum Transport des Gerätezubehörs und für Sonderaufgaben.

Die örtliche Arbeit beginnt mit der Besprechung der häuslich vorbereiteten Laufzettel, in denen aufgrund der in 36.22 erwähnten Übersichten die Ordnungsmerkmale für den Vermessungsauftrag, Beobachter- und Gerätenummern, die erforderlichen Rechen- und Meßdaten sowie die Zuordnungen von Stand- und Zielpunkten u. a. m. notiert sind. Die für das Aufstellen der Reflektorenstative eingesetzten Meßgehilfen, die durch eine weithin sichtbare Nummer oder Unterschiede in der Kleidung kenntlich sein sollten, suchen ihre Zielpunkte auf, geben auf dem Weg dahin im Funkspruchverkehr die Nummer des betreffenden Zielpunktes durch, stellen mit aller Sorgfalt das Strebenstativ mit den Reflektoren auf und melden „meßbereit". Der Meßgehilfe mit dem Kraftfahrzeug hilft beim Aufstellen und Umsetzen des Standpunktstativs. Er setzt — falls erforderlich — auch die Meßgehilfen auf den Zielpunkten um, beseitigt Sichthindernisse und besetzt selbst entfernt gelegene oder schwer zugängliche Zielpunkte mit stationären Stativen.

Vor Beginn der Messungen auf dem Standpunkt wird in das Einstellwerk des Instruments der „Vorspann" eingegeben, darunter die Schlüsselzahlen für Datum, Beobachter, Instrument nebst dessen Additionskonstante sowie Zielachsen-, Kippachsen- und Indexfehler. Die Daten werden durch Knopfdruck auf den Lochstreifen überspielt. Anschließend werden die etwa noch aufzunehmenden Tachymeter- oder Polygonpunkte und die Polarpunkte in einem Zuge beobachtet. Auf jedem Standpunkt werden im Einstellwerk die Schlüsselzahlen für die Meereshöhe des Standpunktes und die Kippachsenhöhe des Instruments eingestellt, ferner vor jeder Messung die Schlüsselzahlen für den Zielpunkt nebst seiner Tafelhöhe. Die Messungen werden in der Reihenfolge (1) Anschlußrichtung, (2) Messungen zu den Polarpunkten und (3) Anschlußrichtung vorgenommen, wobei durch die zweite Beobachtung der Anschlußrichtung etwaige Bewegungen des Stativs aufgedeckt werden sollten.

Zielachsen-, Kippachsen- und Indexfehler sollen soweit beseitigt sein, daß jeweils nur in einer Fernrohrlage gemessen zu werden braucht. Wenn dann die anzumessenden Punkte in der Örtlichkeit durchlaufend numeriert sind, hat der Beobachter eine gute Kontrolle über die Vollständigkeit der Aufnahme; er braucht beim Umstellen auf den nächsten Punkt das Fernrohr in Seite und Höhe nur wenig zu verstellen und kann auf eine Umfokussierung meistens verzichten.

36.24 Die Koordinatenberechnung beginnt mit dem Durchsehen der vom Instrument ausgegebenen Lochstreifen auf Vollständigkeit und der Schlüsselzahlen auf Fehlerfreiheit. Sodann sind die bereits erkannten Irrtümer zu beseitigen und an den Beobachtungen die in den restlichen Justierungsmängeln des Aufnahmeinstruments begründeten Korrekturen anzubringen, d. h. die Strecken sind wegen der Additionskonstanten, die Horizontalrichtungen wegen der Ziel- und Kippachsenfehler und die Zenitwinkel wegen der Indexabweichungen zu korrigieren. Ferner sind — falls das Instrument die schrägen Strecken liefert — die schrägen Strecken auf die Horizontale zu reduzieren. Mit den so bereinigten Messungselementen können die Rechnungen nach irgendwelchen passenden Programmen durchgeführt werden. Wenn aber ein Registrierinstrument eingesetzt war, sollte das Anbringen der oben genannten Korrekturen in das Program eingearbeitet werden.

Nun muß aber bei der Berechnung und der Kartierung der Polaraufnahme in höherem Maße als bei der Orthogonalaufnahme die Richtigkeit der in die endgültige Koordinatenberechnung eingehenden Meßelemente sichergestellt werden. Dazu bietet sich in erster Linie die in 36.21 vorgeschlagenen Mehrfachbestimmung einzelner Punkte von zwei oder mehreren Standpunkten an. Bereits die Gegenüberstellung der mehrfach gewonnenen Koordinaten identischer Punkte gibt einen Einblick in die Qualität der Aufnahme. Dem gleichen Zweck dienen die im Felde gemessenen Steinbreiten und Spannmaße. Treten dabei unerlaubte Abweichungen oder aber identische Koordinaten für verschiedene Punkte auf, so handelt es sich meistens um Punktverwechselungen.

Die Durchsicht hat sich sodann auf die Stellen zu erstrecken, an denen Fehler vermutet werden können. Zwar treten bei Registriertachymetern Ablese- und Aufschreibfehler kaum noch auf; doch ist mit Einstellfehlern am Ziffern-Einstellwerk zu rechnen; ferner werden Punktverwechselungen vor allem dann auftreten, wenn zwischen der örtlichen Erkundung (36.22) und der endgültigen Aufnahme längere Zeit vergangen ist, oder die Hilfskräfte ausgewechselt sind. Infolge der großen Ausdehnung des Aufnahmegebietes kann ferner das zentrische Aufstellen und das Einloten der Reflektorenstative durch die Meßgehilfen vom Beobachter oft nur ungenügend überwacht werden; es könnte aber die Erklärung für Differenzen liefern, die hart an der Grenze der erlaubten Abweichungen liegen.

4 Punktbestimmung durch Triangulation

Zum Bestimmen der Lagefestpunkte dient neben der Vielecksmessung oder der polygonometrischen Punktbestimmung die *Dreiecksmessung* oder die *trigonometrische Punktbestimmung* (vom griech. treis = drei und gony = Knie, Ecke). Bei diesem Verfahren wird das aufzunehmende Gebiet mit einem Netz von Dreiecken überzogen. Als technische Mittel für die trigonometrische Punktbestimmung stehen heute zwei Wege zur

Verfügung: Die *Triangulation* (vom lat. angulus = Winkel) und die *Trilateration* (vom lat. latus = Seite). Bei der Triangulation, dem älteren Verfahren, werden zur Bestimmung eines Dreiecksnetzes möglichst alle im Netzbild auftretenden Dreieckswinkel beobachtet; es wird ferner — zur Festlegung des Maßstabes der Figur — mindestens eine Seite gemessen. Bei der Trilateration, die erst durch die Erfindung der elektromagnetischen Distanzmesser [26 und 27] wirtschaftlich geworden ist, werden alle Dreiecksseiten und, um überschüssige Beobachtungen zu bekommen, einige Diagonalen beobachtet. Beide Verfahren können aber auch miteinander und mit der Feinpolygonierung kombiniert werden.

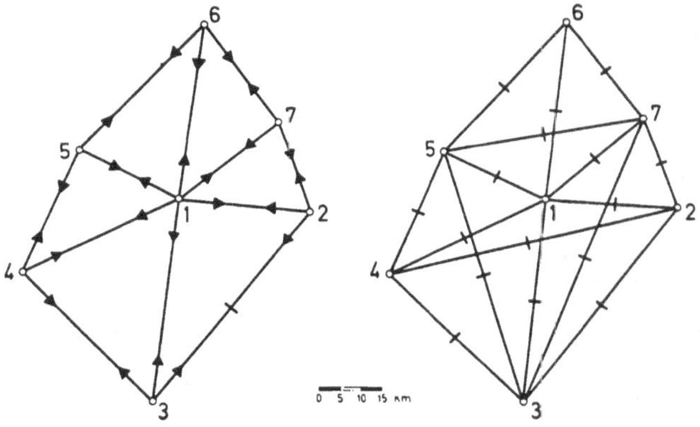

Bild 41.1. Triangulation und Trilateration.

In dem Bild 41.1 zeigt die linke Figur die Methode der Triangulation und die rechte das Verfahren der Trilateration. Die Pfeilspitzen kennzeichnen beobachtete Richtungen und die kurzen Querstriche beobachtete Seiten.

Sowohl bei der Triangulation wie bei der Trilateration unterscheidet man je nach der Aufgabenstellung drei Fälle: Das Anlegen eines Kleindreiecksnetzes, die Verdichtung eines vorhandenen Netzes durch Neupunkte und den Aufbau eines Landesdreiecksnetzes. Demgemäß behandeln wir im 4. Abschnitt unter 41 bis 47 die Anlage eines Kleindreiecksnetzes sowie die Verdichtung eines übergeordneten Netzes mit Hilfe der Triangulation. Es folgt dann im 5. Abschnitt unter 51 und 52 die Lösung dieser beiden Aufgaben mittels der Trilateration. In 53 wird die Netzverdichtung durch eine Kombination von Triangulation, Trilateration und Feinpolygonierung (TP-Züge) besprochen. Der Aufbau eines Landesdreiecksnetzes wird im 6. Abschnitt beschrieben werden.

41 Anlage einer Kleintriangulation

41.1 Die Grundlagen der Triangulation oder Triangulierung wurden entwickelt in einer Zeit, in der das Messen von langen Strecken überaus umständlich war. Wie soeben angedeutet ist, hat man ein Gebiet, das durch eine Triangulation erfaßt werden soll, mit einem zusammenhängenden Netz von Dreiecken zu überziehen, deren Endpunkte, die Dreieckspunkte oder trigonometrischen Punkte, gegebenenfalls nach Errichten von erhöhten Standpunkten und Zielsignalen gegenseitig sichtbar sind. In einem solchen Dreiecksnetz, in dem aus fehlertheoretischen Gründen Winkel unter 35 *gon* und über 135 *gon* vermieden werden sollen, werden möglichst alle Dreieckswinkel sowie die Länge mindestens einer Dreiecksseite mit sehr hoher Genauigkeit beobachtet. Ferner werden für alle trigonometrischen Punkte oder TP rechtwinklige Koordinaten berechnet und zwar, wenn die von Dreiecken überspannte Fläche 10 km^2 übersteigt, unter Ausgleichung der Messungswidersprüche nach der Methode der kleinsten Quadrate und Berücksichtigung der Krümmung des der Erdoberfläche an der betreffenden Stelle angepaßten Bezugsellipsoids (Band I 12).

Kleintriangulationen überspannen in der Regel weniger als 10 km^2; in ihnen kann die Krümmung der Erdoberfläche vernachlässigt werden. Ferner können die Messungswidersprüche meistens nach einfacheren Verfahren verteilt werden. Beispiele für Kleindreiecksnetze enthalten die Bilder 41.1, 43.1 und 43.2.

41.2 Auswahl und Vermarkung der Dreieckspunkte. Standorte für die Dreieckspunkte sind in erster Linie die natürlichen Geländehöhen. Als Punktmarke dient ein Stein mit eingemeißelten Kreuz nebst einer untergelegten Platte [Band I 21.1]. Für vorübergehende Zwecke genügt ein kräftiger Pfahl, auf dem das Zentrum durch einen Nagel gekennzeichnet ist. Über den Punktmarken werden während der Messung Signale errichtet, deren Spitze sich genau in der Lotlinie der betreffenden Marke befinden soll [42.3]. Einfache Signale zeigen die Bilder 41.2 bis 41.4; anspruchsvollere Signale werden in 51.1 und Bild 51.2 beschrieben.

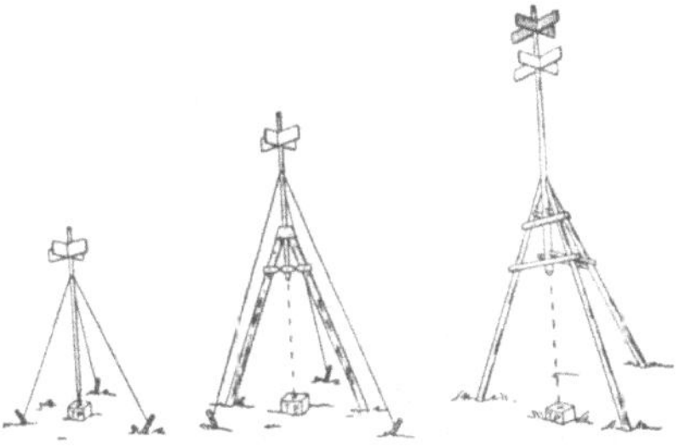

Bild 41.2. Bild 41.3. Bild 41.4.
Zielpunktsignale.

Die einfache Signalstange wird bei Signalhöhen bis zu 3 m benutzt. Sie muß bei der Winkelmessung auf dem betreffenden Punkt umgelegt werden. Das zweibeinige Tafelsignal, das bis zu 8 m Höhe reicht, kann während der Messung stehenbleiben. Bis zu Signalhöhen von 5 m Höhe genügen Dachlatten mit Abdrahtung an der Spitze; darüber hinaus muß auch die Stelle, an der die Streben die Tafelstangen berühren, verdrahtet werden. Das dreibeinige Tafelsignal wird in Höhen von 6 bis 10 m aus Rundhölzern von 8 bis 12 cm ∅ vor allem dann gebaut, wenn es längere Zeit stehenbleiben soll.

Bei allen Signalen werden einige Dezimeter unter der Signalspitze 2 sich rechtwinklig kreuzende 15 bis 20 cm hohe Tafelbretter angebracht, deren Enden gleichweit (40 bis 50 cm) von der Tafelstange abstehen. Von Hochspannungs- und Telefonleitungen, aber auch von Straßen und Eisenbahnen bleibe man um die zweifache Signalhöhe entfernt.

Wo natürliche Geländehöhen nicht zur Verfügung stehen, können Gebäudeteile, z. B. der Knopf oder die Spitze eines Kirchturms, die Fahnenstange eines Aussichtsturms, die Mitte eines Schornsteins und dgl., als Dreieckspunkte benutzt werden. Man erspart dabei zwar die Signalisierung; es können aber die Winkel auf dem betreffenden Punkt in der Regel nur exzentrisch beobachtet werden, was oftmals erhebliche Schwierigkeiten macht [42].

41.3 Messungen bei einer Kleintriangulation

Die Dreiecksseite, die dem Netz den Maßstab gibt, wird zweckmäßig, wenn ein elektronischer Distanzmesser nicht zur Verfügung steht, nach den in 21 bis 24 geschilderten Verfahren gemessen. Die Messungsgenauigkeit muß dem Zweck der Arbeit angepaßt sein. Mit einem 100 m-Stahlband läßt sich bei sorgfältigem Durchfluchten und Beobachten der in 21.2 gegebenen Hinweise ein mittlerer Fehler von $\pm$ 2 bis 3 cm auf 1 km erreichen. Auf nahezu dieselbe Größenordnung führt in ebenem und schwach geneigtem Gelände auch mehrmalige Messung mit Schneidenlatten und Neigungsmesser [Band I 23]. In bewegtem Gelände greife man zur optischen Distanzmessung; doch warte man günstige metereologische Verhältnisse ab. Alle Latten und Bänder sind vor und nach der Messung mit größter Sorgfalt abzugleichen.

Soweit die Geländeneigung nicht bereits durch das Meßverfahren berücksichtigt ist, muß das Längsprofil der Basis durch Nivellement erfaßt und sein Einfluß auf die schräg gemessenen Abschnitte in Rechnung gestellt werden. Nach Band I 23.22 ist dazu, wenn s eine schräg gemessene Strecke und Δh der Höhenunterschied ihrer Endpunkte ist, von s der Betrag $\Delta s = \Delta h^2/2\,s$ in Abzug zu bringen.

Die Dreieckswinkel werden mit einem Feinmeßtheodoliten in 2 Sätzen beobachtet; sind die Seiten im Durchschnitt nicht länger als 1 km, so genügen auch 3 bis 4 Sätze mit einem Ingenieurtheodoliten.

Je kürzer die Dreiecksseiten sind, um so sorgfältiger müssen Instrument und Signale zentriert werden. Die Zentrierungsungenauigkeiten müssen so klein gehalten werden, daß durch sie die Beobachtungsgenauigkeit am Instrument nicht verlorengeht. Eine seitliche Exzentrizität von 1 cm bewirkt nach der Formel $b : r = \alpha : \varrho$ an einem 1000 m entfernten Zielpunkt eine Richtungsänderung von 0,6 *cgon* oder 2″. Es ist also unsinnig, die Beobachtungsgenauigkeit am Theodolit durch Hinzunehmen weiterer Sätze zu vergrößern, wenn nicht gleichzeitig die Zentrierungsgenauigkeit entsprechend hoch ist.

42 Exzentrische Winkelmessung

Oftmals ist es nicht möglich, den Theodolit im Zentrum der Beobachtungsstation und die Signale im Zentrum der Zielpunkte aufzustellen. Man unterscheidet dabei folgende Fälle:

a) Das Zentrum der Station ist zugänglich, aber die Sicht nach dem Zielpunkt ist nur von einem exzentrischen Standpunkt aus zu erhalten, von dem aus die Zentrierungselemente — d. h. die Entfernung und die Richtung zum Zentrum — direkt gemessen werden können [42.1].

b) Das Zentrum der Station ist unzugänglich (Turmspitze, Fahnenstange und dgl.); die Zentrierungselemente müssen daher durch eine Hilfskonstruktion indirekt ermittelt werden [42.2].

c) Das Signal am Zielpunkt steht exzentrisch [42.3].

d) Die Zentrierungen lassen sich mit Hilfe gebrochener Strahlen umgehen [42.4].

42.1 Standpunktzentrierung. Es sei in Bild 42.1 Z das Zentrum einer Station und B ein exzentrischer Beobachtungs- oder Standpunkt. Auf B seien die Richtungen $\alpha_1, \alpha_2 \ldots \alpha_n$ sowie die Richtung α_z nach Z beobachtet; außerdem sei die Strecke $\overline{BZ} = e$ gemessen. Gesucht sind die auf Z reduzierten Richtungen $r_1, r_2 \ldots r_n$.

Zur Lösung denke man sich das auf B beobachtete Büschel $\alpha_1, \alpha_2 \ldots \alpha_z \ldots \alpha_n$ parallel nach Z verschoben, so daß der Strahl nach P_1 in die im Bild 42.1 fein punktierte Lage kommt Da der dadurch entstehende Winkel δ_1 auch bei P_1 auftritt, läßt r_1 sich folgendermaßen berechnen:

$$\varepsilon_1 = \alpha_1 - \alpha_z \quad (1); \qquad \sin\delta_1 = \frac{e}{s_1}\sin\varepsilon_1 \quad (2); \qquad r_1 = \alpha_1 + \delta_1 . \quad (3)$$

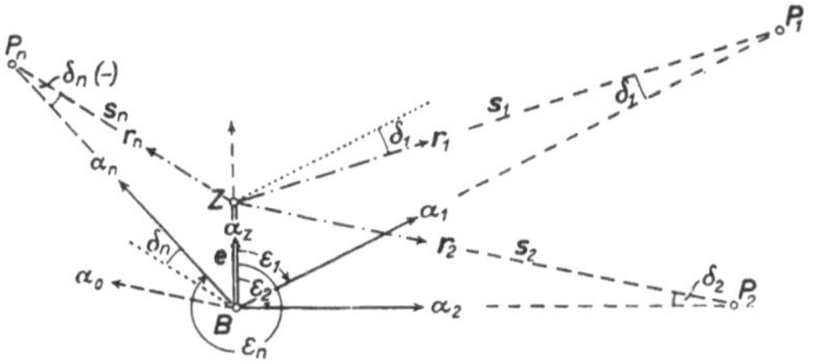

Bild 42.1. Standpunktzentrierung.

Entsprechend werden die Richtungen α_2 bis α_n zentriert. Ist $e:s_i \leqq 1:41$, so erhält man die δ_i in *mgon* mit einer Unsicherheit von höchstens $\pm$ 0,15 *mgon* aus

$$\delta_i = 63662 \frac{e}{s_i} \sin\varepsilon_i \tag{2a}$$

Bei $\varepsilon_i > 200$ *gon* wird δ_i negativ. Die Rechenschritte (1) und (3) sichere man durch Summenproben, die Rechenschritte (2) bzw. (2a) durch unabhängige Wiederholung. Siehe Zahlenbeispiel.

Zahlenbeispiel zu 42.1: Zentrierung von $n = 3$ Richtungen (Bild 42.1):

	α_i / α_z	$\varepsilon_i = \alpha_i - \alpha_z$	s_i / e	δ_i	$r_i = \alpha_i + \delta_i$
1	2	3	4	5	6
	gon	*gon*	m	*gon*	*gon*
P_1	94,1090	58,8570	2353,2	+0,2918	94,4008
P_2	155,1759	119,9239	1346,8	+0,6077	155,7836
P_3	281,4529	246,2009	1592,9	—0,3584	281,0945
Z	35,2520		13,512		
	565,9898	424,9818		+0,5411	531,2789
	$4\,\alpha_z$	141,0080			—0,5411
					35,2520
		565,9898			565,9898

$$\text{Probe: } [\alpha_i] + \alpha_z = [\varepsilon_i] + (n+1)\,\alpha_z = [r_i] - [\delta_i] + \alpha_z$$

Die Summenprobe sichert nur die 3. und 6. Spalte, während die 5. Spalte nicht geprüft ist. Man rechnet die δ_i daher zweimal, z. B. logarithmisch und numerisch.

Zur *Abschätzung der Genauigkeit,* mit der e und s beobachtet werden müssen, findet man auf Grund einer Differentiation von (2) für den ungünstigsten Fall

$$\frac{d\delta}{\delta} = \frac{de}{e} + \frac{ds}{s} \tag{4}$$

e und s werden also zweckmäßig mit der gleichen relativen Genauigkeit ermittelt. Dazu hat man e auf mm und s bei kürzeren Entfernungen auf dm, bei längeren Entfernungen auf m zu bestimmen.

42.2 Indirekte Bestimmung der Zentrierungselemente. Wenn die Zentrierungselemente nicht unmittelbar beobachtet werden können — z. B. weil Z eine Kirchturmspitze ist, B aber sich im Schalloch befindet —, so müssen e

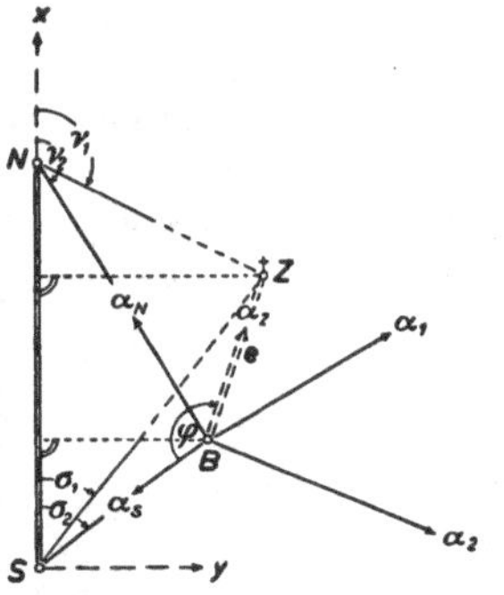

Bild 42.2. Bestimmung der Zentrierungselemente.

und α_z indirekt bestimmt werden. Oft gelingt das wie in Bild 42.2 mittels einer Hilfsbasis SN am Fuß des Turmes. Da die Visuren oftmals sehr steil sind, stelle man die Stehachse des Theodolits streng lotrecht. Man beobachte in B: die Richtungen $\alpha_1, \alpha_2 \ldots, \alpha_S, \alpha_N$; in S die Winkel σ_1, σ_2; in N: die Winkel ν_1, ν_2. Die Winkel im Dreieck SNB stelle man zusammen und verteile den Widerspruch; die Hilfsbasis messe man auf mm.

Der übersichtlichste Rechenweg zur Ermittlung von e und α_z ergibt sich, wenn man die Basis SN als Abszissenachse eines örtlichen Koordinatensystems betrachtet und folgendes rechnet:

a) Rechtwinklige Koordinaten von B und Z in Beziehung auf SN als Abszissenachse durch trigonometrische Auflösung der Dreiecke oder durch Vorwärtseinschneiden [44];

b) daraus $BZ = e$ und (BZ) nach 32.3;

c) $\varphi = (BZ) - (BS) = (BZ) - \sigma_2 \pm 200\,gon$;

d) $\alpha_z = \alpha_s + \varphi$.

Da die örtlichen Verhältnisse sehr unterschiedlich sind, lassen feste Regeln sich nicht aufstellen. Wenn z. B. der Standpunkt B zu ebener Erde liegt, läßt man die Hilfsbasis nach Möglichkeit unmittelbar von B ausgehen und verfährt dann wie beim Herablegen [35.1]. In jedem Falle fertige man eine die Verhältnisse richtig wiedergebende Lageskizze an und wähle danach den günstigsten Weg. Zur Verprobung von Messung und Rechnung bestimme man die Zentrierungselemente ein zweites Mal von einer anderen Hilfsbasis aus.

Soll ein Exzentrum koordiniert werden, so bestimmt man im Anschluß an einen von B aus angezielten Festpunkt den Richtungswinkel (ZB) im Landessystem und kann dann mit (ZB) und e die Koordinaten von Z auf B übertragen.

Zahlenbeispiel: Es wurden beobachtet

$\alpha_1 = 0{,}0000 gon$; $\alpha_S = 161{,}3819 gon$; $\nu_1 = 157{,}586 gon$; $\sigma_1 = 71{,}828 gon$
$SN = 94{,}376\ m$; $\alpha_N = 244{,}7059 gon$; $\nu_2 = 158{,}768 gon$; $\sigma_2 = 75{,}442 gon$

Die Rechnung ergab

$x_B = 22{,}181\ m$; $x_Z = 25{,}616\ m$; $(BZ) = 389{,}6577 gon$
$y_B = 54{,}619\ m$; $y_Z = 54{,}056\ m$; $\alpha_z = 275{,}5971 gon$; $e = 3{,}481\ m$.

42.3 Zielpunktzentrierung. Es sei auf dem Beobachtungspunkt B an Stelle der Sollrichtung r nach dem Ziel P die Richtung r_t nach der bei P exzentrisch aufgestellten Signaltafel T beobachtet. Zur Reduktion auf das Zentrum von P seien in T der Winkel ε und die Tafelexzentrizität e bestimmt. Dann ist nach Bild 42.3

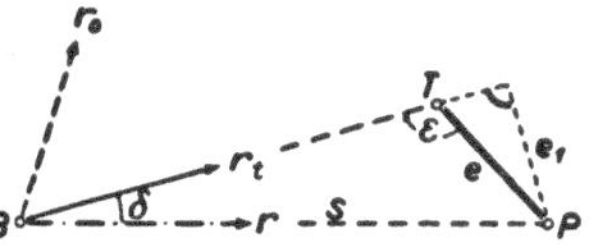

Bild 42.3. Zielpunktzentrierung.

$$\sin \delta = \frac{e}{s} \sin \varepsilon \quad \text{und} \quad r = r_t + \delta. \tag{5}$$

Sehr häufig entsteht eine kleine Exzentrizität dadurch, daß die Spitze eines ursprünglich zentrisch errichteten Signals auswandert. In solchen Fällen befestigt man ein mit einer Kreisteilung versehenes Zeichenblatt 20 × 20 cm (Orientierungsspinne) auf einem dünnen Brett und legt es zentrisch auf die Punktmarke (Bild 42.4). Lotet man dann die Signalspitze mit

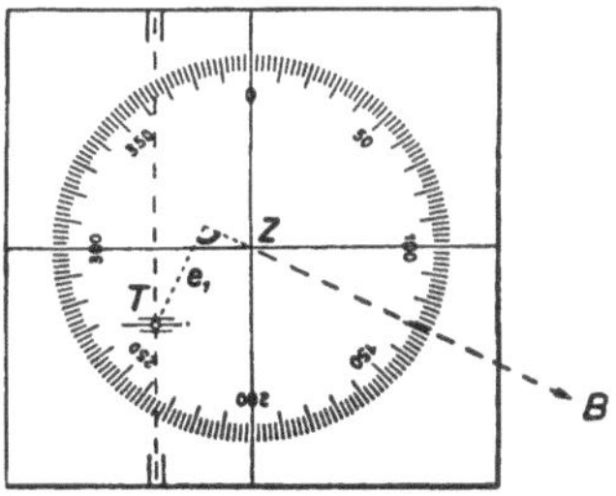

Bild 42.4. Ablotungsspinne.

Hilfe des Theodolits in zwei rechtwinklig zueinander verlaufenden Richtungen auf die Spinne herunter, so kann e auf der Spinne in wahrer Größe abgegriffen werden. Schließlich reißt man auf der Spinne die Richtung nach dem Beobachtungspunkt B an; dann läßt sich $e_1 = e \sin \varepsilon$ unmittelbar abgreifen und $\delta = \varrho e_1/s$ mit dem Rechenschieber berechnen. Diese Zentrierungsart heißt „Abloten".

Häufig sind Zentrierungen sowohl im Zielpunkt wie im Standpunkt vorzunehmen. Man berechnet dann zunächst die Zielpunktzentrierungen, streicht im Winkelbuch die beobachteten Richtungen durch, schreibt die reduzierten Richtungen rot darüber und hat damit die Standpunktzentrierungen durchgeführt. Eine Formel, die sowohl die Zielpunkt- wie die Standpunktzentrierung erfaßt, ist für die Praxis überflüssig.

42.4 Gebrochene Strahlen. Wenn wie im Bild 42.5 die Sicht P_1P_2 versperrt ist, so beobachte man auf P_1 und P_2 die Richtung nach einem möglichst nahe der Sicht P_1P_2 liegenden Hilfspunkt A, der von den Sollrichtungen um die Winkel δ_1 und δ_2 abweicht. Man messe ferner den Winkel $P_1\,A\,P_2$ und hat dann nach Bild 42.5 auch $\delta = \delta_1 + \delta_2$. Sind dann noch s_1 und s_2 bekannt, so lassen δ_1 und δ_2 sich nach dem Tangenssatz — sechsstellig — errechnen aus

$$\tan \frac{1}{2}(\delta_2 - \delta_1) = \frac{s_1 - s_2}{s_1 + s_2} \tan \frac{1}{2}\delta . \tag{6}$$

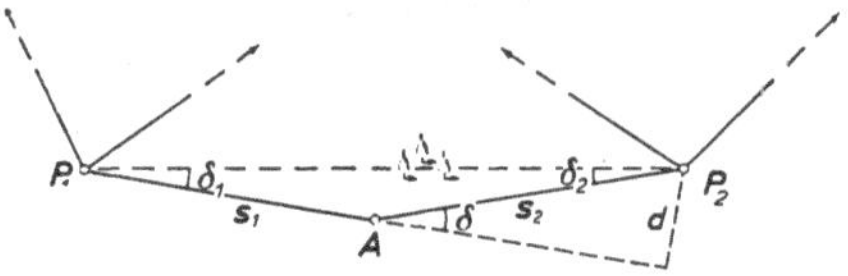

Bild 42.5. Einfach gebrochener Strahl.

Um hiernach δ_1 und δ_2 auf $\pm\, 0{,}5\,mgon$ zu erhalten, muß $\delta \leqq 2{,}2\,gon$ und $m_\delta \leqq 0{,}7\,mgon$ sein; s_1 und s_2 müssen der Bedingung $3/2 \geqq s_1/s_2 \geqq 2/3$ genügen, und ihre relativen Fehler dürfen $\pm\, 2{,}5 \cdot 10^{-4}$, d. h. 10 cm auf 400 m, nicht übersteigen.

Bei $\delta < 2\,cgon$ folgt mit genäherten s_1 und s_2 aus Bild 42.5

$$\delta_1 (s_1 + s_2) \approx (\delta_1 + \delta_2)\, s_2 = d$$

$$\delta_1 = \delta \frac{s_1}{s_1 + s_2}\,; \qquad \delta_2 = \delta \frac{s_1}{s_1 + s_2}\,. \tag{7}$$

A kann auch in der ungefähren Verlängerung von $P_1\,P_2$ liegen (rückwärts gebrochener Strahl). Dann ist nach Bild 42.6 $\delta = \delta_2 - \delta_1$ zu messen. Damit werden δ_1 und δ_2 unter den bei (7) verwendeten Voraussetzungen erhalten aus

$$\tan \frac{1}{2} (\delta_1 + \delta_2) = \frac{s_1 + s_2}{s_1 - s_2} \tan \frac{1}{2} \delta\,. \tag{8}$$

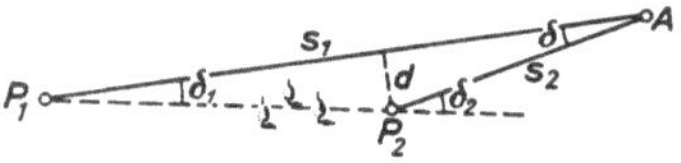

Bild 42.6. Rückwärts gebrochener Strahl.

Bei $\delta < 2\,cgon$ ist nach Bild 42.6:

$$\delta_1 (s_1 - s_2) \approx \delta\, s_2 = d$$

$$\delta_1 = \delta \frac{s_2}{s_1 - s_2}\,; \qquad \delta_2 = \delta \frac{s_1}{s_1 - s_2}\,. \tag{9}$$

Ist der Strahl mehrfach gebrochen (Bild 42.7), so berechnet man ihn als freien Polygonzug [33.3] mit der Seite P_1A als x-Achse und findet daraus nach 32.1

$$\delta_1 = (P_1\,P_2);\ \delta_2 = (P_2\,P_1) - (P_2C)\,. \tag{10}$$

In jedem Falle müssen Theodolit und Signale äußerst scharf — möglichst mit Zwang [15.2] — zentriert werden.

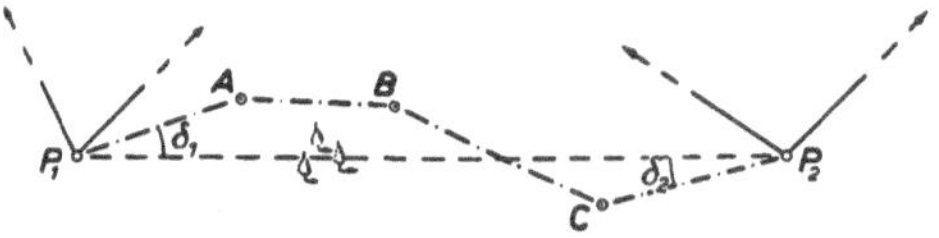

Bild 42.7. Mehrfach gebrochener Strahl.

Der gebrochene Strahl ist ein ausgezeichnetes Hilfsmittel zum Umgehen von Hindernissen, das meistens schneller zum Ziele führt als größere Exzentrizitäten.

43 Berechnung einer Kleintriangulation

43.1 Grundlagen. Ziel der Dreiecksberechnung ist die Ermittlung rechtwinkliger Koordinaten für die Dreieckspunkte. Die Rechnung ist um so schwieriger, je verwickelter der geometrische Aufbau des Netzes ist. Bei Kleindreiecksnetzen — zumal für bautechnische Projekte — wählt man daher möglichst einfache Grundfiguren, z. B. die Dreieckskette (Bild 43.1) oder das Diagonalenviereck (Bild 43.2).

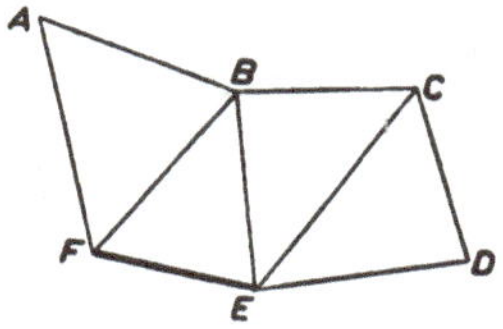

Bild 43.1. Dreieckskette.

Eine Dreieckskette kommt in Frage, wenn für bauliche Maßnahmen ein Tal trigonometrisch erfaßt werden muß. Das Diagonalenviereck reicht oft als Grundlage für die Absteckung von Brücken aus.

Nach 41.1 hat man wenigstens eine Seite und möglichst alle Winkel zu beobachten. Die Messungswidersprüche, die beim Zusammenstellen der Beobachtungen sichtbar werden, müssen, um ein eindeutiges und möglichst günstiges Ergebnis zu erzielen, nach der Methode der kleinsten Quadrate ausgeglichen werden. Wenn die Netze jedoch mäßige Ausdehnung haben, die Beobachtungen sehr gut sind und auf letzte Rechengenauigkeit verzichtet wird, führt auch eine schrittweise Abstimmung auf ausreichend genaue Ergebnisse.

43.2 Berechnung einfacher Figuren.

In einer *einfachen Dreieckskette* ohne Diagonalen sind in jedem Dreieck die Widersprüche gegen 200 *gon* gleichmäßig auf die Winkel zu verteilen. Die Koordinaten können auf zwei Wegen errechnet werden. Entweder berechnet man aus einer gegebenen und als x-Achse angenommenen Ausgangsseite mit den verbesserten Winkeln die Seiten und bildet aus Winkeln und Seiten einen die Figur umschließenden Polygonzug, der bei der Durchrechnung ohne Widerspruch abschließen muß. Oder man schneidet ausgehend von der gegebenen Seite die einzelnen Dreieckspunkte nacheinander vorwärts ein [44].

In einem *Diagonalenviereck* (Bild 43.2) mißt man alle Winkel und die beiden Seiten a und c. Zur Abstimmung der Winkel bildet man in dem umschließenden Viereck $ABCD$ und in den beiden verschränkten Vierecken $ACBD$ und $ABDC$ [Band I 41.1] die Vierecksschlußfehler

$$\begin{aligned} f_1 &= 400 - (\alpha_1 + \alpha_2 + \beta_1 + \beta_2 + \gamma_1 + \gamma_2 + \delta_1 + \delta_2) \\ f_2 &= 0 - (-\alpha_1 + \beta_2 + \gamma_1 - \delta_2) \\ f_3 &= 0 - (-\alpha_2 - \beta_1 + \gamma_2 + \delta_1)\,, \end{aligned}$$

setzt

$$k_1 = \frac{1}{8} f_1\,; \qquad k_2 = \frac{1}{4} f_2\,; \qquad k_3 = \frac{1}{4} f_3$$

und erhält damit die verbesserten Winkel

$$\begin{aligned} &\alpha_1 + k_1 - k_2; \quad \alpha_2 + k_1 - k_3; \quad \beta_1 + k_1 - k_3; \quad \beta_2 + k_1 + k_2; \\ &\gamma_1 + k_1 + k_2; \quad \gamma_2 + k_1 + k_3; \quad \delta_1 + k_1 + k_3; \quad \delta_2 + k_1 - k_2\,. \end{aligned}$$

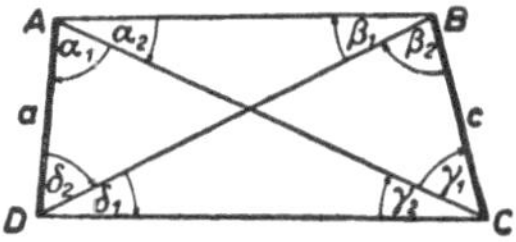

Bild 43.2. Diagonalenviereck.

Mit den verbesserten Winkeln berechnet man die Länge einer Diagonalen sowohl von a wie von c aus und hält, wenn die Ergebnisse ausreichend übereinstimmen, das Mittel aus beiden Rechnungen an. Über der gemittelten Diagonale als Abszissenachse können schließlich die Koordinaten für die übrigen Netzpunkte nach 32.2 oder 44 berechnet werden.

44 Netzverdichtung durch Vorwärtseinschneiden

Wenn in einem kleineren oder größeren Dreiecksnetz die Dreieckspunkte zu weit voneinander entfernt liegen, werden weitere Punkte (Neupunkte) meistens durch trigonometrisches Einschneiden eingeschaltet. Dabei soll der Neupunkt möglichst so gewählt werden, daß er im Schwerpunkt der für seine Bestimmung infrage kommenden Festpunkte (Altpunkte) liegt, und es sollen, damit die Nachbargenauigkeit gewahrt wird, die Richtungen von oder nach den unmittelbar benachbarten Festpunkten beobachtet werden.

Wir behandeln in **44** und **45** das einfache Vor- und Rückwärtseinschneiden. Abschließend folgt in **46** das „Vereinte Vor- und Rückwärtseinschneiden" unter Verwertung überschüssiger Beobachtungen.

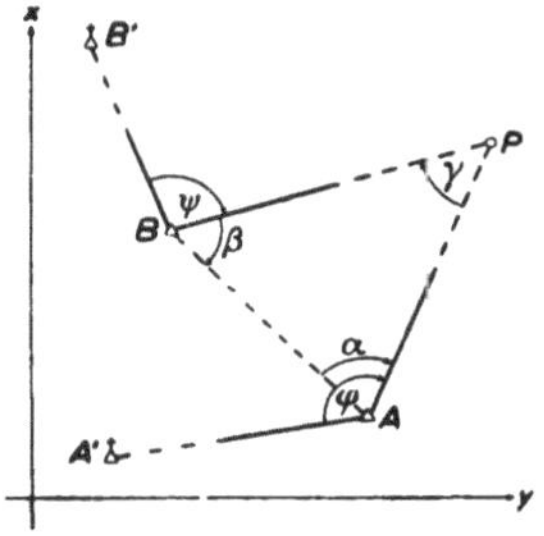

Bild 44.1. Vorwärtseinschneiden.

44.1 Allgemeine Lösung. Gegeben sind die Koordinaten von zwei Standpunkten A und B sowie von zwei Anschlußpunkten A′ und B'. Beobachtet ist auf A der Winkel φ und auf B der Winkel ψ. Gesucht sind die Koordinaten des Neupunktes P. Die Lösung beginnt mit dem *Orientieren der Vorwärtsstrahlen*, d. h. mit der Aufgabe, mit Hilfe von φ und ψ die Richtungswinkel (AP) und (BP) zu ermitteln. Vorbereitend berechnet man aus den Ausgangskoordinaten die Richtungswinkel (AA') und (BB') und findet mit Bild 44.1

$$(AP) = (AA') + \varphi; \quad (BP) = (BB)' + \psi . \tag{1}$$

Zur Berechnung der Koordinaten des Neupunkts ermittelt man aus den gegebenen Koordinaten die Strecke AB und die Richtungswinkel (AB) und (BA) und bildet nach Bild 44.1 die Winkel

$$\alpha = (AP) - (AB); \quad \beta = (BA) - (BP) . \tag{2}$$

Dann erhält man die Seiten

$$\overline{AP} = \overline{AB}\,\frac{\sin\beta}{\sin(\alpha+\beta)}\,; \qquad \overline{BP} = \overline{AB}\,\frac{\sin\alpha}{\sin(\alpha+\beta)} \tag{3}$$

und findet schließlich nach 32.2 mit Probe

$$\begin{aligned} y &= y_a + \overline{AP}\sin(AP); \quad & x &= x_a + \overline{AP}\cos(AP) \\ &= y_b + \overline{BP}\sin(BP); & &= x_b + \overline{BP}\cos(BP)\,. \end{aligned} \tag{4}$$

Zusätze: a) Wenn die Zielungen von A und B und B nach A möglich sind, kann auf die Visuren nach A' und B' verzichtet werden. Bei der Rechnung entfällt dann (2), und an die Stelle von (1) tritt

$$(AP) = (AB) + \alpha; \; (BP) = (BA) - \beta\,. \tag{1a}$$

b) Sind an Stelle der Winkel φ und ψ die Winkel φ und γ beobachtet, so ist

$$(AP) = (AA') + \varphi; \; (BP) = (AP) + \gamma\,. \tag{1b}$$

Dieser Fall heißt Seitwärtseinschneiden.

44.2 Rechenmaschinenlösungen. Ein für die Maschinenrechnung geeigneter Lösungsweg besteht darin, den Neupunkt P als Schnittpunkt der beiden Geraden

$$y - y_a = \tan(AP)\,(x - x_a) \text{ und } y - y_b = \tan(BP)\,(x - x_b) \tag{5}$$

zu betrachten. Die Lösung ist dann identisch mit der analytischen Lösung der Aufgabe Schnitt zweier Geraden*. Nachdem (AP) und (BP) gemäß (1) oder (1a) bestimmt sind, hat man lediglich die beiden Gleichungen

$$\left.\begin{aligned} x - x_a &= \frac{(y_b - y_a) - (x_b - x_a)\tan(BP)}{\tan(AP) - \tan(BP)} \\ y - y_a &= (x - x_a)\tan(AP) \end{aligned}\right\} \tag{6}$$

aufzulösen. Zur Kontrolle hat man

$$\left.\begin{aligned} x - x_b &= \frac{(y_b - y_a) - (x_b - x_a)\tan(AP)}{\tan(AP) - \tan(BP)} \\ y - y_b &= (x - x_b)\tan(BP)\,. \end{aligned}\right\} \tag{7}$$

* Vergl. Band I 15. Aufl. Ziff. 32.5 oder Band II 11. Aufl. Ziff. 36.2.

Zahlenbeispiel (siehe dazu Netzbild 46.1).

			y			x
Gegeben:	$A := P_1$		24681,92			90831,87
	$B := P_2$		24877,72			89251,09
	$y_b - y_a$	=	+ 195,80	$x_b - x_a$	=	— 1580,78
Aus Koord.:	(AA')	=	+324,6356 *gon*	(BB')	=	297,2785 *gon*
Beobachtet:	$+\varphi$	=	331,6174 *gon*	$+\psi$	=	60,7510 *gon*
	(AP)	=	256,2530 *gon*	(BP)	=	358,0295 *gon*
	tan (AP)	=	+1,218621	tan (BP)	=	—0,774937
	tan (AP) — tan (BP) = + 1,993 558					
	$y - y_a$	=	— 629,13	$x - x_a$	=	— 516,27
	y	=	24 052,79	x	=	90 315,60

44.3 Die Genauigkeit des Vorwärtseinschneidens ist abhängig von der Genauigkeit der Winkelmessung und von der Gestalt des Dreiecks ABP. Es sei m_r der mittlere Fehler der in A und B orientierten Richtungen, und es seien m_x und m_y die mittleren Fehler der Koordinaten des Neupunktes. Als Kriterium für die Güte der Punktbestimmung gelte der mittlere Punktfehler

$$m_P = \pm \sqrt{m_x^2 + m_y^2}\,.$$

Dann ergibt sich auf Grund des Fehlerfortpflanzungsgesetzes [Band I 14.4] mit den Bezeichnungen des Bildes 44.2 wegen $m_\alpha = m_\beta = m_r \sqrt{2}$

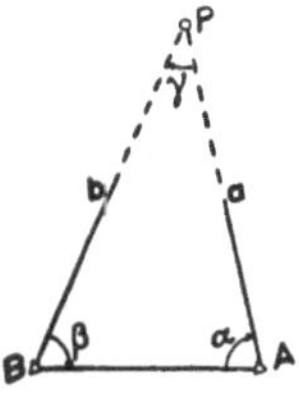

Bild. 44.2.

$$m_P = \pm \sqrt{\frac{a^2 + b^2}{{}^1/_2 \sin^2\gamma}} \cdot \frac{M_R}{\varrho}\,,$$

wobei für den mittl. Richtungsfehler M_R der in Band I 17.3 angegebene Wert M_r zu nehmen ist. m_P wird zum Minimum, wenn $\alpha = \beta$ ist und der Schnittwinkel γ der Bestimmungsstrahlen 121,6 *gon* beträgt.* Bei $\gamma \approx 0$ oder 200 *gon* wird die Lösung unbestimmt.

* Vgl. Ziff. 11 des Lit.-Verz. S. 145/46. Für tieferes Eindringen beachte man in der Zeitschr. f. Vermessungswesen Jhg. 1968 S. 414ff. sowie Jhg. 1969 S. 234, S. 445 und S. 455ff.

45 Netzverdichtung durch Rückwärtseinschneiden

Für das Rückwärtseinschneiden gibt es mehrere Dutzend Lösungen. Um dabei auf Formeln zu kommen, die ohne Rücksicht auf die geometrischen Beziehungen der Punkte auf richtige Lösungen führen, wähle man, wie in Bild 45.1 geschehen, die Bezeichnungen so, als seien nicht Winkel sondern Richtungen beobachtet. Man nenne dazu einen der gegebenen Festpunkte „Punkt M“ und bezeichne von P nach M blickend rechtsläufig den ersten Festpunkt mit A und den zweiten mit B. Dieses Verfahren ist bereits beim Vorwärtseinschneiden [44] angewandt. Es führt auch bei anderen Einschneideaufgaben unabhängig von der Lage der Punkte auf ein richtiges Ergebnis.

Aus der großen Zahl der Lösungen des Rückwärtseinschneidens seien lediglich die Formeln von Collins [45.1] und Cassini [45.2] mitgeteilt.

Gegeben sind in Bild 45.1 die drei Festpunkte M, A und B. Zur Bestimmung des Neupunktes P sind auf P die Winkel $\alpha = \sphericalangle MPA$ und $\beta = \sphericalangle MPB$ gemessen. Gesucht sind die Koordinaten von P.

45.1 Die Collinssche Lösung ist besonders durchsichtig. Man denke sich über die beiden Festpunkte A und B und den Neupunkt P einen Hilfskreis gelegt, der die Gerade PM oder ihre Verlängerung in dem „Collinsschen Hilfspunkt Q“ schneidet. Dann treten die Winkel α und $(2\pi - \beta)$ als Peripheriewinkel über dem gleichen Bogen auch bei B und A auf, so daß der Punkt Q sich als Vorwärtseinschnitt über AB bestimmen läßt. Aus den Differenzen der Richtungswinkel von Q nach A, M und B errechnet man δ und ε. Da diese Winkel auch bei B und A auftreten, kann man den Neupunkt P von A und B aus vorwärts einschneiden. Damit ist der Rückwärtsschnitt auf zwei Vorwärtsschnitte zurückgeführt. Nachteilig ist dei Collins Lösung, daß zahlreiche Winkelfunktionen aufgeschlagen werden müssen.

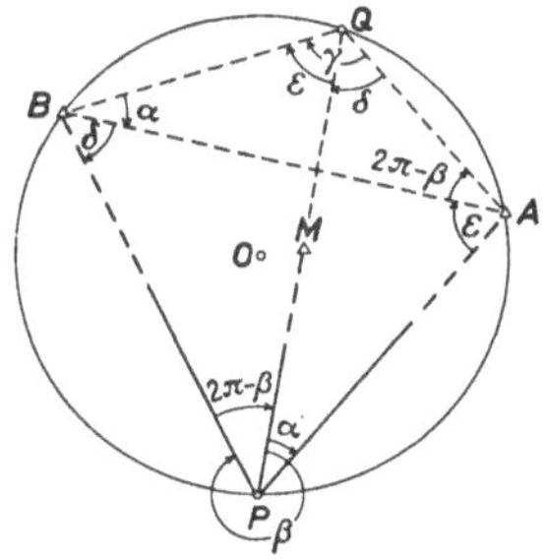

Bild 45.1. Rückwärtseinschneiden nach Collins.

Formelentwicklung: (π steht für 200 *gon*)

(1) Berechnung von (AB) und $\overline{AB}$ nach 32.3 (2. Grundaufgabe)

(2) $(AQ) = (AB) - \beta;\ (BQ) = (AB) - \alpha \pm \pi;\ \gamma = \beta - \alpha \pm \pi$

(3) $\overline{AQ} = \overline{AB}\,\dfrac{\sin\alpha}{\sin\gamma}$ | $\overline{BQ} = \overline{AB}\,\dfrac{\sin(2\pi - \beta)}{\sin\gamma}$

(4) $y_q = y_a + \overline{AQ}\sin(AQ) = y_b + \overline{BQ}\sin(BQ)$ | $x_q = x_a + \overline{AQ}\cos(AQ) = x_b + \overline{BQ}\cos(BQ)$

(5) Berechnung von (MQ) nach 32.3 (2. Grundaufgabe)

(6) $(AP) = (MQ) + \alpha \pm \pi;$ $(BP) = (MQ) + \beta \pm \pi;$ | $\delta = (MQ) - (AQ) = (BP) - (BA)$; $\varepsilon = (BQ) - (MQ) = (AB) - (AP)$

Beachte: $\delta + \varepsilon = \gamma;\ \sin(2\pi - \beta + \alpha) = \sin(\pi - \gamma) = \sin\gamma$

(7) $\overline{AP} = \overline{AB}\,\dfrac{\sin\delta}{\sin\gamma}$ | $\overline{BP} = \overline{AB}\,\dfrac{\sin\varepsilon}{\sin\gamma}$

(8) $y = y_a + \overline{AP}\sin(AP) = y_b + \overline{BP}\sin(BP)$ | $x = x_a + \overline{AP}\cos(AP) = x_b + \overline{BP}\cos(BP)$

Zahlenbeispiel (siehe auch Netzbild 46.1):

	y	x	Beobachtet
Geg. $M: = P_5$	23231,58	91422,92	$\alpha =$ 96,8791 *gon*
$A: = P_1$	24681,92	90831,87	$\beta =$ 328,0176 *gon*
$B: = P_4$	23374,83	90179,61	

Ziffer

(1)	(AB) = 270,5333 *gon*	(BA) = 70,5333 *gon*	$\overline{AB}$ = 1460,79 m
(2)	(AQ) = 342,5157 *gon*	(BQ) = 373,6542 *gon*	γ = 31,1385 *gon*
(3)	$\overline{AQ}$ = 3105,33 m	$\overline{BQ}$ = 2812,80 m	
(4)	y_q = 22243,73 m	x_q = 92754,98 m	
(5)	(MQ) = 359,3771 *gon*	(AP) = 256,2562 *gon*	(BP) = 87,3947 *gon*
(6)	δ = 16,8614 *gon*	ε = 14,2771 *gon*	$\delta + \varepsilon$ = 31,1385 *gon*
(7)	$\overline{AP}$ = 813,86 m	$\overline{BP}$ = 691,42 m	(soll γ)
(8)	y = 24052,74 m	x = 90315,62 m	

45.2 Die Cassinische Lösung — mit den gleichen Bezeichnungen wie bei Collins — ist besonders geeignet für das Maschinenrechnen. Um den Neupunkt P geometrisch festzulegen (Bild 45.2), denke man sich je einen Hilfskreis über die

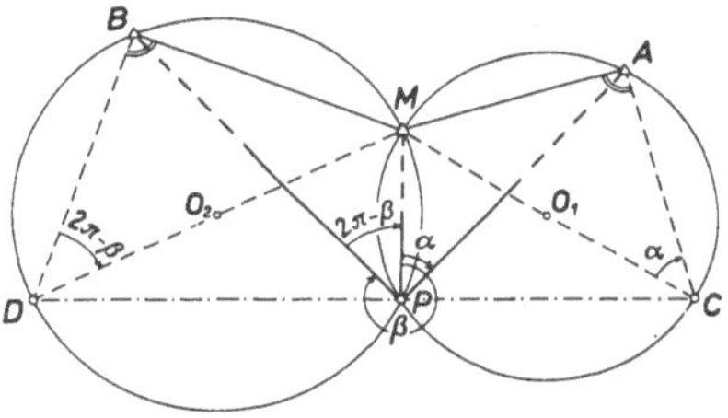

Bild 45.2. Rückwärtseinschneiden nach Cassini.

Punkte M, A, P und M, P, B gelegt und hat dann auf dem Schnittpunkt jedes Kreises mit seinem durch M gelegten Durchmesser die Cassinischen Hilfspunkte C und D. Wegen $\sphericalangle\, MPC = \sphericalangle\, DPM = 100\,gon$ ist der Neupunkt P der Fußpunkt des von M auf CD gefällten Lotes.

Bei der analytischen Lösung bestimmt man P als Schnittpunkt der Geraden CD mit ihrer Normalen durch M*. Den Punkten P_1, P_2 und P_4 der dortigen Bilder Fall I und Fall II entsprechen hierbei die Punkte M, C und D des Bildes 45.2. Für C und D werden lediglich die Koordinatenunterschiede gegen M benötigt. Da die Winkel α und $(2\pi - \beta)$ auch bei C und D auftreten und $\sphericalangle\, CAM = \sphericalangle\, MBD = 100\,gon$ ist, hat man zur Bestimmung der Koordinatenunterschiede von C gegen M

$$\overline{AC} = \overline{AM} \cot\alpha; \quad (AC) = (AM) - 100\,gon$$

$$y_c - y_a = \overline{AC} \sin(AC) = -\overline{AM} \cos(AM) \cot\alpha = (x_a - x_m) \cot\alpha,$$

und wenn man y_a nach rechts bringt und y_m abzieht,

$$y_c - y_m = (y_a - y_m) + (x_a - x_m) \cot\alpha\,. \tag{1a}$$

Ebenso ist:

$$\left.\begin{aligned} x_c - x_m &= (x_a - x_m) - (y_b - y_m) \cot\alpha \\ y_d - y_m &= (y_b - y_m) + (x_b - x_m) \cot\beta \\ x_d - x_m &= (x_b - x_m) - (y_b - y_m) \cot\beta \end{aligned}\right\} \tag{1b}$$

* Vergl. die in der Fußnote zu 44.2 angegebenen Fundstellen.

Daraus folgen wegen $\overline{MP} \perp \overline{CD}$ die Richtungskoeffizienten

$$\left.\begin{aligned} \tan(CD) &= \frac{(y_d - y_m) - (y_c - y_m)}{(x_d - x_m) - (x_c - x_m)} = m_2\,; \\ \tan(MP) &= m_1 = -\frac{1}{m_2}\,. \end{aligned}\right\} \tag{2}$$

Wenn man nun an der in der Fußnote S. 159 angegebenen Stelle (5) in (3) einsetzt und beachtet, daß wegen $1:(m_1 - m_2) = m_1:(1 + m_1^2) = -m_2:(1 + m_2^2)$ ist, so erhält man mit den Koordinatenunterschieden (1a) und (1b) und den Richtungskoeffizienten (2)

$$\left.\begin{aligned} y - y_m &= \frac{(y_c - y_m) - m_2(x_c - x_m)}{1 + m_2^2}\,; \\ x - x_m &= -m_2(y - y_m) \end{aligned}\right\} \tag{3}$$

und zur Probe

$$\left.\begin{aligned} x - x_m &= \frac{(x_d - x_m) + m_1(y_d - y_m)}{1 + m_1^2}\,; \\ y - y_m &= m_1(x - x_m)\,. \end{aligned}\right\} \tag{4}$$

Zahlenbeispiel: Mit den Ausgangsdaten des Zahlenbeispiels in 45.1 ist nach (1a) und (1b)

$$y_c - y_m = 1421{,}34;\quad x_c - x_m = 662{,}21;$$
$$y_d - y_m = 728{,}73;\quad x_d - x_m = 1175{,}85$$

Nach (2) $\tan(CD) = m_2 = +1{,}348435;\; 1 + m_2^2 = 2{,}818277$
$\tan(MP) = m_1 = -0{,}741601;\; 1 + m_1^2 = 1{,}549972$

Nach (3) u. (4) $y - y_m = +821{,}17;\; x - x_m = -1107{,}30$
$y = 24\,052{,}75 \qquad x = 90\,315{,}62$

45.3 Die Genauigkeit des Rückwärtseinschneidens. Wenn der Neupunkt P auf dem durch die drei Festpunkte A, M, B gegebenen Kreis liegt, wird die Lösung unbestimmt. Man erkennt das sehr leicht: Bei Collins fallen die Punkte M und Q und bei Cassini die beiden Hilfskreise zusammen. Der Kreis durch M, A und B wird daher als der gefährliche Kreis bezeichnet; denn die Lösung wird bereits ungenau, wenn der Punkt P in der Nähe des gefährlichen Kreises liegt. Um das zu vermeiden, gehe man möglichst auf die im Bild 45.3 skizzierten Punktlagen aus.

Als Maß für die Genauigkeit eines Rückwärtseinschnittes diene der in 44.3 definierte mittlere Punktfehler. Unter Verzicht auf die fehlertheoretische Herleitung* wird hier nur das Ergebnis mitgeteilt:

Man trage in einer maßstäblichen Zeichnung (Bild 45.4) auf den Bestimmungsstrahlen von P aus die reziproken Längen der drei Bestimmungsstrahlen $1/s_1 = r_1$, $1/s_2 = r_2$, $1/s_3 = r_3$ in beliebigem Maßstab ab, so daß das Reziproken-Hilfsdreieck $M'A'B'$ entsteht. Bezeichnet man dessen Seiten mit σ_1, σ_2, σ_3 und seinen Flächeninhalt mit Δ, so erhält man unter der Voraussetzung, daß im Neupunkt P Richtungen (nicht Winkel) beobachtet sind, deren mittlerer Fehler M_R gleich dem in Band I 17.3 errechneten M_r ist, für das Quadrat des mittleren Punktfehlers den Ausdruck

$$m_P^2 = \frac{\sigma_1^2 + \sigma_2^2 + \sigma_3^2}{4\Delta^2} \cdot \frac{m_R^2}{\varrho^2}.$$

Am günstigsten ist also eine Punktbestimmung, bei der die σ_i möglichst klein sind, Δ aber möglichst groß ist.

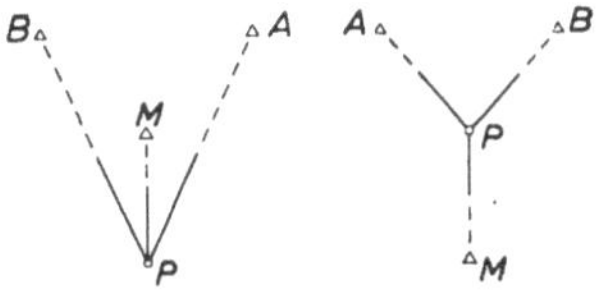

Bild 45.3.
Günstigste Lagen beim Rückwärtseinschneiden.

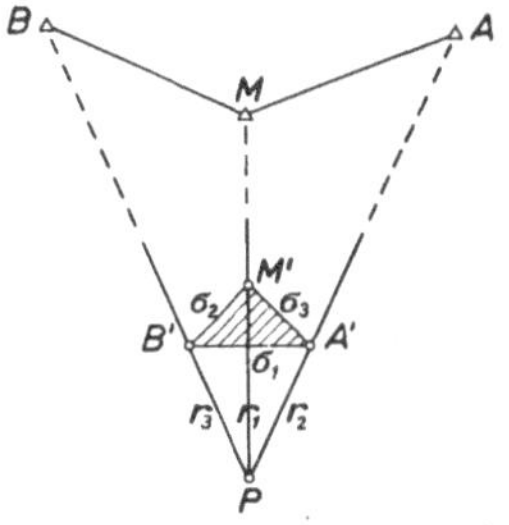

Bild 45.4. Reziprokes Hilfsdreieck.

46 Vereintes Vor- und Rückwärtseinschneiden

46.1 Die Messungsanordnung. Die Koordinatenbestimmung durch trigonometrisches Einschneiden muß durch Meß- und Rechenproben kontrolliert werden. Gegen Beobachtungsfehler, wie z. B. das Anzielen eines falschen Zieles oder Irrtümer bei der Entnahme der Ausgangsdaten, z. B. beim Abschreiben der Koordinaten, sichern nur überschüssige Beobachtungen.

* Vgl. Ziff. 11 des Lit.-Verz. S. 151/52.

Man beobachte daher wenigstens eine zusätzliche Richtung und ermittele deren Richtungswinkel einerseits, indem man ihn mit Hilfe der beobachteten Richtungen an eine aus Koordinaten berechnete Richtung anschließt, anderseits zur Probe, indem man ihn nach 32.3 aus den Koordinaten vom Festpunkt und Neupunkt ableitet.

Der beste Schutz gegen Meß- und Rechenfehler und gleichzeitig eine günstige Punktbestimmung wird erreicht, wenn ein Punkt sowohl durch Vorwärtsschnitte oder äußere Richtungen wie durch Rückwärtsschnitte oder innere Richtungen bestimmt ist. In der geodätischen Praxis pflegt man mit 5—8 Bestimmungsstrahlen zu arbeiten.

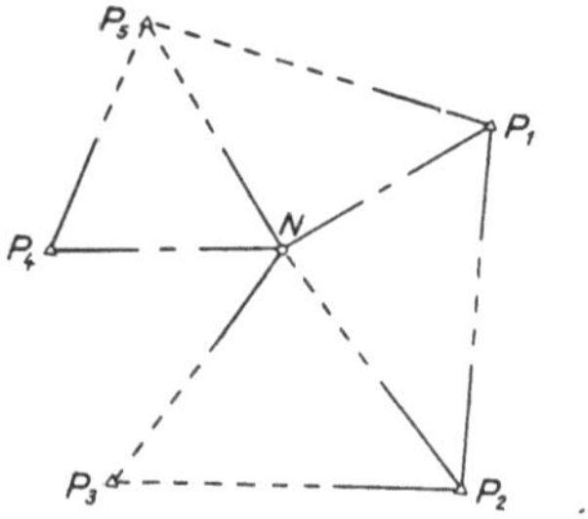

Bild 46.1. Vereintes Vor- und Rückwärtseinschneiden.

Gegebene Koordinaten

Pkt. Nr.	Rechts y	Hoch x
	36	58
1	24 681,92	90 831,87
2	24 877,72	89 251,09
3	22 526,65	89 150,52
4	23 374,83	90 179,61
5	23 231,58	91 422,92

Als Beispiel diene die Berechnung des Neupunkts N im Bild 46.1. Er ist durch die 3 äußeren Richtungen auf P_1, P_2, P_4 und durch die 4 inneren Richtungen nach P_1, P_3, P_4, P_5 bestimmt. Da zur eindeutigen Punktbestimmung 2 Winkel oder 3 Richtungen genügen, sind vier überschüssige Stücke vorhanden; infolgedessen entstehen Widersprüche, die nachstehend unter Verzicht aus eine formelle Ausgleichung* oder ein zum Teil graphisches Abstimmungsverfahren** durch das allgemeine arithmetische Mittel der Ergebnisse aus mehreren Vorwärts- und Rückwärtsschnitten verteilt werden sollen. Die einzelnen Schritte dieses Verfahrens, das mit modernen Tisch- und Taschenrechnern einfach durchgeführt werden kann, werden anhand des vorstehenden Beispiels erläutert,

* Vgl. Ziff. 4 des Lit.-Verz. § 26.

** Schenk, E., Eine vereinfachte halbgraphische Ausgleichung von Aufnahmepunkten. Allg. Verm.-Nachr. Jahrg. 1942, S. 17ff. — Großmann, W.: Vermessungskunde II, 8. bis 11. Aufl.

dessen Zahlenwerte auch den Beispielen in 44.2, 45.1 und 45.2 zugrunde liegen.

46.2 Das Orientieren der beobachteten Richtungen hat den Zweck, die beobachteten Richtungssätze so zu drehen, daß der Nullstrahl jedes Satzes möglichst genau in die Richtung der Abszissenachse weist. Man berechnet dazu gemäß 32.3 für die äußeren Richtungen die Anschlußrichtungswinkel t_i (und vorsorglich die Strecken s_i) von den Standpunkten P_1, P_2 und P_4 nach den auf diesen angeschnittenen Festpunkten. Alsdann stellt man in dem nachstehenden Formblatt (auch „Abriß" genannt) die beobachteten Richtungen R_i und die berechneten Richtungswinkel t_i einander gegenüber und vermerkt in der nächsten Spalte die Unterschiede $(t - R)$.

Auf jedem der Punkte P_1, P_2 und P_4 bildet man das Mittel $[t - R]/r = z$ — wobei r die Anzahl der auf dem betreffenden Punkt gebildeten $(t - R)$ ist — und hat dann in z die „Orientierungsunbekannte des Nullstrahls", die, zu den beobachteten Richtungen R hinzugefügt, die auf den betreffenden Punkt „orientierten Richtungen" $R° = R + z$ ergibt.

Abriß

Std. Pkt. Nr.	Ziel Pkt. Nr.	Richtungswinkel t	Beob. Richtung R	$t - R$ / $z = \frac{[t-R]}{r}$	Orient. Richtung $R + z = R°$	$v = t - R°$	Strecken aus S
		gon	gon	gon	gon	mgon	m
1	2	192,1544	0,0000	192,1544	192,1542		1592,86
	N	*256,2553*	64,0989		256,2531	*+2,2*	
	5	324,6356	132,4815	,1541	324,6357		1566,15
			$z_1 =$	192,1542			
2	3	297,2785	0,0000	297,2785	297,2787		2353,22
	N	*358,0289*	60,7510		358,0297	*—0,8*	
	1	392,1544	94,8755	,2789	392,1542		1592,86
			$z_2 =$	297,2787			
4	5	392,6972	0,0000	392,6972	392,6972		1251,54
	N	*87,3951*	94,6962		87,3934	*+1,7*	
			$z_4 =$	392,6972			
N	1	*56,2553*	0,0000	*56,2553*	*56,2559*	*—0,6*$^{-0,8}$	*813,85*
	3	*258,4892*	202,2332	*,2560*	*258,4851*	*+0,1*$^{-0,8}$	*1920,02*
	4	*287,3951*	231,1385	*,2566*	*287,3944*	*+0,7*$^{-0,8}$	*691,44*
	5	*359,3768*	303,1209	*,2559*	*359,3768*	*±0,0*$^{-0,8}$	*1378,57*
			$z_N =$	*56,2559*		*—3,0*	

46.3 Ermitteln der Neupunktskoordinaten. Von den nach Bild 46.1 möglichen Vorwärtsstrahlen haben nur diejenigen auf die Berechnung der endgültigen Koordinaten einen spürbaren Einfluß, bei denen die Schnittwinkel ε den Bedingungen 50 *gon* $< \varepsilon <$ 150 *gon* genügen. Dies sind (erstens) die Vorwärtsstrahlen auf P_1 und P_2 ($\varepsilon = 102$ *gon*) und (zweitens) die auf P_2 und P_4 ($\varepsilon = 129$ *gon*). Aus diesen beiden Strahlenpaaren sind die Koordinaten des Neupunktes nach den Formeln (6) und (7) der Ziffer 44.1 zu errechnen. Dabei bestehen zwischen den Formelapparat 44.1 und den an dieser Stelle zu bearbeitenden Fällen die Punktidentitäten

$$(1)\ A = P_1 \text{ und } B = P_2;\ (2)\ A = P_2 \text{ und } B = P_4.$$

Die orientierten Richtungen der Vorwärtsstrahlen, die in 40.1 mit (AP) und (BP) bezeichnet sind, werden in dem hier vorliegenden Fall der Spalte „Orientierte Richtungen" des obigen Abrisses entnommen.

Für die Rückwärtsstrahlen erhält man nach dem Kriterium in Ziffer 45.4 sowie zur Koordinatenberechnung nach Ziffer 45.2 ebenfalls zwei Kombinationen, nämlich

$$(3)\ M = P_5,\ A = P_1,\ B = P_4;\ (4)\ M = P_4,\ A = P_5,\ B = P_3.$$

Die Kombination (3) ist bereits in 45.1 und 45.2 berechnet.

Die Ergebnisse dieser Rechungen sind als Differenzen $y_k - y_0$ und $x_k - x_0$ gegenüber den in 44.2 berechneten Näherungskoordinaten für N, nämlich

$$y_0 = 24052{,}79;\ x_0 = 90315{,}60$$

in den beiden letzten Zeilen der nachstehenden Tabelle zusammengestellt. Der Index k bezeichnet hier die Anzahl der Kombinationen.

Zum Bilden des gewogenen oder allgemeinen arithmetischen Mittels benötigt man die Gewichte p_k. Dazu verwende man entsprechend Bd. I 14 (16) die Beziehung $p = m_0^2 : m_p^2$ und übernehme für den mittleren Punktfehler beim Vorwärtseinschneiden (VE) die in 44.3 und beim Rückwärtseinschneiden (RE) die in 45.9 angegebenen Formeln. Wenn dann m_R in allen

Fällen als Gewichtseinheitsfehler m_0 angenommen wird, so erhält man als Gewichte für *VE* bzw. *RE*

$$p_k^{VE} = \frac{{}^1/_2 \sin^2 \varphi}{s_a^2 + s_b^2} \quad \text{bzw.} \quad p_k^{RE} = \frac{4\,\Delta^2}{\delta_m^2 + \delta_a^2 + \delta_b^2}$$

Schnitt		Vorwärts-				Rückwärts-					
Festpunkte Pkt.-Nr.		A 1	B 2	A 2	B 4	B 4	M 5	A 1	B 3	M 4	A 5
s	km	0,8	1,3	1,3	0,7	0,7	1,4	0,8	1,9	0,7	1,4
φ	*gon*	102		129		72	97		29	72	
p_k	km^{-2}	2,3		2,2			3,4			0,6	
$y_k - y_0$	cm	0,0		—2,5			—4,6			—3,1	
$x_k - x_0$	cm	+0,8		+4,0			+2,2			+3,0	

Daraus folgen als günstigste Werte für $dy = y - y_0$ und $dx = x - x_0$ nach Bd. I 14.6 die allgemeinen arithmetischen Mittel

$$dy = \frac{[p_k \cdot (y_k - y_0)]}{[p_k]} = \frac{-23{,}0}{8{,}5} = -2{,}7 \text{ cm},$$

$$dx = \frac{[p_k \cdot (x_k - x_0)]}{[p_k]} = \frac{+19{,}9}{8{,}5} = +2{,}3 \text{ cm}$$

Durch Addition zu den unter 46.3 gewählten Näherungswerten $P_0\,(x_0, y_0)$ erhält man schließlich als günstigste Koordinaten für den Neupunkt N

$$y = y_0 + d_y = 24\,052{,}76 \qquad x = x_0 + d_x = 90\,315{,}62$$

46.4 Fehlerrechnung. Aus den endgültigen Koordinaten des Neupunktes und denen der entsprechenden Festpunkte berechnet man die endgültigen t_n (und die Strecken s) und ergänzt das Formblatt „Abriß" auf S. 167 durch die dort kursiv geschriebenen Werte.

Zur Berechnung der mittleren Fehler einer orientierten Richtung bildet man im Abriß die Differenzen $v = t - R^0$. Die für die inneren Richtungen gefundenen v_i reduziert man — indem man sie mit — $[v]/n$ verbessert —, so, daß ihre Summe Null ergibt (vergl. die im Abriß rechts oben neben den v klein eingetragenen Reduktionsbeträge), und erhält dann mit den reduzierten v der inneren und den unveränderten v der äußeren Richtungen aus

$$m_{R^0} = \pm \sqrt{\frac{[vv]}{\mu - 3}} = \sqrt{\frac{11{,}47}{7 - 3}} = \pm\ 1{,}7\ mgon$$

den gesuchten mittleren Fehler einer orientierten Richtung R^0; Damit wird der mittlere Punktfehler m_N (in cm) des Neupunktes

$$m_N = \frac{10^5}{\sqrt{[p_k]}} \frac{m_{R^0}}{\varphi} = \pm \frac{10{,}5}{2{,}9} \frac{1{,}7}{6{,}4 \cdot 10^4} = \pm 1{,}0 \text{ cm}$$

Alle Ergebnisse in 46.4 und 46.5 sind nicht durch eine strenge Ausgleichung nach der Methode der kleinsten Quadrate gefunden, sondern mit Hilfe des in Bd. I 14.62 abgeleiteten Verfahrens des gewogenen oder allgemeinen arithmetischen Mittels. Die Ergebnisse sind also nicht streng; sie sind aber eine für die meisten praktischen Zwecke ausreichende Annäherung, die um so besser ist, je besser die Ergebnisse der örtlichen Messungen zueinander passen.

Zusatz: *Rechenautomaten.* Die geodätischen Rechnungen, vorwiegend im 4. und 5. Abschnitt dieses Buches, sind auf einfache Tischrechenmaschinen abgestellt. In der Praxis werden solche Geräte jedoch immer mehr durch programmgesteuerte Rechenautomaten abgelöst. Zu einer generellen Behandlung im Rahmen dieses Buches ist die Computertechnik noch nicht reif. Solange das Angebot auf dem augenblicklichen Markt noch so vielfältig und so unterschiedlich ist, bedarf eines mehr oder weniger umfangreichen Spezialstudiums, um die erforderlichen Kenntnisse in der Programmsprache und im Aufstellen von Programmen zu erwerben. Dazu muß einstweilen auf die vorhandene Spezialliteratur verwiesen werden*. Z. Zt. kann allgemein folgendes gesagt werden:

* Rösler, A. Einführung in die Programmierung vermessungstechnischer, finanzmathematischer und geodätischer Aufgaben an Tisch-, Büro- und Kleincomputern. Verlag Herbert Wichmann, Karlsruhe 1973.

Hinsichtlich der Leistungsfähigkeit, der Ein- und Ausgabe der Daten, der Speicherkapazität und der Rechengeschwindigkeit unterscheidet man Klein- und Tischrechner, mittlere und große Rechenanlagen. Die heute verwendeten modernen Rechenanlagen gehören fast ausschließlich zu den Computern der sogenannten 3. Generation. Sie sind also schon recht weit fortgeschritten.

Neben den arithmetischen Grundrechenoperationen, der organisatorischen Abwicklung für Ein- und Ausgabe der Daten, der Speicherung von Daten u. a. m. gehören bei fast allen Rechnern die gebräuchlichsten Standardfunktionen (z. B. $\sin x$, $\cos x$, e^x, $ln\, x$, $\sqrt{x}$ usw.) zu den direkt abrufbaren Rechenoperationen.

Die programmgesteuerten Tischrechner werden im allgemeinen in einem maschinenabhängigen Intern-Code der betreffenden Fertigungsfirma programmiert. Dazu muß das zu lösende Problem in eine Folge von elementaren Schritten zerlegt und in entsprechenden Maschinenbefehlen verschlüsselt werden.

Das Programmieren im Maschinencode ist in der Regel recht aufwendig. Es vereinfacht sich jedoch durch die für größere Rechenanlagen erfundenen Programmiersprachen wie z. B. Cobol, Fortran, Algol oder PL/1. Diese lehnen sich meist an die englische Umgangssprache und die Formelsprache der Mathematik an. Sie ersparen dem Programmierer die Zerlegung von Rechenanweisungen in Einzelschritte und erleichtern dem Benutzer die Programmierarbeit erheblich. Durch entsprechende Übersetzer- (Compiler-) Programme können umfangreiche Anweisungsfolgen automatisch in die entsprechenden Maschinenbefehle zerlegt und in den Maschinencode übertragen werden.

Eine wesentliche Voraussetzung für den optimalen Einsatz eines jeden Rechenautomaten ist eine eingehende Programmanalyse. Hier wird die zu lösende Aufgabe zunächst durch Aufbereiten des Formelsystems in eine geeignete mathematisch-logische Form gebracht, die insbesondere auf die Leistungsfähigkeit und die spezifischen Eigenschaften des vorhandenen Rechnertyps abgestellt sein muß.

Im Hinblick auf die große Vielfalt der Rechnersysteme können daher die in diesem Buch mitgeteilten algebraischen und trigonometrischen Lösungswege und Formelsysteme keinen Anspruch auf optimale Brauchbarkeit für alle Rechnertypen erheben. Es bleibt immer Aufgabe des Benutzers, die entsprechenden Formeln für das ihm zur Verfügung stehende System aufzubereiten.

Ein wesentlicher Beitrag wird aber auch von den Verfertigern geodätischer Instrumente erwartet.

Zur vollen Ausnutzung der Rechengeschwindigkeit verlangen die größeren Elektronenrechner die Eingabe von Daten und Programmen mit Hilfe von Lochkarten, Lochstreifen oder Magnetbändern. Größere Serien von Meßwerten sollten daher bereits im Zuge der Messung auf solchen Speichermedien registriert werden, damit die Karten, Streifen oder Bänder frei von Übertragungsfehlern unmittelbar in die Rechenautomaten eingegeben werden können. Das leisten heute bereits einige der in Tafel II (Seite 98ff) genannten Registriertachymeter.

5 Punktbestimmung durch Trilateration und kombinierte Verfahren

51 Anlage und Berechnung einer Klein-Trilateration

51.1 Netzaufbau und Punkteinschaltung durch einfachen Bogenschnitt.

Kleine Trilaterationsnetze können im Prinzip ebenso angelegt werden, wie die Kleintriangulierungen, die unter 43 (S. 156.) besprochen sind. Wenn aber in einer aus lauter Dreiecken zusammengesetzten Figur, wie sie z. B. Bild 43.1 zeigt, alle Dreiecksseiten aber keine Winkel gemessen sind, so ist die Figur zwar nach ihrer Größe und Gestalt bestimmt. Es ist aber, wie bereits in der Einleitung zum 4. Abschnitt auf S. 145 erläutert wurde, kein überschüssiges Stück vorhanden. Fehlerhafte Messungen werden also nicht entdeckt, und es ist auch nicht möglich, aus den Messungswidersprüchen ein Maß für die Genauigkeit der Beobachtungen abzuleiten.

Um diesem Mangel abzuhelfen, wird zweckmäßig, wenn z. B. ein einfaches Dreieck, wie es Bild 51.1 zeigt, allein durch Seitenmessung zu bestimmen ist, durch drei zusätzliche Strecken

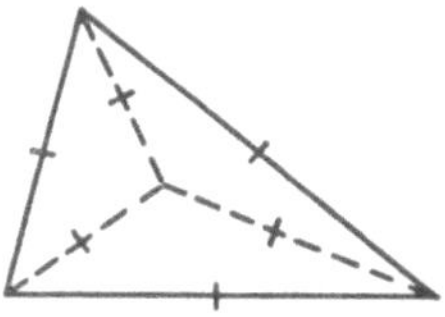

Bild 51.1. Einfache Trilaterationsfigur.

ein Zwischenpunkt eingeschaltet, so daß als Schutz gegen grobe Messungsfehler wenigstens ein überschüssiges Stück vorhanden ist. In stärker gegliederten Figuren nach Art der Bilder 43.1 und 43.2 kann man Diagonalen einziehen, die um so wirksamer sind, je näher ihre Schnittwinkel an 100 *gon* liegen. So wird man z. B. in einer Dreieckskette, wie sie Bild 43.1 zeigt, möglichst die Diagonalen AE, BD und CF beobachten. Im Falle des Diagonalvierecks gemäß Bild 43.2 käme die Einschaltung zusätzlicher Punkte oder die Messung einzelner Winkel in Frage.

Als Geräte für die Seitenmessung kommen vorwiegend die in 26 behandelten Kurzstreckenmesser in Betracht, mit denen Strecken bis zu 2000 m sich auf $\pm$ 1—2 cm genau bestimmen lassen. Falls Sichthindernisse vorhanden sind, hat man wie bei der Triangulation für erhöhte Standpunkte und Zielpunkte zu sorgen. An diese Bauten werden jedoch, schon weil schwierige Zentrierungen bei der Streckenmessung kaum auftreten, nicht so große Anforderungen gegen Verdrehung gestellt, wie bei den Signalen für die Winkelmessung.

Gut geeignet für die elektronische Distanzmessung in mittleren Höhen über dem Boden sind die durch Spanndrähte gehaltenen Gittermasten der Firma Geoskandia in Solna/Schweden. Bild 51.2 zeigt skizzenhaft den in der Standardausführung bis 12 m Höhe ausfahrbaren dreiseitigen G-Mast, der durch ein Zusatzglied auf 15 m gebracht werden kann. Dieser Mast trägt einen Sitz für den Beobachter und außerdem zur Aufnahme eines Distanzmessers oder Reflektors eine Plattform, die mit einem Seilzug auch vom Boden aus gedreht werden kann. Bei einem Gewicht von 30 kg läßt der G-Mast sich auf dem Dach eines Combiwagens transportieren. Bild 51.3 zeigt den G-Mast im Einsatz. Der „Signalmast" der gleichen Firma erreicht bei 6-eckigem Querschnitt bis zu 30 m Höhe und wiegt etwa 80 kg;

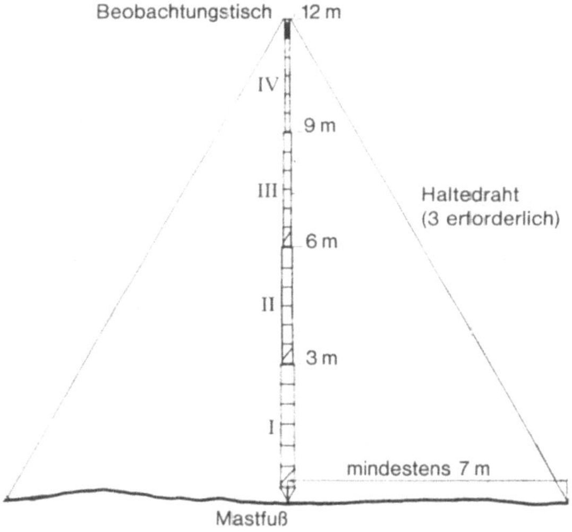

Bild 51.2. G-Mast der Firma Geoskandia.

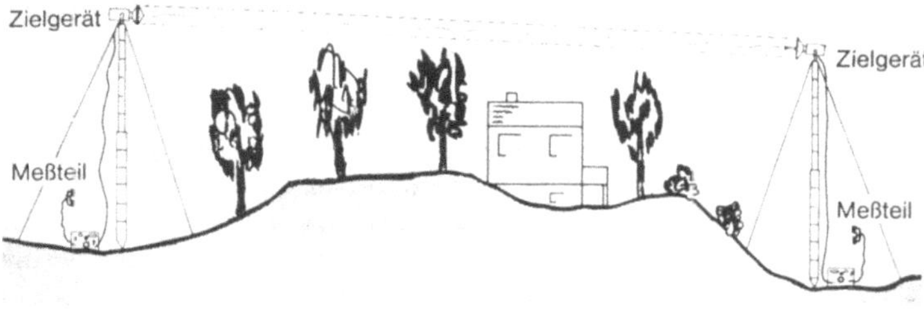

Bild 51.3. Distanzmessung mit 2 G-Masten und 2 Distomaten.

der erheblich stärkere „G-Tower", der auch als Standpunktsignal bei Winkelmessungen eingesetzt werden kann, wiegt bei 25 m Höhe 200 kg.

51.2 Berechnung der Koordinaten der Netzpunkte*. Die Aufgabe, die Koordinaten x, y eines Neupunktes N zu berechnen, der von den koordinierten Endpunkten einer Strecke P_1 P_2 aus durch Messen der Entfernungen $P_1 N$ und $P_2 N$ festgelegt ist, heißt die einfache Punktbestimmung durch Bogenschnitt. Zur Lösung dieser Aufgabe bestimmt man gem. Bild 51.4 zunächst im Anhalt an Band I 32.2 bis 4 die rechtwinkligen Koordinaten p und h des Punktes N in Beziehung auf die Strecke $P_1 P_2$ und transformiert in einem zweiten Rechengang die örtlichen Koordinaten p und h in die Koordinaten x und y des Systems, in dem P_1 und P_2 gegeben sind.

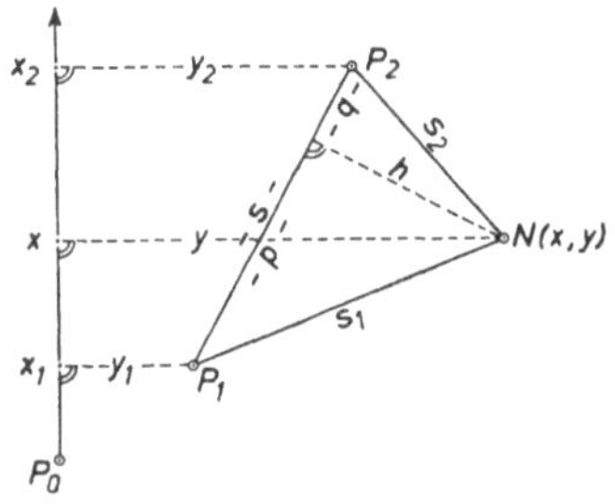

Bild 51.4. Einfacher Bogenschnitt.

Wenn dabei in einem konformen System zu arbeiten ist, also z. B. in einem der in Deutschland eingeführten Gauß-Krüger-Meridianstreifensysteme [62.5], so dürfen die beobachteten Strecken $P_1 P = S_1$ und $P_2 P = S_2$ nicht unmittelbar in die Rechnung eingeführt werden, sondern sie müssen gem. 62.4 zunächst auf ihren Wert in der Gaußschen Abbildung reduziert werden. Bei der Zahlenrechnung ermittle man dazu mit Hilfe der Tabelle 62.4 die Reduktionsbeträge Δ_i und bilde, wenn S_i die gemessenen und s_i die reduzierten Strecken sind,

$$S_1 + \Delta_1 = s_1; \quad S_2 + \Delta_2 = s_2 .$$

Man errechne ferner mit einem einfachen Pythagorasansatz aus den G. K.-Koordinaten von P_1 und P_2 die reduzierte Strecke

* Vgl. die eingehende Darstellung von Heying, „Elektronische Einzelpunkteinschaltung mit Geodimeter" in „Der Vermessungsingenieur" 1969 S. 148ff.

$P_1 P_2 = s$. Mit s_1, s_2 und s gestaltet die Berechnung der Gauß-Krüger-Koordinaten des Neupunktes N sich folgendermaßen:

Ist $s - p = q$, so ist nach Band I 32.2

$$p = \frac{1}{2s}(s^2 + s_1^2 - s_2^2); \quad q = \frac{1}{2s}(s^2 - s_1^2 + s_2^2) \tag{1}$$

mit der Probe $p + q = s$; ferner ist mit Probe

$$h^2 = s_1^2 - p^2 = s_2^2 - q^2 \,. \tag{2}$$

Zur Transformation in das Netz, in dem P_1 und P_2 koordiniert sind, bilde man

$$\sin\varphi = o = \frac{y_2 - y_1}{s}\,; \quad \cos\varphi = a = \frac{x_2 - x_1}{s}$$

und erhält an Hand des Bildes 51.4 als Koordinaten von N

$$y = y_1 + op + ah; \quad x = x_1 + ap - oh \tag{3}$$

mit den Proben

$$(y_1 - y)^2 + (x_1 - x)^2 = s_1^2; \quad (y_2 - y)^2 + (x_2 - x)^2 = s_2^2 \tag{4}$$

Durch mehrfach aufeinanderfolgende Anwendung dieser Regel lassen sich, wenn z. B. in den Figuren der Bilder 43.1 und 43.2 und im Bild 51.1 eine Ausgangsseite koordiniert ist und im übrigen ausschließlich die Strecken gemessen sind, für alle Eckpunkte Koordinaten berechnen.

Bei der hohen Genauigkeit, die die Kurzstreckenmesser liefern, werden die Differenzen, die durch überschüssige Stücke zutage treten, nur wenige Zentimeter betragen; diese aber können meistens hingenommen oder durch einfache Mittelung beseitigt werden. Eine strenge Ausgleichung lohnt sich in Kleindreiecksnetzen meistens nicht. Treten größere Differenzen auf, so prüfe man zunächst, ob das Meßgerät und die Zielmarken scharf zentriert waren, und wenn dies keine Erklärung liefert, so wiederhole man die in Frage kommenden Messungen möglichst unter veränderten meteorologischen Verhältnissen.

52 Netzverdichtung durch Trilateration

52.1 Punkteinschaltung durch mehrfachen Bogenschnitt. Anders als in den Kleindreiecksnetzen müssen bei

Punkteinschaltungen in den auf die Dauer angelegten Landesdreiecksnetzen mehrere überschüssige Stücke beobachtet und für die Koordinatenberechnung verwertet werden. Ein dazu im Zuge einer Trilateration geeignetes Verfahren für die Einzelpunkteinschaltung ist der mehrfache Bogenschnitt. Werden hierfür $n = 4$ bis 6 Strecken von bekannten Festpunkten P_i zum Neupunkt N elektromagnetisch [27] gemessen, so liegen $(n - 2)$ Überbestimmungen vor, deren Widersprüche durch Ausgleichung nach der Methode der kleinsten Quadrate zu beseitigen sind. Dabei können, weil die Genauigkeit der elektromagnetisch gemessenen Strecken von ihrer Länge kaum beeinflußt wird, alle gemessenen Strecken mit dem Gewicht 1 in die Rechnung eingeführt werden. Strenge numerische Lösungen für diese Ausgleichung finden sich in jedem Lehrbuch der Ausgleichsrechnung*. Doch führt in den meisten Fällen auch das nachstehend wiedergegebene Bilden des gewogenen oder allgemeinen arithmetischen Mittels zum Ziel.

Bild 52.1. Mehrfacher Bogenschnitt.

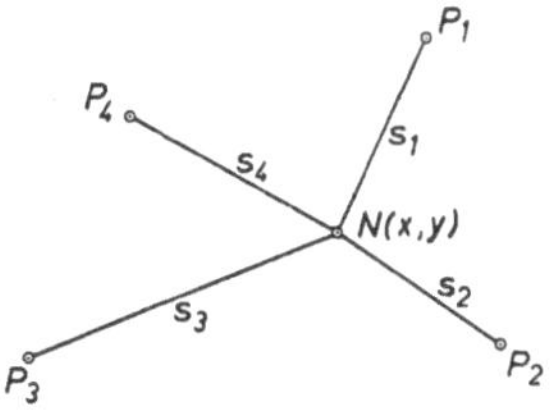

52.2 Koordinatenberechnung bei mehrfachem Bogenschnitt. Wir erläutern das Verfahren am einfachsten an Hand des Bildes 52.1 für das nachfolgende Zahlenbeispiel:

Zum Bestimmen der Gauß-Krüger-Koordinaten [62.3] des Neupunktes N seien in einem rd 100 m über dem Meere liegenden Gebiet die Entfernungen S_i von 4 bekannten Festpunkten P_i nach N gemessen.

a) *Zum Vorbereiten der Ausgleichung* werden die Strecken S_i mit Hilfe der aus der Tabelle 62.4 (S. 197) zu entnehmenden Reduktionen Δ_i auf ihren Wert s_i in der Gaußschen Abbildung reduziert, und es wird mit zwei von diesen Strecken nach 51.1 für den Neupunkt N eine vorläufige Punktlage N_0 ermittelt.

* Vgl. z. B. Lit.Verz. Ziff. 4 §§ 14 u. 19.

Alsdann werden aus den Unterschieden der Koordinaten von N_0 und denen der P_i die vorläufigen Richtungswinkel t_0 auf volle *gon* gerechnet.

Ausgangswerte zum Beispiel Bild 52.1					Zu c) Fehlerrechnung	
P_i	Rechts= 3.593000	Hoch = 5.923000	S gem. $+ \Delta = s$ m m m	t_0 *gon*	mit ausgegl. Koordinaten s	(s)—s
P_1	+306,08	+262,27	111,07 + 0,01 = 111,08	9	111,09	+1
P_2	435,89	091,88	158,17 + 0,01 = 158,18	125	158,17	—1
P_3	147,45	056,83	171,38 + 0,02 = 171,40	262	171,41	+1
P_4	173,30	196,32	124,48 + 0,01 = 124,49	323	124,47	—2
N_0	289,78	152,36				

b) *Ermittlung der günstigsten Punktkoordinaten.* Aus den $\binom{n}{2}$ möglichen Bogenschnitten werden nach der obigen Tabelle nur die mit Schnittwinkeln 50 *gon* $< \varphi <$ 150 *gon* ausgesucht. Die Ergebnisse der Bogenschnitte, die sich mit modernen Tisch- und Taschenrechnern nach den Formeln in 51.2 ohne große Mühe berechnen lassen, sind als Differenzen $y_i' = y_i - y_0$, $x_i' = x_i - x_0$ in der folgenden Tabelle angegeben.

Da alle Streckengewichte gleich 1 sind, ist das Gewicht p_{ik} des Schnittpunktes zweier Kreisbogen um die Ausgangspunkte P_i und P_k, die sich unter dem Winkel φ_{ik} schneiden, gleich $\sin^2 \varphi_{ik}$.

Schnittpunkt	Schnittwinkel φ	$p = \sin^2\varphi$	System N_0: x' in cm	System N_0: y' in cm	$p \cdot x'$	$p \cdot y'$
1,2	119	0,91	+3,8	—3,6	+3,5	—3,3
3,1	147	0,55	+3,9	—4,7	+2,1	—2,6
4,1	86	0,95	+3,2	+0,2	+3,0	+0,2
2,3	137	0,70	+2,8	—3,9	+2,0	—2,7
2,4	198	—	—	—	—	—
3,4	61	0,67	—1,0	—1,4	—0,7	—0,9
		3,78			+9,9	—9,3

Demnach sind die Koordinatenzuschläge

$$dx = \frac{[p_{ik}\, x'_{ik}]}{[p_{ik}]} = \frac{+\,9{,}9}{3{,}78} = +\,2{,}62 \text{ cm};$$

$$dy = \frac{[p_{ik}\, y'_{ik}]}{[p_{ik}]} = \frac{-\,9{,}3}{3{,}78} = -\,2{,}54 \text{ cm}$$

dx und dy stimmen bis auf je 2 mm mit den durch eine strenge zahlenmäßige Ausgleichung erhaltenen Größen überein; durch Anbringen dieser Zuschläge an den Koordinaten von N_0 erhält man für den Neupunkt N

Rechts = 3593 289,75; Hoch = 5923 152,39.

c) *Fehlerrechnung.* Aus den Unterschieden der Fest- und Neupunktskoordinaten werden die ausgeglichenen Strecken (s) berechnet und den beobachteten und reduzierten Strecken s gegenübergestellt (Tafel S. 178 oben). Mit den Differenzen $(s) - s = v_s$ ist der mittlere Fehler einer gemessenen Strecke

$$m_s = \pm \sqrt{\frac{[vv]}{n-2}} = \pm \sqrt{\frac{7}{4-2}} = \pm\, 2 \text{ cm},$$

Wäre N auch durch Richtungsmessung bestimmt, so würde man zweckmäßig eine strenge Ausgleichung durchführen. Man könnte aber auch Werte, die für einen Punkt nach 46 und nach 52 erhalten wurden, nach dem Prinzip des gewogenen Mittels zusammenfassen.

53 Netzverdichtung durch TP-Züge und kombinierte Verfahren

53.1 Netzverdichtung durch TP-Züge. Die Polygonierung, die vor rund 150 Jahren Eingang in die Vermessungspraxis fand, galt bis vor 2—3 Jahrzehnten als ein Verfahren, das der Triangulierung sowohl hinsichtlich ihres Aufbaus als auch genauigkeitsmäßig nachstand. Sie diente daher nur zur Bestimmung der Festpunkte der letzten Ordnung, eben der

Polygonpunkte. Inzwischen hat die Genauigkeit der Winkelmessung durch die Zwangszentrierung [15.2] und die der Streckenmessung durch 100 m-Bänder [21] und vor allem durch die elektronische Distanzmessung [26] in einem so hohen Maße zugenommen, daß die Genauigkeitsverhältnisse sich geradezu umgekehrt haben. Darüber hinaus läßt bei der Polygonierung der Netzaufbau sich den örtlichen Gegebenheiten viel schneller und besser anpassen als bei der Triangulierung. Ferner erfordert der Signalbau, der bei der Triangulierung unentbehrlich und kostenfressend ist, bei der Polygonierung nur sehr geringe Aufwendungen. Schließlich schreiten die örtlichen Arbeiten und die Berechnung bei der Polygonierung sehr viel schneller fort als bei der Triangulierung.

Daher werden heute die trigonometrischen Punkte der IV. Ordnung und teilweise auch der III. Ordnung in vorhandenen Triangulierungsnetzen in wachsendem Umfang durch sehr sorgfältig gemessene Feinpolygonzüge — sogenannte TP-Züge — bestimmt und, wenn sie verlorengegangen sind, wieder hergestellt. Bei der Erkundung der TP-Züge ist stets auf gute Verbindung mit den Nachbarpunkten zu achten. Anfangs- und Abschlußrichtung sind nach mindestens zwei Anschlußrichtungen zu orientieren. Bei der Koordinatenberechnung sollen die Winkelabschlußfehler aber abweichend von dem Beispiel in 33.2 nicht vorweg verteilt werden, weil erfahrungsgemäß etwa vorhandene Netzspannungen bei dieser Verteilungsart zu unerwünschten Zugverbiegungen führen können.

Nur in einer Beziehung ist die trigonometrische der polygonometrischen Punktbestimmung überlegen: In einem spannungsbehafteten Netz werden die Spannungen bei der Trigonometrie flächenhaft verteilt, bei der Polygonierung dagegen linienhaft. Wenn indessen die Polygonzüge in ausreichendem Umfang verknotet werden [35.3], lassen vorhandene Netzspannungen sich auch bei der Polygonierung flächenhaft verteilen.

53.2 Netzverdichtung durch kombinierte Verfahren. Ob ein vorhandenes trigonometrisches Netz durch Triangulation, durch Trilateration, durch *TP*-Züge oder durch eine Kombination dieser Verfahren zu verdichten ist, hat der Vermessungsingenieur im Hinblick auf einen übersichtlichen Netzaufbau, die erforderliche Genauigkeit und die Wirtschaftlichkeit selbst zu entscheiden.

Eine Hilfe für ihn sind dabei die Richtlinien, die die Arbeitsgemeinschaft der Vermessungsverwaltungen der Länder der Bundesrepublik Deutschland (AdV) unter dem 20. 3. 1968 herausgegeben hat. Dort sind zunächst die geodätischen Grundlagen und die Koordinatensysteme behandelt, auf die in unserem 6. Abschnitt kurz eingegangen werden wird. Aus dem sonstigen Inhalt der Richtlinien sei nachstehend auszugsweise folgendes mitgeteilt:

Unter *Aufbau des TP-Feldes* heißt es:

(1) Die *TP* sind so auszuwählen, daß der Netzaufbau übersichtlich ist, die Bestimmungsstücke günstig liegen, überschüssige Bestimmungsstücke oder andere durchgreifende Messungsproben vorhanden sind, möglichst eine Anschlußsicht vom Boden aus nach einem Hochpunkt oder nahe gelegenen Bodenpunkt besteht und bereits vorhandene Dreiecks- und Polygonnetze sowie weitere Vermessungen einfach angeschlossen werden können.

(2) Die Bodenpunkte sollen leicht auffindbar und im Luftbild sichtbar sein.

Für die *Genauigkeit der TP* ist folgendes vorgeschrieben:

(1) Die Meßverfahren zur Netzverdichtung sollen sicherstellen, daß für den mittleren Koordinatenfehler die Fehlergrenze von $\pm$ 0,07 m eingehalten wird.

(2) *TP*-Züge sollen folgende Fehlergrenzen nicht überschreiten:

Winkelschlußfehler in *mgon*	$\Delta\beta_{TP} = 6 + 2\sqrt{n}$
Längsfehler in Metern	$\Delta l_{TP} = 0{,}10 + 0{,}10\sqrt{n-1}$
Querfehler in Metern	$\Delta w_{TP} = 0{,}10 + 0{,}07\, S,$

wobei n gleich der Anzahl der Brechpunkte einschließlich des Anfangs- und des Endpunkts und S gleich der Strecke zwischen Anfangs- und Endpunkt in Kilometern ist.

Zur *Festlegung der TP* wird verlangt:

(1) Die Bodenpunkte werden in der Regel durch eine unterirdische Granitplatte mit eingemeißeltem Kreuz und einem unmittelbar darauf gesetzten Granitpfeiler als Tagesmarke festgelegt.

(2) Für jeden *TP* sind als Sicherungsmarken weitere Festlegungen so einzubringen, daß mit ihrer Hilfe die zentrische Festlegung im Falle einer Zerstörung scharf wiederhergestellt werden kann.

(3) Hochpunkte sind folgendermaßen zu sichern:

1. Zu ebener Erde ist ein exzentrischer Punkt mit Pfeiler und Platte oder einer anderen Tagesmarke festzulegen, von dem aus möglichst eine Anschlußsicht nach einem anderen *TP* besteht.

2. Am Fuß des Bauwerks ist im festen Mauerwerk ein Turmbolzen (Tb) mit der Aufschrift *TP* einzubringen.

3. Die Beobachtungs- und Zielpunkte im oberen Teil des Bauwerks sind in der Regel durch Bolzen oder Schrauben mit scharfer Punktbezeichnung festzulegen.

Für die *Bezeichnung der TP* gelten u. a. folgende Regeln:

(1) Die *TP* sind durch Nummern und Namen zu bezeichnen.

(2) Der *TP*-Name besteht in der Regel aus dem Namen der Gemeinde oder der Gemarkung und einem unterscheidenden Zusatz.

(3) Der Zusatz kann bestehen aus dem Namen der Gewanne, des Wohnplatzes (Gemeindeteil) oder der topographischen Bezeichnung oder aus einer Zahl oder aus der auf den Ortsmittelpunkt bezogenen Himmelsrichtung oder aus dem Namen des Bauwerks und gegebenenfalls des Bauwerksteils.

Der *Nachweis des TP* besteht aus der Kartei der *TP*, den *TP*-Beschreibungen und den *TP*-Übersichten.

In der Kartei der *TP* ist für jeden *TP* folgendes anzugeben: Nummer, Name, Ordnung, Art und Schlüsselzahl der Festlegung, Gauß-Krüger-Koordinaten, Höhe über *NN* sowie Hinweis auf Entstehung und Fortführung.

Die *TP*-Beschreibung soll enthalten: die Nummer und den Namen des *TP*, die Art der Festlegung und eine nach Norden orientierte Einmessungsskizze.

Für die *Überwachung und Erhaltung der TP* gilt folgendes:

(1) Die Katasterämter (staatl. Vermessungsämter) überwachen die *TP*.

(2) Verlorengegangene *TP* sind mit Hilfe ihrer Sicherungsmarken oder von benachbarten, in ihrer Genauigkeit hierfür ausreichenden Polygon- und sonstigen Vermessungspunkten aus wieder herzustellen. Ist das nicht möglich, so ist ein Ersatzpunkt gegebenenfalls im Anschluß an die nächstgelegenen *TP* zu bestimmen.

Schließlich sind *TP-Netzbilder* nach dem Muster des Bildes 53.1 zu fertigen, in denen die Bestimmungsstücke zur Einschaltung neuer *TP* auf Deckfolien zu den Topographischen Karten graphisch darzustellen sind. Dabei werden die Bestimmungs*richtungen* durch Pfeile auf den Verbindungslinien der *TP*, bestimmende *Strecken* durch kurze Querstriche und gemessene *Zenitdistanzen* durch kurze Parallelstriche symbolisiert. Im einzelnen haben die Signaturen folgende Bedeutung:

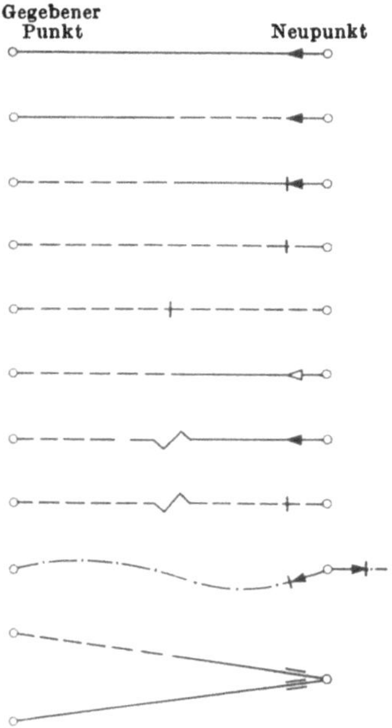

gegenseitige Richtung

äußere Richtung

innere Richtung und Strecke

Strecke (ohne Richtung)

Kontrollstrecke (nicht zur Berechnung benutzt)

Kontrollrichtung (nicht zur Berechnung benutzt)

gebrochene Richtung

gebrochene Strecke

TP-Zug

trigonometrische Höhenbestimmung mit einseitiger und gegenseitiger Zenitdistanzbeobachtung

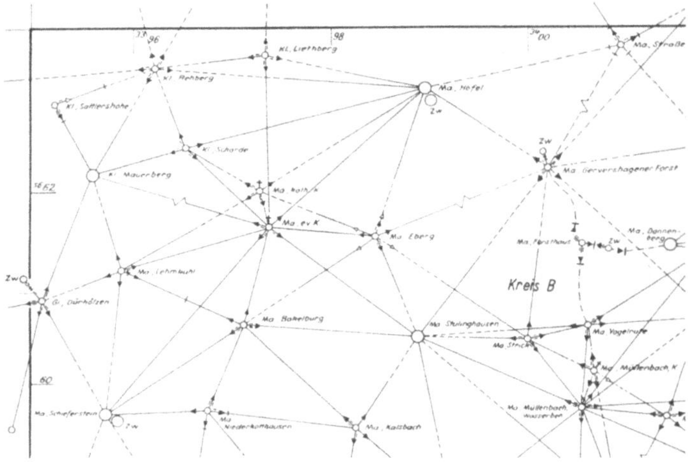

Bild 53.1. TP-Netzbild IV. Ordn. (Ausschnitt).

6 Grundlagen der Landesvermessung

Eine Landesvermessung [Band I, 11] umfaßt die Bestimmung eines Landesdreiecksnetzes, die Bestimmung eines Landeshöhennetzes, die Grundstücksvermessung und die topographische Aufnahme des Geländes.

Die Anlage eines Höhenfestpunktnetzes ist in Band I, 71 und 72, die einer Grundstücksvermessung in Band I, 31 und Band II 36 erläutert. Die topographische Aufnahme ist in Band III, 4 beschrieben. Über den Aufbau eines Landesdreiecksnetzes merke man folgendes:

61 Anlage und Beobachtung eines Landesdreiecksnetzes

61.1 Anlage eines Landesdreiecksnetzes. Unter einem Landesdreiecksnetz wird ein aus Dreiecks- oder Trigonometrischen Punkten (*TP*) bestehendes Festpunktnetz verstanden, das die Grundlage für die Topographische Landesvermessung und die allgemeine Grundstücks- oder Katastervermessung bildet. Ein Landesdreiecksnetz wird in der Regel in mehreren Stufen angelegt, die „Ordnungen" genannt werden. Die Grundlage bildet das Hauptdreiecksnetz oder das Netz der Dreiecke I. O. mit Seiten von 30—50 km Länge. Ihre Eckpunkte sind die Trigonometrischen Punkte I. O. oder *TP* (1). Als Standorte hierfür werden meistens Berge, Hügel oder Anhöhen, und wo solche fehlen, die Turmspitzen von öffentlichen Bauwerken gewählt, die jedoch zur Sicherung gegen etwaige Bewegungen des Baukörpers durch nahegelegene Bodenpunkte exzentrisch versichert werden. Die Hauptdreiecke werden schrittweise verdichtet durch die *TP* II. O. oder *TP* (2) mit gegenseitigen Abständen von 10—20 km, die *TP* (3) mit Abständen von 3—10 km und — vor allem in bergigem Gelände — durch *TP* (4) mit Abständen von 1—3 km. In die *TP* (3) oder *TP* (4) werden als letzte Verdichtungsstufe Polygonzüge eingehängt. Die *TP* werden, soweit sie nicht mit Gebäudeteilen (Turmspitzen usw.) zusammenfallen, örtlich durch Steinpfeiler mit unterlegter Platte vermarkt [Band I Bild 3].

Die Elemente zum Aufbau eines Landesdreiecksnetzes sind Winkel und Strecken. Bis vor wenigen Jahren gab es allein das Verfahren der Triangulation, bei dem in den Hauptdreiecken möglichst alle Winkel beobachtet, und zum Festlegen des Netzmaßstabes in Abständen von 100—200 km die Längen einzelner Dreiecksseiten ermittelt wurden. Diagonale Visuren wurden im Regelfalle nicht beobachtet. Ein Beispiel für ein durch Triangulation entstandenes Landesdreiecksnetz I. und II. O. enthält das Bild 61.1. In diesem Netz wurde die Länge der Seite Hesepe-

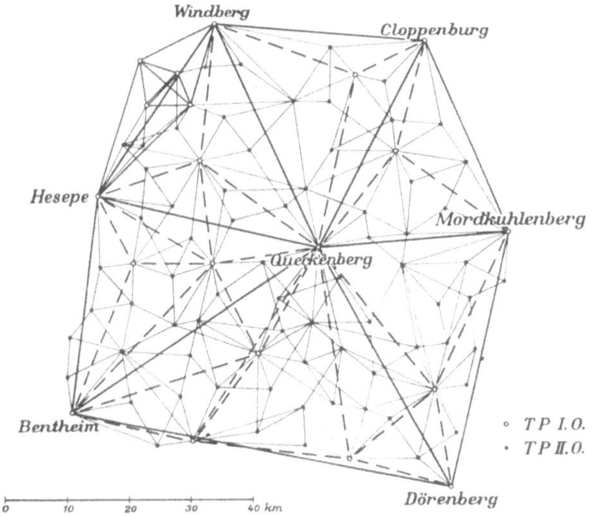

Bild 61.1. Landesdreiecksnetz.

Windberg (Nordwestseite des Bildes) und damit der Netzmaßstab durch die Basismessung bei Meppen indirekt bestimmt.

In den 50er Jahren dieses Jahrhunderts wurde aufbauend auf der elektronischen Streckenmessung die Trilateration entwickelt. Das Charakteristische in den zugehörigen Netzbildern sind, wie bereits in der Einleitung zum 4. Abschnitt begründet und im Bild 41.1 rechts illustriert ist, zahlreiche einander kreuzende Diagonalen. Ein Netz I. und II. O. dieser Art wurde in den 50er Jahren in Canada nach der Hiranmethode [28] eingerichtet. Selbstverständlich können in einem Dreiecksnetz aber auch alle Winkel und alle Seiten beobachtet werden. Das ist z. B. im dänischen Hauptdreiecksnetz geschehen. Diagonalen sind dann überflüssig.

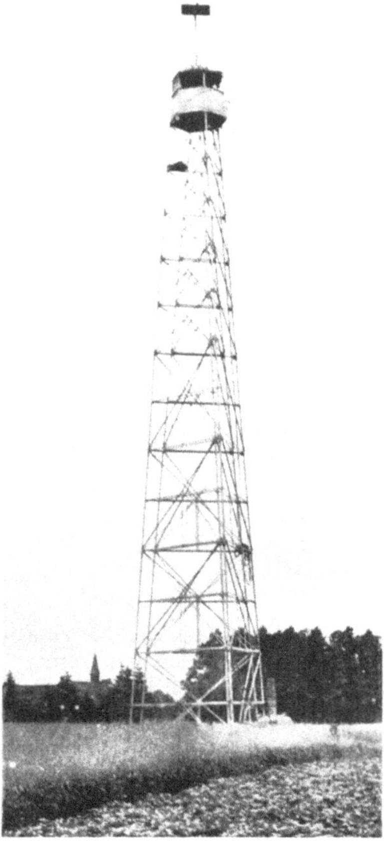

Bild 61.2. Stahlturm mit Windschutzplanen.

Ist heute in einem bisher noch nicht vermessenen Land ein fundamentales Festpunktnetz neu einzurichten, so kommt man meistens am schnellsten zum Ziel, indem man das Land durch *TP*-Züge mit bis zu 50 km langen, elektronisch gemessenen Seiten und zwangszentrierten Brechungswinkeln aufschließt. So wird zur Zeit Australien mit *TP*-Zügen I. O. überzogen, bei denen die Strecken mit einem Tellurometer gemessen werden. Die Genauigkeit eines solchen Netzes läßt sich spürbar steigern, wenn zum Versteifen des Netzes in nicht zu großen Abständen Zugverknotungen [35.3] vorgenommen werden. Selbstverständlich kann, wenn die Örtlichkeit es verlangt, ein Fundamentalnetz auch durch Zusammenwirken von Triangulation, Trilateration und *TP*-Zügen bestimmt werden.

61.2 Die Beobachtungen im Hauptdreiecksnetz müssen bei jedem dieser Verfahren mit besonderer Sorgfalt vorgenommen werden.

Die *Winkel in den Hauptdreiecken* eines nach dem Verfahren der Triangulation aufgebauten Netz werden mit Theodoliten höchster Genauigkeit meistens mittels photographischer Registrierung auf Bruchteile einer Sekunde beobachtet. Als Stände für die Theodolite bei Turmbeobachtungen dienen Brüstungen oder aufgemauerte Pfeiler. Auf Bodenpunkten werden hölzerne Vermessungstürme (Signale) oder Stahltürme nach Bild 61.2 bis zu 30 m Höhe und mehr errichtet. Diese bestehen aus zwei ineinander geschachtelten Bauteilen, nämlich einem besonders festen inneren Turm, der für das Instrument bestimmt ist, und einem etwas leichteren Turm, der den Beobachter und außerdem — für die Anzielungen von anderen Ständen aus — eine Zieltafel und einen Leuchtstand trägt. Als Ziele dienen bei der Messung I. Ordnung allein die in den Leuchtständen der Nachbarpunkte aufgestellten künstlichen Lichter oder die sog. Heliotrope, die mit Hilfe eines Spiegelsystems das Sonnenlicht auf den Beobachter der Gegenstation lenken. Die Winkel werden entweder in allen Kombinationen oder nach der Sektorenmethode beobachtet [17.5]. Nachteiligen Auswirkungen der Refraktion sucht man dadurch entgegenzuwirken, daß die Beobachtungen jedes einzelnen Winkels auf mehrere Tage mit unterschiedlichem Wetter verteilt und mit Nachtbeobachtungen gemischt werden. Alle Beobachtungen werden einer Stationsausgleichung unterworfen, die für jede Richtung den günstigsten Wert ergibt.

Hauptdreiecksseiten sind in den Haupttriangulierungsnetzen bis vor wenigen Jahren in Abständen von 100 bis 200 km in monatelanger Arbeit durch Basismessungen bestimmt worden. Dazu wurde eine 5 bis 8 km lange Basis mittels Invardrähten [21.3] zum Erzielen einer inneren Genauigkeit von 1:1000000 mehrere Male gemessen, und es wurde ihre Länge über einem ebenfalls mit höchster Genauigkeit auszumessenden Basisvergrößerungsnetz (Bild 61.3) auf die Hauptdreiecksseite übertragen, deren Genauigkeit dann etwa auf 1:100000 veranschlagt werden konnte.

Mit Hilfe der elektromagnetischen Distanzmesser läßt die Länge einer Hauptdreiecksseite sich heute in 1 bis 2 Tagen, also sehr viel wirtschaftlicher und um eine Größenordnung genauer ermitteln. Man bestimmt infolgedessen heute auch bei Triangulationen viel mehr Hauptdreiecksseiten als früher. Nach Möglichkeit aber wird man, wenn die örtlichen Verhältnisse es irgend erlauben, zur Trilateration übergehen; ihre bereits in 51.1 geschilderten Vorzüge treten beim Messen eines Hauptdreiecksnetzes besonders stark in Erscheinung.

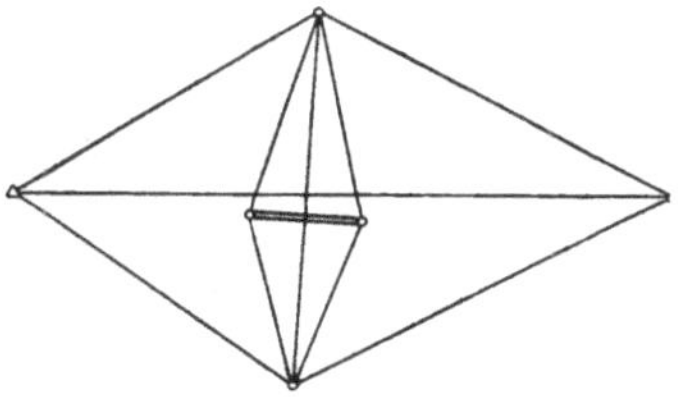

Bild 61.3. Basisvergrößerungsnetz.

61.3 Zur Orientierung des Hauptdreiecksnetzes auf dem Bezugsellipsoid müssen sowohl bei der Triangulation als auch bei der Trilateration auf einigen ausgezeichneten Punkten des Netzes die geographische Breite, die geographische Länge und die Richtung des Meridians (Nordrichtung) durch astronomische Beobachtungen bestimmt werden. Da hierbei hauptsächlich Winkelmessungen vorgenommen werden, ist der zusätzliche Aufwand für die örtlichen und häuslichen Arbeiten zu diesem Arbeitsabschnitt bei der Triangulation etwas geringer als bei der Trilateration.

61.4 Die Verdichtung des Hauptdreiecksnetzes durch die Punkte der II. bis IV. Ordnung sollte an sich der Gleichmäßigkeit und der leichteren Übersichtlichkeit halber nach dem gleichen Verfahren vorgenommen werden, wie der Aufbau des Hauptdreiecksnetzes. Dieser Gesichtspunkt hat sich jedoch in der Praxis nicht durchgesetzt. Es wird jeweils nach dem Verfahren verdichtet, das mit dem geringsten Aufwand zum Ziel führt. Die letzte Verdichtungsstufe sind im allgemeinen die Polygonpunkte. Dreiecks- und Polygonpunkte bilden das Netz der Lagefestpunkte.

62 Berechnung rechtwinkliger Koordinaten

62.1 Berechnung einer Landesvermessung. Die Berechnung der Dreiecke beginnt mit der — meistens sehr umfangreichen — Ausgleichung der Messungswidersprüche in den Hauptdreiecken. Aus den ausgeglichenen Beobachtungen werden, ausgehend von den astronomisch bestimmten Punkten, mittels ellipsoidischer Rechnungen die Längen und Richtungen der Dreiecksseiten ermittelt. Mit Hilfe dieser Stücke werden für die Dreieckspunkte I. O. geographische Koordinaten gerechnet. Aus den geographischen Koordinaten werden sodann rechtwinklige Koordinaten abgeleitet [62.2 u. 62.3]. Im System der rechtwinkligen Koordinaten werden schließlich nacheinander die Punkte der II., der III. und der IV. O., nach der Methode des vereinten Vor- und Rückwärtseinschneidens, durch elektromagnetische Entfernungsmessung oder durch *TP*-Züge eingeschaltet, wobei in der II. und III. O. die Krümmung der Erdoberfläche in Rechnung gestellt werden muß.

Systeme rechtwinkliger Koordinaten können nach verschiedenen Grundsätzen angeordnet werden. Die rechtwinkligen Koordinaten sollen nämlich nicht nur den Dreieckspunkten einen festen Platz auf dem Ellipsoid anweisen, sondern sie sollen gleichzeitig die Grundlage für eine ebene Abbildung im Maßstab 1:1 sein, die dem ellipsoidischen Urbild so ähnlich wie möglich ist. Mathematische Ähnlichkeit oder gar Kongruenz ist nicht erreichbar, weil das Ellipsoid in der Ebene nicht ohne Verzerrungen abgebildet werden kann. Man muß daher zu Verfahren greifen, die die genannten Forderungen wenigstens genähert erfüllen. Als geeignet haben sich dabei vor allem zwei Systeme rechtwinkliger Koordinaten erwiesen, nämlich das System des bayerischen Astronomen Soldner und das des Göttinger Mathematikers C. F. Gauß*.

62.2 Die Soldnerschen Koordinaten. Das Soldnersche System ist folgendermaßen definiert: Ein in der Mitte des Vermessungsgebiets liegender Hauptmeridian ist Abszissenachse und ein ausgezeichneter Punkt auf der Abszissenachse ist

* Näheres siehe Ziff. 5 des Lit.-Verz. §§ 24 bis 29.

Koordinatenanfangspunkt. Die Ordinate eines Punktes P ist das ellipsoidische Lot von P auf die Abszissenachse, und die die Abszisse von P ist der Meridianbogen vom Koordinatenanfangspunkt bis zum Ordinatenfußpunkt. Für die Abszissen gilt als positive Richtung die Nordrichtung, für die Ordinaten die Richtung nach Osten.

Wie Bild 62.1 verdeutlichen soll, konvergieren die Ordinaten mit zunehmender Entfernung vom Hauptmeridian. In der

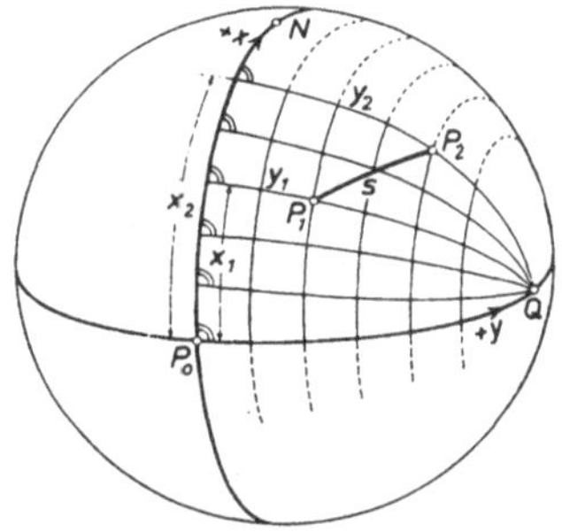

Bild 62.1. Soldnersches Koordinatensystem auf einer Kugel.

Nachbarschaft des Hauptmeridians ist die Konvergenz jedoch absolut betrachtet so gering, daß zwei Ordinatenlinien, die am Hauptmeridian 1 km voneinander entfernt sind, einander in 64 km Abstand vom Hauptmeridian erst um 5 cm genähert haben.

Darauf gründet sich folgendes Abbildungsverfahren: Man bildet den ellipsoidischen Hauptmeridian unter Wahrung seiner Länge auf der Abszissenachse eines ebenen kartesischen Systems ab und trägt die ellipsoidischen Ordinaten in ihrer wahren Länge auf den ebenen Ordinaten ab. Dabei nimmt man in Kauf, daß die ellipsoidischen Abszissenunterschiede mit zunehmender Entfernung vom Hauptmeridian immer stärker gedehnt werden. Damit aber die Dehnung den Betrag von 5 cm je 1 km keinesfalls überschreitet, beschränkt man die Soldnerschen Systeme auf 64 km beiderseits des Hauptmeridians und ordnet bei größerer Ausdehnung des Vermessungsgebiets mehrere Systeme nebeneinander an.

Das Soldnersche Verfahren ist bei vielen der größtenteils noch aus dem 19. Jahrhundert stammenden deutschen Katastervermessungen zur Anwendung gelangt. Es hat den Vorteil großer Einfachheit. Nachteilig ist jedoch, daß als Folge der Dehnung an den Rändern der Systeme die Richtungen von 1 km langen Dreiecksseiten Verschwenkungen bis zu 5″ oder 1,5 *mgon* erleiden können. Da dieser Betrag größer ist als die Beobachtungsungenauigkeit, muß er bei der Triangulierung I. bis III. O. berücksichtigt werden. Störend ist ferner, daß infolge der geringen seitlichen Ausdehnung der Systeme an deren Rändern häufig Koordinatentransformationen [63] erforderlich werden.

62.3 Die Gaußschen Koordinaten. Um den soeben beschriebenen Verschwenkungen oder Verzerrungen in den Richtungen entgegenzuwirken, hat C. F. Gauß für die von ihm geleitete Hannoversche Landesvermessung (1822—1847) das nach ihm benannte Verfahren der konformen Abbildung entwickelt, bei dem nach seinen Worten das ebene Abbild dem ellipsoidischen Urbild „in den kleinsten Teilen“ — d. h. im Differentiellen — ähnlich ist. Da die Entwicklung der Abbildungsgleichungen zu weit führen würde*, sei der Unterschied der Gaußschen gegenüber der Soldnerschen Abbildung an den beiden differentiellen Figuren des Bildes 62.2 erläutert.

Wie bei Soldner wird auch bei Gauß der Hauptmeridian, der gleichzeitig die ellipsoidische Abszissenachse ist, auf der

Bild 62.2. Verzerrungen eines ellipsoidischen Differentialdreiecks bei der Soldnerschen und bei der Gaußschen Abbildung.

Abszissenachse des ebenen kartesischen Systems in wahrer Länge abgebildet. Es ist also, wenn die Indizes *E*, *S* und *G* der

* Vgl. Ziff. 5 des Lit. Verz. §§ 27 bis 29.

Reihe nach ellipsoidische, Soldnersche und Gaußsche Größen bezeichnen,

$$x_E = x_S = x_G. \tag{1}$$

Die Abszissen stimmen demnach in beiden Abbildungen überein. Darüber hinaus werden auch bei Gauß die auf dem Ellipsoid konvergierenden Ordinaten unter Vernachlässigung der Konvergenz auf den Ordinatenlinien $x = \text{const.}$ des ebenen kartesischen Systems abgebildet. Die Ordinaten erhalten aber infolge unterschiedlicher Abbildung des in den beiden Figuren 62.2 auftretenden ellipsoidischen Differentialdreiecks mit dem Richtungswinkel α bei Soldner und Gauß verschiedene Werte:

Beim Soldnerschen Verfahren (Bild 62.2 links) erhält der Punkt P' in der Abbildung die Lage P''; der dem ellipsoidischen Bogenelement PP' entsprechende ellipsoidische Ordinatenunterschied dy bleibt also seiner Größe nach erhalten. Der Abszissenunterschied — d. h. die dem Winkel α anliegende Kathete — aber wird, weil die Konvergenz der ellipsoidischen Ordinaten vernachlässigt wurde, gedehnt, so daß der ellipsoidische Richtungswinkel α verzerrt wird. Der Abszissendehnungsfaktor ist $(1 + y^2/2r^2)$, worin y die ellipsoidische Ordinate und r der Krümmungshalbmesser derjenigen Schmiegungskugel ist, die sich der Oberfläche des Bezugsellipsoids an der betreffenden Stelle anpaßt.

Beim Gaußschen Verfahren (Bild 62.2 rechts) wird, um der Verzerrung des Richtungswinkels entgegen zu wirken, außer dem ellipsoidischen Abszissenunterschied auch der Ordinatenunterschied mit dem obigen Faktor gedehnt. Damit bekommt der Punkt P' in der Gaußschen Ebene die Lage P''', so daß der Richtungswinkel α des Bogenelements PP' erhalten bleibt. Da ferner die Katheten des ellipsoidischen Differentialdreiecks ebenso wie die seines Gaußschen Bildes rechte Winkel miteinander bilden, ist in den beiden Differentialdreiecken ein zweiter Winkel identisch. Das Abbild ist also bei Gauß dem Urbild ähnlich.

Die Dehnung des Ordinatenunterschiedes, durch die die Ähnlichkeit erreicht wurde, wiederholt sich nun in jedem der aufeinanderfolgenden Differentialdreiecke, die man sich längs der Ordinate zu denken hat. Zur Berechnung einer endlichen Gaußschen Ordinate y_G aus der ellipsoidischen bzw. der ihr längengleichen Soldnerschen Ordinate y_S muß daher über das Produkt $(1 + y^2/2r^2)\, dy$ integriert werden. Die Integration ergibt bei Verzicht auf Glieder von der Größenordnung $1/r^4$ als Abbildungsgleichung für die Gaußschen Ordinaten

$$y_G = y_S + \frac{y_S^3}{6r^2}. \tag{2}$$

Die auf die Gleichungen (1) und (2) gegründete Abbildung ist zwar dem Urbild im Differentiellen ähnlich und damit winkeltreu. Diese Eigenschaft konnte aber nur dadurch erreicht werden, daß das ebene Abbild gegenüber dem ellipoidischen Urbild gedehnt wurde. Daraus folgen Verzerrungen, denen wir uns im folgenden Abschnitt zuwenden.

62.4 Reduktion gemessener Größen auf ihren Wert in der Gaußschen Abbildung. Das Verhältnis eines Bogenelements im Abbild zu seinem ellipsoidischen Urbild wird allgemein als *Vergrößerungsverhältnis* bezeichnet. Bei der Gaußschen Abbildung ist dieses, weil dabei die Bogenelemente der ellipsoidischen Abszissenunterschiede wie die der Ordinatenunterschiede mit dem gleichen Faktor $(1 + y^2/2r^2)$ gedehnt werden, vom Richtungswinkel unabhängig; das Vergrößerungsverhältnis hat demnach in allen Richtungen den gleichen Wert. Also werden auch die Bogenelemente beliebig gerichteter Strecken mit $(1 + y^2/2r^2)$ gedehnt.

Nun ist ein Bogenelement zwar theoretisch ein differentielles Bogenstück. In der geodätischen Praxis darf darunter jedoch auch eine mäßig ausgedehnte Strecke, z. B. eine kurze Dreiecksseite, eine längere Polygonseite oder auch die Länge eines Polygonzuges verstanden werden. Wenn also S eine solche Strecke im ellipsoidischen Urbild oder eine *gemessene* Strecke ist, und s die entsprechende Strecke im ebenen Abbild, so erhält man für ein S mit der Mittelordinate y_m den Wert s in der Gaußschen Abbildung mit Hilfe des Ansatzes

$$s = \left(1 + \frac{y_m^2}{2r_m^2}\right) S \quad \text{oder} \quad s - S = \frac{y_m^2}{2r_m^2} S. \tag{3}$$

Dabei darf in dem Ausdruck auf der rechten Seite der zweiten Gleichung die ellipsoidische Strecke S ohne Genauigkeitsverlust durch die ebene Strecke s ersetzt werden; r_m ist der Halbmesser der Gaußschen Schmiegungskugel im Ordinatenfußpunkt von y_m. Die Bedeutung der Formeln (2) und (3) für die Zahlenrechnung läßt die nachstehende Tabelle erkennen.

Soldner-Ordinate	Ordinatenzuschlag	(s — S) auf 1 km
km	m	mm
10	0,00	1
20	0,03	5
30	0,11	11
40	0,26	20
50	0,51	31
60	0,88	44
70	1,40	60
80	2,10	79
90	2,98	99
100	4,09	123
150	13,81	276
200	32,75	491

Diese Tabelle gibt in der 1. Spalte runde Soldnerordinaten und in der 2. Spalte die dem zweiten Glied auf der rechten Seite der Gleichung (2) entsprechenden *Ordinatenzuschläge*, durch die die Soldnerschen Ordinaten in Gaußsche überführt werden. Die 3. Spalte enthält die Beträge, um die entsprechend der zweiten Gleichung (3) eine 1 km lange ellipsoidische Strecke bei der Gaußschen Abbildung gedehnt wird, wenn ihre Mittelordinate die in der 1. Spalte angegebene Größe hat.

Nach der Tabelle wird eine Strecke in der Gaußschen Ebene um so mehr gedehnt, je weiter die betrachtete Stelle von der Abszissenachse entfernt ist. Infolgedessen werden in einer nach dem Gaußschen Verfahren abgebildeten Figur mit größerer Ost-West-Erstreckung die der Abszissenachse ferneren Figurenteile stärker gedehnt als die ihr näher liegenden Teile. Bei der Abbildung einer großen Fläche bleibt daher die bei der Gaußschen Abbildung einer differentiellen Figur erzielte Ähnlichkeit nicht voll erhalten; oder anders ausgedrückt: bei der Abbildung größerer Flächen werden außer den Strecken auch die Richtungen und damit die Winkel etwas verzerrt. Die beobachteten Strecken und Richtungen müssen daher, bevor sie in die Rechnung eingeführt werden, auf ihren Wert in der Gaußschen Abbildung reduziert werden.

Die *Richtungsverzerrung* ist bei der Gaußschen Abbildung im Gegensatz zu Soldner so geringfügig, daß die Richtung einer 1 km langen Strecke selbst im Abstand von 200 km vom Hauptmeridian oder seinem Bilde, der Abszissenachse, bei Gauß nur um knapp 0,2 *mgon* verzerrt wird. Dieser Betrag kann in der Praxis fast immer vernachlässigt werden. Erst bei längeren Strecken nimmt die Richtungsverzerrung etwas zu. Wie dann zu verfahren ist, möge der Leser erforderlichenfalls in der Spezialliteratur nachlesen*.

Die *Streckenverzerrung* dagegen — also die Dehnung, die jede Strecke des Urbildes bei der Gaußschen Abbildung erfährt — wächst nach (3) mit dem Quadrat des Abstandes von der Abszissenachse; ihre Auswirkungen dürfen daher sogar bei manchen Aufgaben der einfachen Praxis nicht vernachlässigt werden. Der Betrag, um den die gemessenen Strecken vor Beginn der Rechnung auf ihren Wert in der Gaußschen Abbildung reduziert werden müssen, heißt die *Streckenreduktion*. Sie ist für 1 km lange Strecken nahezu identisch mit dem Dehnungsbetrag in Spalte 3 unserer obigen Tabelle. Das gilt streng jedoch nur für Strecken im Meereshorizont. Bei Messungen in höheren Lagen kommt noch eine weitere Reduktion hinzu:

Die Höhenreduktion. Wie in Band I 12 erläutert ist, werden alle Lagemessungen auf die Oberfläche des Bezugsellipsoids projiziert. Die Oberfläche des Bezugsellipsoids aber fällt mit einer für Lagemessungen (nicht für Nivellements) ausreichenden Annäherung mit dem Landeshorizont zusammen. Also ist die auf den Landeshorizont projizierte Strecke das Urbild für die Gaußsche Abbildung. Mithin muß an den Ergebnissen von Streckenmessungen und Flächenbestimmungen, die auf der physischen Erdoberfläche in einer bestimmten Höhe h über dem durch den Meeresspiegel gegebenen Landeshorizont „Nor-

* Näheres siehe z. B. in Ziff. 5 des Lit.-Verz.; § 68.2.

mal Null" vorgenommen werden, eine Reduktion angebracht werden, durch die das Messungsergebnis auf den Landeshorizont reduziert wird.

Zur Berechnung der Höhenreduktion betrachte man eine in der Höhe h über dem Meere gemessene Strecke S_h und ihre Projektion S auf den Landeshorizont; dann ist nach Bild 62.3

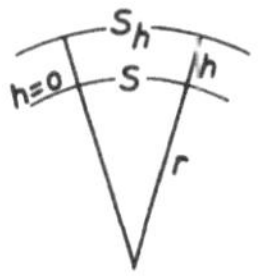

Bild 62.3. Höhenreduktion.

$$S = S_h \frac{r}{r+h} \approx S_h \left(1 - \frac{h}{r}\right) + \cdots$$

oder

$$S = S_h - \frac{h}{r} S_h . \tag{4}$$

Die Reduktion auf den Landeshorizont hat also eine Verkleinerung der gemessenen Strecke zur Folge; sie wirkt mithin der Dehnung durch die Gaußsche Abbildung entgegen. Zweckmäßig faßt man die Streckenreduktion und die Höhenreduktion zusammen und erhält dann für eine Strecke S_i in km als Gesamtreduktionsbetrag in mm

$$\Delta_i = S_i \left(-\frac{h_m}{r_m} + \frac{y_m^2}{2r_m^2}\right) 10^{-6} , \tag{5}$$

worin h_m die mittlere Meereshöhe und y_m die Mittelordinate der Strecke ist, und S_i ohne Genauigkeitsverlust durch s ersetzt werden kann. Auf Grund von (5) ist im Anhang von Lit.Verz. 9c für $S = 1$ km eine Übersichtstafel berechnet, von der wir auf S. 197 einen Auszug bringen. Selbstverständlich ist in einem Gauß-Krüger-System unter y_m nicht etwa der Rechtswert [62.5] eines Punktes zu verstehen, sondern sein von der Kennziffer und der Konstanten 500000 befreiter Rechtswert; d. h. y_m ist der Abstand des betrachteten Punktes vom Hauptmeridian bzw. von seinem Bilde, der Abszissenachse.

Tafel 62.4

Reduktion einer in 50° Breite, in der mittl. Meereshöhe h_m und mit der Mittelordinate y_m gemessenen 1 km-Strecke auf ihren Wert in der Gaußschen Abbildung.

Reduktionsbetrag Δ in mm für 1 km

h_m in m	y_m in km										
	0	10	20	30	40	50	60	70	80	90	100
0	0	+1	+5	+11	+20	+31	+44	+60	+79	+100	+123
50	—8	—7	—3	+3	+12	+23	+36	+52	+71	+92	+115
100	—16	—14	—11	—5	+4	+15	+28	+44	+63	+83	+107
200	—31	—30	—26	—20	—12	—1	+13	+29	+47	+68	+92
300	—47	—46	—42	—36	—27	—16	—3	+13	+32	+52	+76
400	—63	—61	—58	—52	—43	—32	—18	—2	+16	+37	+60
500	—78	—77	—73	—67	—59	—48	—34	—18	0	+21	+44
600	—94	—93	—89	—83	—74	—63	—50	—34	—15	+5	+29
700	—110	—108	—105	—99	—90	—79	—65	—50	—31	—10	+13
800	—125	—124	—120	—114	—106	—95	—81	—66	—47	—26	—3
900	—141	—140	—136	—130	—121	—110	—97	—81	—62	—42	—18
1000	—157	—156	—152	—146	—137	—126	—112	—97	—78	—57	—34

Zusätze: 1. Für größere Werte gilt in Meereshöhe ($h = 0$) bei

$y_m =$	150 km	200 km	300 km
$\Delta =$	276 mm	491 mm	1105 mm

2. Nach der obigen Tafel kann eine 10 km lange ostwestlich verlaufende Strecke mit $y_m = 100$ km auf rund 1 cm genau reduziert werden. Den genauen Reduktionsbetrag für eine Strecke $P_1 P_2 = S$ liefert die Formel*

$$s - S = \frac{S}{12 r_m^2} (y_1^2 + 4 y_m^2 + y_2^2) , \qquad (6)$$

* Näheres siehe in Ziff. 5 des Lit.Verz., § 68.3

Die Höhen- und Streckenreduktion ist insbesondere in folgenden Fällen anzubringen:

a) Zur Berechnung von Gaußschen Koordinaten auf Grund von Streckenmessungen; insbesondere ist beim einfachen und mehrfachen Bogenschnitt jede gemessene Strecke vor dem Eintritt in die Rechnung auf ihren Wert in der Gaußschen Abbildung zu reduzieren.

b) Auch beim Polygonzug empfiehlt es sich, die gemessenen Seiten zu reduzieren. Zwar werden durch das Verteilen des aus den Messungsungenauigkeiten und der Projektionsverzerrung herrührenden Koordinatenabschlußfehlers [34] die Streckenreduktion und die Höhenreduktion automatisch berücksichtigt; die Summe der Messungsungenauigkeiten und die Projektionsverzerrungen sind jedoch oftmals von der gleichen Größenordnung. Ohne Kenntnis des Betrages der Strecken- und Höhenreduktion läßt sich also nicht beurteilen, inwieweit die amtlichen Fehlergrenzen [34.2 u. 53.2] innegehalten oder überschritten sind.

c) Beim Berechnen der Länge einer örtlichen Strecke aus den Gaußschen Koordinaten ihrer Endpunkte wird die Reduktion mit umgekehrten Vorzeichen angebracht. Das ist besonders bei Feinabsteckungen und sonstigen Ingenieurarbeiten vor allem dann zu beobachten, wenn die Absteckungen in größerer Entfernung vom Hauptmeridian vorgenommen werden.

d) Das gleiche gilt für die Flächenberechnung aus Gaußschen Koordinaten. Ist F die Feldfläche, f die aus Gaußschen Koordinaten errechnete Bildfläche, so errechnet die Flächenreduktion sich genau genug aus

$$f - F = \frac{y_m^2}{r^2} f \qquad (7)$$

und die Feldfläche aus

$$F = f - (f - F) \qquad (8)$$

Diese Formel reicht für die Reduktion der Fläche einer Flur in jedem Falle aus.

Gauß selbst hat über sein Abbildungsverfahren keine zusammenhängende Darstellung hinterlassen. Das hat zu Beginn dieses Jahrhunderts Prof. Dr. L. Krüger, Abteilungsvorsteher im Geodätischen Institut in Potsdam, nachgeholt*). Ihm zu Ehren werden die Gaußschen Koordinaten in Deutschland als Gauß-Krüger-Koordinaten bezeichnet. Im Ausland heißen sie meistens Transversale Merkator-Koordinaten.

62.5 Die Gauß-Krügerschen Meridianstreifensysteme. Um von der Vielzahl der Soldnerschen Systeme loszukommen, werden die deutschen Landesvermessungen seit dem Jahre 1927 allmählich auf Gauß-Krüger umgestellt. Es wurden Systeme mit den Hauptmeridianen 6°, 9°, 12° und 15° östlich von Greenwich als Abszissenachsen eingerichtet. Jedes System hat nach einem Beschluß der Arbeitsgemeinschaft der Vermessungsverwaltungen (AdV) vom Jahre 1966 nach beiden Seiten eine Ausdehnung von 1° 40′ in Länge (rd 100 km), so

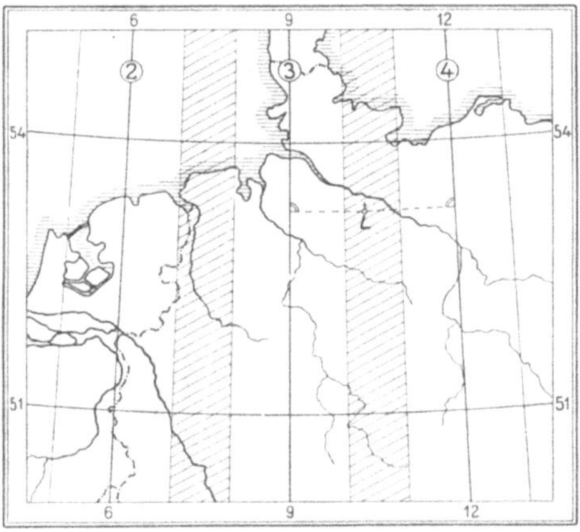

Bild 62.4 Gauß-Krügersche Meridianstreifensysteme.

daß zwei benachbarte Systeme sich mit einem 20 Längenminuten, d. h. im Mittel rund 23 km breiten Streifen überdecken, in dem die Dreieckspunkte in beiden Systemen berechnet werden.

* Krüger, L.: Konforme Abbildung des Erdellipsoids in der Ebene. Potsdam 1912.

Die Meridianstreifensysteme sind folgendermaßen eingerichtet: Die Gaußschen Ordinaten erhalten, damit negative Werte vermieden werden, einen Zuschlag von 500000 m, vor den als Kennziffer die durch 3 geteilte Längengradzahl des Hauptmeridians gesetzt wird. Diese vergrößerten Ordinaten heißen Rechtswerte. Die Abszissen werden auf dem Hauptmeridian vom Äquator an gezählt und als Hochwerte bezeichnet.

Mit diesen Bezeichnungen hat die Michaelis-Kirche in Lüneburg folgende Gauß-Krüger-Koordinaten:

Im System des 9. Längengrades

Hoch = 5902863,21 Rechts = 3593571,20.

Im System des 12. Längengrades

Hoch = 5903137,40 Rechts = 4393360,64.

Also ist im ersten System der Ordinatenfußpunkt 5902863,21 m vom Äquator entfernt; die Kirche selbst liegt ostwärts des 9. Längengrades, und ihre Gaußsche Ordinate ist + 93571,20 m lang. Im System des 12. Längengrades liegt der Ordinatenfußpunkt 5903137,40 m nördlich des Äquators, und die Kirche selbst liegt westlich des 12. Längengrades mit der Gaußschen Ordinate — 106639,36 m. Bei täglichem Gebrauch werden, solange Verwechslungen nicht zu befürchten sind, die beiden ersten Ziffern der Hoch- und Rechtswerte weggelassen.

Durch die Begrenzung der Meridianstreifensysteme auf praktisch rund 100 km beiderseits des Hauptmeridians wird die in 62.4 angegebene Streckenvergrößerung so gering gehalten (maximal 12 cm auf 1 km), daß sie in vielen praktischen Fällen nicht beachtet zu werden braucht. Bei Feinmessungen und Feinabsteckungen muß sie jedoch jedes Mal in Rechnung gestellt werden, wobei zu beachten ist, daß die aus Gaußschen Koordinaten errechnete Strecke immer länger ist als die auf dem Ellipsoid.

Das Universal Transverse Mercator Grid System oder UTM-System der USA verwendet ebenfalls das Gaußsche Abbildungsverfahren. Es benutzt als Bezugsfläche das Internationale Erdellipsoid von 1924 und umspannt die Erde mit 60 je 6 Längengrade umfassenden Meridianstreifen, deren Mittelmeridian ausgehend von dem 180. Längengrad Greenwicher Zählung und beginnend mit dem Streifen 180° bis 174° West — ostwärts fortschreitend — die Kennziffern 1, 2, 3 ... 60 erhalten. Ferner werden, um dem Anwachsen des Vergrößerungsverhältnisses an den Rändern der Streifen entgegenzuwirken, die aus der Netzausgleichung hervorgegangenen Strecken vor dem Eingang in die Koordinatenberechnung durch Multiplikation mit dem Maßstabsverjüngungsfaktor 0,9996 verkleinert. Schließlich ist das UTM-System der Breite nach durch die Parallelkreise 80° *Nord* und 80° *Süd* begrenzt. Auf dieses System sind auch die Karten der Nato gegründet.

Die UdSSR hat ein ähnlich gegliedertes erdumspannendes System Gaußscher Koordinaten auf dem Ellipsoid von Krassowski eingerichtet*.

63 Koordinatentransformation

An den Rändern zweier Koordinatensysteme tritt vielfach die Aufgabe auf, Punkte, die in einem System gegeben sind, in das Nachbarsystem zu überführen. Die Lösung ist einfach, wenn zwei Ausgangspunkte A und E in beiden Systemen bekannt sind. Zur Unterscheidung seien die Koordinaten des ersten Systems mit ξ, η, die des zweiten Systems mit x, y bezeichnet. Die Aufgabe lautet dann: Gegeben sind zwei Punkte A und E sowohl im $\xi\eta$-System wie im xy-System und die Punkte P_1, $P_2 \ldots P_i$ nur im $\xi\eta$-System. Gesucht sind die Punkte P_1, $P_2 \ldots P_i$ im xy-System.

Zur Lösung setze man

$$\begin{aligned} \xi_e - \xi_a &= \Delta\xi; \quad \eta_e - \eta_a = \Delta\eta \\ x_e - x_a &= \Delta x; \quad y_e - y_a = \Delta y\,. \end{aligned} \tag{1}$$

Dann ist nach Bild 63.1

$$\begin{aligned} \Delta y &= \Delta\xi \sin\varepsilon + \Delta\eta \cos\varepsilon \\ \Delta x &= \Delta\xi \cos\varepsilon - \Delta\eta \sin\varepsilon\,. \end{aligned} \tag{2}$$

* Näheres in Ziff. 5 des Lit.-Verz. § 66.

Daraus folgt, wenn man die erste Gleichung mit $\Delta\xi$, die zweite mit $-\Delta\eta$ multipliziert und die Summe bildet,

$$\sin\varepsilon = \frac{\Delta\xi\Delta y - \Delta\eta\Delta x}{\Delta\xi^2 + \Delta\eta^2} = o, \tag{3}$$

und wenn die Multiplikatoren ausgetauscht werden,

$$\cos\varepsilon = \frac{\Delta\eta\Delta y + \Delta\xi\Delta x}{\Delta\xi^2 + \Delta\eta^2} = a\,. \tag{4}$$

o und a sind die Transformationskonstanten. Mit ihrer Hilfe können die Punkte P_1, $P_2 \ldots P_i$ aus dem $\xi\eta$-System in das xy-System folgendermaßen transformiert werden: Man bilde im $\xi\eta$-System fortlaufend die Koordinatenunterschiede

$$\eta_i - \eta_{i-1} = \Delta\eta_i; \quad \xi_i - \xi_{i-1} = \Delta\xi_i \tag{5}$$

und erhält damit auf Grund der aus (2) folgenden Transformationsgleichungen

$$\begin{aligned} \Delta y_i &= + o\Delta\xi_i + a\Delta\eta_i \\ \Delta x_i &= + a\Delta\xi_i - o\Delta\eta_i \end{aligned} \tag{6}$$

die entsprechenden Koordinatenunterschiede im xy-System. Diese werden, beginnend in $A(x_a, y_a)$ in der für (5) gewählten Reihenfolge von Punkt zu Punkt aufaddiert und ergeben damit die xy-Koordinaten der Punkte P_1, $P_2 \ldots P_i$.

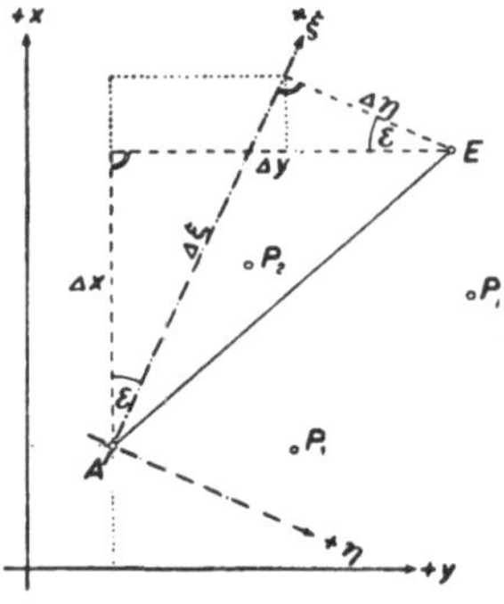

Bild 63.1. Koordinatentransformation.

Im Laufe der Rechnung bieten sich mehrfach Summenproben an, die der Leser leicht erkennen wird. Die Schlußprobe besteht darin, daß nach dem Bilden und Aufaddieren der letzten Koordinatenunterschiede Δy_e und Δx_e die Sollkoordinaten y_e und x_e herauskommen müssen.

Diese Formeln gelten streng nur in einem ebenen kartesischen Koordinatensystem. Sie können aber auch, sofern der Abstand der Punkte A und E 2 km nicht überschreitet und eine Ungenauigkeit von 1—2 cm hingenommen wird, zur Transformation in ein System benutzt werden, das gegenüber dem Ausgangssystem einen geringen Maßstabsunterschied aufweist. Dann ist, wenn v ein Faktor ist, der den Maßstabsunterschied kennzeichnet, in (2) bis (4) anstelle von $\sin \varepsilon$ und $\cos \varepsilon$ zu schreiben $v \sin \varepsilon$ und $v \cos \varepsilon$. Oder anders ausgedrückt, o und a haben die Bedeutung

$$o = v \sin \varepsilon; \qquad a = v \cos \varepsilon . \tag{7}$$

Die Transformationsformeln (5) und (6) ändern sich nicht. Doch lassen sich zusätzlich aus den in beiden Systemen bekannten Koordinaten von A und E neben den im allgemeinen nicht interessierenden Unterschieden der Koordinatennullpunkte noch der Maßstabsfaktor v und der Drehungswinkel ε errechnen; nämlich

$$v = \frac{\sqrt{\Delta x^2 + \Delta y^2}}{\sqrt{\Delta \xi^2 + \Delta \eta^2}} \quad \text{und} \quad \tan \varepsilon = \frac{v \sin \varepsilon}{v \cos \varepsilon} = \frac{o}{a} . \tag{8}$$

Bei einer Transformation dieser Art bleibt das transformierte System dem Ausgangssystem ähnlich (Ähnlichkeitstransformation). Dieser Fall tritt insbesondere dann auf, wenn an den Grenzen zweier Gauß-Krüger-Systeme Ausschnitte aus den beiden Systemen, die unterschiedliche Abstände von ihrem zugehörigen Hauptmeridian und daher auch unterschiedliche Vergrößerungsfaktoren [62.4] haben, ineinander transformiert werden müssen. Der Fall kann ferner auftreten, wenn Punkte, die früher in einem älteren Koordinatensystem bestimmt waren, in ein darüber gelegtes neueres System eingeordnet werden sollen. Das nachfolgende Beispiel behandelt eine Transformation zwischen zwei Gauß-Krüger-Systemen.

Zahlenbeispiel: Mit den im nachstehenden Formular gegebenen Koordinaten von A und E berechnet man vorbereitend nach (1) bis (4) $o = 0{,}041\,925$ und $a = 0{,}999\,128$. Die Transformation selbst wird dann nach (5) und (6) vorgenommen.

Pkt. Nr.	$\xi\ \eta$-System		$x\ y$-System	
	η_i $\Delta\eta$	ξ_i $\Delta\xi$	y $+ o \cdot \Delta\xi$ $+ a \cdot \Delta\eta$	x $+ a \cdot \Delta\xi$ $- o \cdot \Delta\eta$
A	97319,35	98802,06	96935,27	98922,55
	+ 1019,64	— 215,37	— 9,03 + 1018,75	— 215,18 — 42,75
P_1	98338,99	98586,69	97944,99	98664,62
	— 420,68	+ 951,32	+ 39,88 — 420,31	+ 950,49 + 17,64
P_2	97918,31	99538,01	97564,56	99632,75
	+ 940,50	+ 179,53	+ 7,53 + 939,68	+ 179,37 — 39,43
E	98858,81	99717,54	98511,77	99772,69
$\Sigma\ \mathrm{Pr}_0$	+ 1539,46	+ 915,48	+ 1576,50	+ 850,14

Literaturverzeichnis

Neuere Lehr- und Handbücher (Auswahl)

1. *Ackerl, F.*: Geodäsie und Photogrammetrie. Verlag G. Fromme, Wien. 1. Teil 1950; 2. Teil 1956.
2. *Bachmann*, E.: Vermessungskunde für Ingenieure und Techniker. Archimedes-Verlag Kreuzlingen/Schweiz. 2. Aufl.
3. *Deumlich, F.*: Instrumentenkunde der Vermessungstechnik, VEB Verlag Bauwesen, Berlin, 6. Aufl. 1974.
4. *Großmann, W.*: Grundzüge der Ausgleichungsrechnung. Springer-Verlag, Berlin-Göttingen-Heidelberg, 3. Aufl. 1969.
5. *Großmann, W.*: Geodätische Rechnungen und Abbildungen. Verlag Konrad Wittwer, Stuttgart, 2. Aufl. 1964.
6. *Gotthardt, E.*: Einführung in die Ausgleichsrechnung. Herbert Wichmann Verlag, Karlsruhe 1968.
7. *von Gruber, O.*: Optische Streckenmessung und Polygonierung. Herbert Wichmann Verlag, Berlin, 2. Aufl. 1955.
8. *Hake, G.*: Kartographie. Band I (1.—3. Aufl. von V. Heißler) Kartenaufnahme, Netzentwürfe, topographische Karten, 5. Aufl.; Band II Thematische Karten, Atlanten, Kartentechnik. 1. Aufl. Beide Sammlungen Göschen. Berlin 1975 und 1970.
9. *Jordan-Eggert-Kneißl*: Handbuch der Vermessungskunde. 10. Aufl. Metzlersche Verlagsbuchhandlung in Stuttgart.
   a) Band II ,,Feld- und Landmessung, Absteckungsarbeiten“ 1963.
   b) Band III ,,Höhenmessung und Tachymetrie“ 1956.
   c) Band IV ,,Mathematische Geodäsie“ 1958/59.
   d) Band VI ,,Die Entfernungsmessung mit elektromagnetischen Wellen . . .“. Bearbeitet von K. Rinner und F. Benz, 1966.
10. *Lehmann, G.*: Photogrammetrie. Sammlung Göschen, 3. Aufl. Berlin 1969.
11. *Näbauer, M.*: Vermessungskunde. Springer-Verlag. Berlin-Göttingen-Heidelberg, 3. Aufl. 1949.
12. *Ramsayer, K.*: Grundriß der Vermessungskunde. Verlag Konrad Wittwer, Stuttgart 1955.
13. *Roesler, A.*: Einführung in die Programmierung vermessungstechnischer . . . Aufgaben an Tisch-, Büro- und Kleincomputern. Sammlung Wichmann, Karlsruhe 1973.

14. *Seibert, H.*: Vermessungstechnische Instrumentenkunde, Werner Verlag, Düsseldorf 1964.

15. *Volquardts/Mathews*: Vermessungskunde, Verlag B. G. Teubner Stuttgart. Teil 1, 23. Aufl. 1972; Teil 2, 12. Aufl. 1973.

16. *Wittke, H.*: Geodätische Briefe. Dümmler-Verlag, Bonn, 4. Aufl. 1971.

17. *Wolf, H.*: Ausgleichungsrechnung nach der Methode der kleinsten Quadrate. Dümmler-Verlag, Bonn 1968.

18. *Zill, W.*: Vermessungskunde für Bauingenieure, 6. Aufl., Leipzig 1971.

Sachverzeichnis

FSC
www.fsc.org
MIX
Papier | Fördert gute Waldnutzung
FSC® C083411

Kolibri 360 GmbH
Ferdinand-Jühlke-Straße 7
99095 Erfurt, Deutschland
produktsicherheit@kolibri360.de